高等职业教育系列教材

电气控制技术项目教程

主　编　卓陈祥　黄晓然

副主编　彭建军　史　萍

参　编　丁　兰　王华东

主　审　张宁菊

机 械 工 业 出 版 社

本书以工作任务为中心来构建理论和实践相结合的教学模式，以典型电气控制箱为载体，采用任务单形式，内容包括：识别与检验常用低压电器、装配与调试三相异步电动机全压起动箱、装配与调试三相异步电动机可逆运转控制箱、装配与调试三相异步电动机减压起动箱、装配与调试三相异步电动机调速箱5个项目。本书包括主教材和任务单两部分，其中实践训练包括应用训练和创新训练。在任务单的任务组织实施过程中，根据工作过程的工作内容、工作对象、工作手段、工作组织、工作产品、工作环境6大要素，按照资讯、决策、计划、实施、检查、评估6个步骤进行。

本书可作为高等职业院校的专科和本科自动化类相关专业的教材，也可作为应用型本科院校相关专业学生和电气工程技术人员的参考用书。

本书配有二维码微课视频和图片，可扫码观看。另外，本书配有拓展阅读、电子课件、习题解答等资源，教师可登录 www.cmpedu.com 免费注册，审核通过后下载，或联系编辑索取（微信：13261377872，电话：010-88379739）。配套的在线开放课程在"爱课程"中，可以在其搜索栏输入"工厂电气控制技术"，再选择无锡科技职业学院卓陈祥老师的这门课，就能进行在线学习。

图书在版编目（CIP）数据

电气控制技术项目教程/卓陈祥，黄晓然主编 . —北京：机械工业出版社，2022.6
高等职业教育系列教材
ISBN 978-7-111-71035-6

Ⅰ. ①电… Ⅱ. ①卓… ②黄… Ⅲ. ①电气控制-高等职业教育-教材
Ⅳ. ①TM921.5

中国版本图书馆 CIP 数据核字（2022）第 108644 号

机械工业出版社（北京市百万庄大街 22 号　邮政编码 100037）
策划编辑：李文轶　　责任编辑：李文轶
责任校对：张艳霞　　责任印制：李　昂

北京中科印刷有限公司

2023 年 1 月第 1 版·第 1 次印刷
210mm×285mm·15.5 印张·389 千字
标准书号：ISBN 978-7-111-71035-6
定价：65.00 元

电话服务　　　　　　　　　　网络服务
客服电话：010-88361066　　机 工 官 网：www.cmpbook.com
　　　　　010-88379833　　机 工 官 博：weibo.com/cmp1952
　　　　　010-68326294　　金 书 网：www.golden-book.com
封底无防伪标均为盗版　　机工教育服务网：www.cmpedu.com

我们在调研电气自动化技术专业、行业和企业的基础上，分析了毕业生从事本专业的工作岗位，由电气自动化技术企业专家确定了各个工作岗位的工作领域、工作任务和相应的职业能力，构建了"电气控制设备装配与调试"这门专业核心课程。本书基于近十几年的教学实践经验，力求能够更好地适应高等职业教育和科学技术的发展，进一步满足教学需要。

本书具有如下的特点：

1）含有主教材+任务单的新形态教材。主教材包括活页笔记、实践训练、课前测验、课堂作业、互动讨论、阅读资料等内容。任务单部分包括所有任务的具体实施和评价。

2）将思政有关内容有机融合到教材中。将职业伦理操守（准则）和职业道德教育融为一体，给予学生正确的价值取向引导；注重强化学生工程伦理教育，培养学生敬业、精益、专注、创新的职业素养和工匠精神，激发学生科技报国的家国情怀和使命担当。

3）在任务单中有公开的评价标准和明确的学习成果指标。以学习成果为导向设计教材的体例结构。基于低压电器、典型电气控制箱，按照任务编写。

4）配套相应的数字化资源，便于教材重难点的理解。其中电气元器件的结构和原理、电气控制电路分析等微课，元器件外形图、课前测验、课堂作业、互动讨论等，可以扫描二维码观看。

5）以学生为中心进行设计和讲解。结合教材中已学内容自然引出具有创新性的新问题，引发学生深入探究的兴趣，从学生角度进行电气控制箱电路设计、电气原理图、电气电路工作过程、电器布置和门板开孔图、电气安装和接线图、创新实践等。

6）教材内容源于企业但高于企业。任务、例子、课堂作业题和互动讨论题等均来源于企业，经过整合、凝练使其具备完整性、先进性、适用性、规范性。

本书共5个项目，分别是：识别与检验常用低压电器、装配与调试三相异步电动机全压起动箱、装配与调试三相异步电动机可逆运转控制箱、装配与调试三相异步电动机减压起动箱、装配与调试三相异步电动机调速箱。

本书可作为高等职业院校的专科和本科电气自动化技术、工业过程自动化技术、智能控制技术等专业的教材，也可以作为应用型本科院校相关专业学生和电气工程技术人员的参考用书。使用本书时最好按照顺序逐个完成书中的工作任务，才能获得满意的学习效果。

本书由无锡科技职业学院卓陈祥和中船重工电机科技股份有限公司黄晓然主编，无锡科技职业学院彭建军和史萍为副主编，丁兰和王华东为参编，无锡职业技术学院张宁菊为主审。

本书配有二维码微课视频，可扫码观看。另外，本书配有元器件外形图、拓展阅读、电子课件、习题解答等资源，教师可登录 www.cmpedu.com 免费注册，审核通过后下载，或联系编辑索取（微信：13261377872，电话：010-88379739）。因篇幅所限，本书每个项目对应的拓展阅读部分的内容详见本书的电子资源。

在本书编写过程中参阅了不少资料，在此对其作者表示感谢。

由于编者水平有限，书中难免存在疏漏和不足，敬请广大读者批评和指正（E-mail：3083792675@qq.com）。

编　者

目 录 Contents

前言

绪论 ·························· 1

项目1 识别与检验常用低压
电器 ·················· 4

任务1.1 识别与检验螺旋式熔断器 ····· 4
任务1.2 识别与检验按钮 ·········· 8
任务1.3 识别与检验交流接触器 ······ 11
任务1.4 识别与检验低压断路器 ······ 20
任务1.5 识别与检验热过载继电器 ····· 26
阅读资料1.6 常用低压电器的相关
知识 ············ 30

项目2 装配与调试三相异步电动机
全压起动箱 ··········· 39

任务2.1 装配与调试常用单速风机手动
控制箱 ·········· 39
任务2.2 应用训练：制作与调试单台排
水泵手动控制箱 ······· 62
任务2.3 创新训练：设计与装调带式
输送机控制箱 ········ 65
阅读资料2.4 电气控制系统设计的
内容 ··········· 65

项目3 装配与调试三相异步
电动机可逆运转控制箱 ······· 71

任务3.1 装配与调试可逆运转手动
控制箱 ·········· 71
任务3.2 应用训练：制作与调试
工作台自动往返控制箱 ····· 80
任务3.3 创新训练：设计与装调

加热炉自动上料控制箱 ········ 85
阅读资料3.4 无触点开关 ·········· 88

项目4 装配与调试三相异步
电动机减压起动箱 ·········· 90

任务4.1 装配与调试星-三角起动箱 ··· 90
任务4.2 应用训练：制作与调试自耦
减压起动箱 ········· 106
任务4.3 创新训练：设计与装调
数字式软起动/制动
（一拖一）箱 ······· 112
阅读资料4.4 静态型时间继电器和新型
继电器 ·········· 122

项目5 装配与调试三相异步
电动机调速箱 ·········· 130

任务5.1 装配与调试常用双速风机
自动调速箱 ········· 130
任务5.2 应用训练：制作与调试
常用双速风机手动调速箱 ··· 142
任务5.3 创新训练：设计与装调变
频恒压供水控制箱 ······ 143
阅读资料5.4 变频调速控制原理和制动
单元 ··········· 150

附录 ·········· 156

附录A 课程学习成果 ········· 156
附录B 课程学习效果测评方法 ······ 157

参考文献 ·········· 159

绪　论

1. 电气控制技术及其发展历程

科学技术日新月异促使着电气控制技术的更新和发展，也为新工艺的出现提供了技术支持，特别是互联网的应用也有效推动了电气控制技术的发展。只有在深入了解电气控制技术相关原理的基础上，才能促进电气控制技术为企业的发展提供更好的服务，为社会经济的提升和良性发展提供强大的动力。

（1）电气控制技术简介

电气控制技术主要涉及自动控制，是指在没有人直接参与或者仅有少数过程或步骤人为参与的条件下，使被控制对象或生产过程自动地按人们所期望的预定规律进行工作，是实现工业生产自动化的重要技术手段。如今电气自动控制技术日益成熟，很大程度上解放了劳动力。

（2）电气控制技术的发展阶段

传统的电气控制技术是以电作为基础，以实现信息的传递作为目标。但是，随着科学技术发展，产品更新周期的缩短，生产工艺的要求也越来越高，促使电气控制技术从手动向自动化转变。与此同时，计算机网络技术的应用加快了电气智能化技术的发展，尤其是在信息自动化处理等方面，依然保持着蓬勃的发展势头。从电气控制技术的发展历史来看，其主要经历了以下三个不同的时期。

1）从手动操作发展到自动化操作。从电气控制手动发展到自动化的过程，是电气控制技术发展的初始阶段。电气控制从诞生开始经历了手动、半自动化和自动化的过程，而且每个过程的转变，都伴随着社会经济和科学技术的发展。在这一时期，电气控制技术的发展主要表现为控制手段和设备的自动化，并且这种改变给社会带来的变革是深刻的，不仅最大限度地释放了劳动力，而且还对人力资源的配置进行了不断优化。

2）从简单化发展到智能化。在电气控制技术的简单化阶段，要实现自动化仍然需要依靠外在人力实施辅助作用，所以，不可避免出现失误。为了减少失误次数，电气控制技术智能化是趋势，它在纠错能力和降错水平上具有更大优势，从而使运行系统更加可靠、稳定。

3）从逻辑化发展到网络化。如今，虽然电气控制技术的发展已经实现了智能化，但是经济的发展和科技的进步，对电气控制技术的发展提出了更高的要求——不断创新。目前，电气控制技术仍处于逻辑化发展阶段，在朝着网络化方向的发展中，不仅要优化信息处理模式，还要不断更新控制系统，不断缩小控制设备的体积，简化操作系统。

现代化的电气控制技术综合应用了计算机技术、微电子技术、检测技术、自动控制技术、智能技术、通信技术和网络技术等先进的技术成果。

（3）电气控制技术的主要功能

从大方向来说，电气控制技术主要有以下4个方面的功能。

1）监视功能。电气控制技术可以分析信号状况，如果电路或者设备发生漏电或非预期性带电，系统将及时发出警报信号，避免发生危险。除此之外，还可以通过自身系统分析功能对运行过程进行监视，当设备运行不正常时，发出警告，并且可以进行故障自检。由于现在的自动控制系统多趋于一体化，人为的监视与检修比较困难。

2）保护功能。电气控制技术涉及生活和生产的方方面面，除了大量应用于低压场所，更多应

1

用于高压场所，存在危险性，所需安全系数更高。在高压设备的运行过程中，当通过大电流时，极易出现各种故障，电气控制系统可以及时诊断出这些故障并采取相应的保护和处理措施。

3）定量判断功能。工业中的各种设备以控制柜（箱）的形式存放，由面板上的各种指示按钮和指示灯来进行控制和状态判断，比如正常运行状态时显示绿色，故障时显示黄色，报警时显示红色。通过这样的指示只能知道大体的状况，无法进行故障检修。运用电气控制技术就可以定量检测到每个元器件的功率等信息，方便故障检修。

4）自动控制功能。因为电气控制技术的主体是自动控制技术，初期实现控制功能需要人为地参与，随着相关技术的发展以及计算机的大量应用，现在能够实现大范围控制的自动化，甚至可以实现自动故障判断和检修。

（4）电气控制技术的应用范围

电气控制技术在社会中的应用很广泛，包括工业、农业、商业等，以及个人的日常生活和工作学习中。在农业中通过引入自动控制机械实现机器的劳作，如小麦收割机、胡萝卜收割机、玉米收割机、自动播种机等都是自动控制技术的应用。在工业中主要是各大型生产机床，各种冶炼、干燥等生产设备，工地、大型工厂的重物起吊装置，工厂的高炉鼓风机等。在环保工程项目中，还有燃料脱硫机等。在商业领域，大型超市和商场的空调自动控制系统、电梯自动控制系统等都是电气自动控制技术的应用。

2. 电气控制技术的应用现状及展望

（1）电气控制技术的应用现状

采用一定的科学技术手段，将电和气两个方面进行综合的技术就是电气控制技术。电气控制技术的研究对象主要是各种不同的电动机，通过一定的科学方法使得生产过程实现自动化。科学技术的进步，为电气控制技术的发展提供了动力，如今电气控制技术已经实现了自动化、智能化和信息化。但与国外的电气控制技术相比，我国电气自动化技术发展水平有待提升，特别是在电气智能技术方面，因此需要学习国外先进技术，同时自身不断进行创新。

我国供电部门素有"重发、轻配、不管用"的传统，对用户的用电安全重视不够。而西方建筑电气设计原则是按国际电工标准执行，以人为本，人身安全放在第一位；其次是用电功能，旨在"用好电"，强调正常发挥电气设备的功能。因此电气控制的用电安全需要重视再重视，重在预防！

广大电气工作者需要不断提高技术水平，学好国际电工标准，尤其是提高外文水平，找机会要多看原文，才能便捷了解国外相关先进技术，通过学习和运用来提高我国整体电气水平。

（2）电气控制技术的发展趋势

1）深入信息化。长期以来对电气控制技术的不断改革和创新，使得电气控制技术的发展越来越迅速，在社会各个领域内的应用也越来越普遍，尤其是在一些制造型企业和工厂生产流水线或者操作车间，电气控制技术的应用起到了至关重要的作用。但是，未来发展还面临着两个方面的问题：首先，如何建立和健全行之有效的控制系统；其次，提高运行和信息传输效率是否有更加先进的技术供支持。要解决以上问题，就必须实现电气控制技术的深入信息化。

2）科技环保化。电气控制技术是众多技术的集合，其中包含了各种不同的技术类别，而且理论范围涵盖非常广泛。科学技术是第一生产力，要想促进电气控制技术的快速发展，如果缺少科学技术的支持，那么势必会困难重重。再者，既然是创新电气控制技术，就应该对创新后的电气控制技术的安全性加以重点考虑。如果安全系数不够，那么即使采用了也不利于长远的发展。最后，在创新的过程中，不能破坏自然环境，时刻注重和谐发展，以实现电气控制技术的环保化。

3）卫星技术化。电气控制技术是一种现代化技术，其中包含的科学理论非常丰富。所以，要想实现电气控制技术的改革创新和快速发展，就必须对电气控制技术中的核心部分进行深入研究。电气控制技术的核心，就是电气自动化控制系统。经过长期的发展，这一核心技术理论已经逐渐实现了手动化、自动化、简单化、智能化、深入信息化的发展。未来势必会和卫星技术产生联系。一且实现卫星技术化，那么电气控制技术也必将迎来发展的最高峰，到时电气控制技术所发挥的作用必将更大，影响更加深远。

4）形式开放化。随着科学技术的不断发展，组成电气控制系统的硬件设备和软件系统都在不断的创新升级中，一般情况下，电气控制系统的硬件往往关乎整个系统运行的效率，而软件系统则关系到系统的稳定性。目前，电气控制系统给相关的企业或者工厂的生产和制造过程提供了多个系统平台以供选择。但是，随着技术的更新升级、生产周期缩短，促使电气控制技术在各个领域内的应用更加广泛。虽然当前电气控制技术为企业或工厂的生产提供了不少解决方案，但是只有对电气控制技术的可靠性和稳定性加以不断提高，才会迎来发展的春天。

总之，电气控制技术的出现，是人类技术不断进步的体现。虽然电气控制技术所包含的理论内容比较广泛，包括电气原理、自动化系统、网络技术等，随着科学技术的发展，电气控制技术也必将朝着使用越来越简单的方向发展。未来，电气控制技术会更好地为人类服务，不断促进社会和经济的健康、稳定发展。

电气控制技术的领军人物——王厚余

他是著名工业与民用建筑电气技术专家，国际电工委员会 IEC/TCC4 中国归口委员会及全国建筑物电气装置标准化技术委员会顾问。致力于低压电气装置国际电工标准的宣传和推广工作，为提高我国建筑物电气装置技术水平做出了卓越贡献。曾参加我国"一五"期间 156 项工程中大型航空工厂等的设计和国外大型工程的设计，多次代表我国出席国际电工会议。撰写了有关建筑电气文章两百余篇，其中《对电气火灾主要隐患的分析和对策建议》一文被收录进中国《2000 年减轻自然灾害白皮书》。曾参与编制了《供配电系统设计规范》、《低压配电设计规范》、《飞机库设计防火规范》等国家标准并编写了《工业与民用配电设计手册》。层层褪去这些所谓的荣誉光环，最闪耀的还是王厚余先生老一辈电气人的精神。

项目 1　识别与检验常用低压电器

任务 1.1　识别与检验螺旋式熔断器

【任务导入】

熔断器是一种结构简单、价格低廉、使用方便的保护电器，广泛应用于低压配电系统的照明电路中，起短路保护和过载保护作用，而在电动机控制电路中只起短路保护作用。

【任务描述】

本任务以熔断器的结构及工作原理等知识为基础，通过识别和检验，认识螺旋式熔断器。

【自学知识】

这里学习熔断器的结构和工作原理。

熔断器是一种当通过的电流超过规定值后，以其自身产生的热量使熔体熔化，从而使其所保护的电路断开的一种电流保护电器。熔断器按其结构形式分为瓷插式、螺旋式、有填料密封管式、无填料密封管式等。几种常用熔断器的外形如图 1-1 所示。

图 1-1　常用熔断器的外形
a）RT14 系列圆筒式熔断器
b）RL1 系列螺旋式熔断器
c）RS14 快速熔断器

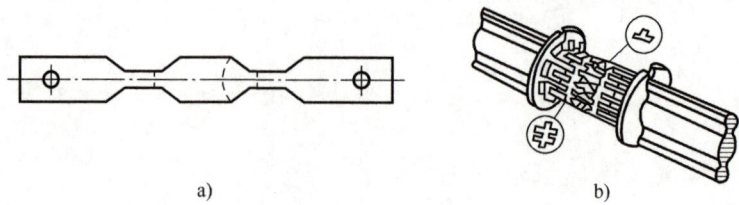

（1）熔断器的结构

熔断器主要由熔断体和熔断器支持件组成。熔断体是熔断器动作后要进行更换的部件，熔断体一般由熔管（或座）、熔体、填料及导电部件等组成。

熔体是控制熔断特性的关键元件，它既是感测元件又是执行元件，常做成片状、丝状或笼状，如图 1-2 所示；片状时称熔片，丝状时称熔丝。熔体的材料、尺寸和形状决定了熔断特性。熔体的材料有两类：一类为低熔点材料，如铅、铅锡合金、锑铝合金、锌等，因其熔点低，易熔断，制成的熔体截面尺寸较大，熔断时产生的金属蒸气较多，只适用于低分断能力的熔断器；另一类为高熔点材料，如银、铜、铝等，不易熔断，制成的熔体截面尺寸较小，熔断时产生的金属蒸气少，适用于高分断能力的熔断器。

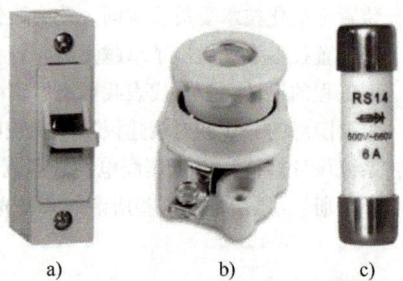

图 1-2　熔体
a）片状　b）笼状

（2）熔断器的工作原理和保护特性

1）工作原理。熔断器是根据电流的热效应原理工作的。熔体串联在被保护电路中，当电路正常工作时，熔体允许通过一定大小的负载电流而不熔断；当电路发生短路或严重过载故障时，熔体流过很大的故障电流，当该电流产生的热量使熔体温度上升到熔点时，熔体熔断，切断电路，从而达到保护电路或设备的目的。

2）保护特性。熔体熔断的电流值与熔断时间的关系称为熔断器的保护特性曲线，又称安秒特性，如图 1-3 所示，熔断时间与电流呈反时限开关，电流越大，熔体熔断时间越短。当熔体电流小于最小熔化电流 I_{min}（又称临界电流）时，熔体不会熔化。

（3）螺旋式熔断器

螺旋式熔断器如图 1-4 所示，由瓷帽、熔断体、瓷套、上接线端子、下接线端子及瓷座组成。熔断体是一个瓷质熔管，里面除装有熔丝外，还填满起着灭弧作用的石英砂。熔断体的上盖中心装有熔断指示器，一旦熔丝熔断，指示器即从熔管上盖脱出。熔断器熔断后，只要更换熔断体即可。螺旋式熔断器具有熔断快、分断能力强、体积小、结构紧凑、更换熔丝方便、安全可靠和熔断后标志明显等优点。

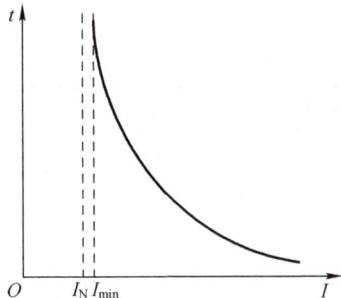

图 1-3　熔断器的保护特性曲线

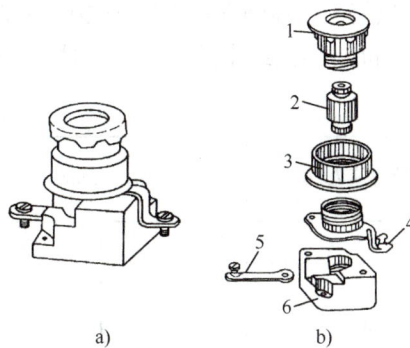

图 1-4　螺旋式熔断器
1—瓷帽　2—熔断体　3—瓷套
4—上接线端子　5—下接线端子　6—瓷座

螺旋式熔断器主要有 RL1、RL2、RL5、RL6、FB 等系列，广泛应用于工矿企业低压配电设备、机械设备的电气控制系统中，做短路和过电流保护。其中 RL1 系列熔断器适用于交流额定电压 500 V、额定电流 200 A 及以下的电路中，在控制箱、配电屏和机床设备的电路中，主要用于短路保护，符合 GB/T 13539.1—2015、GB/T 13539.3—2017 和 IEC 60269-1-2009、IEC 60269-3-2019 标准。

图 1-5　熔断器的
图形符号
与文字符号

（4）熔断器的符号与型号

熔断器的图形符号与文字符号，如图 1-5 所示。

RL1 系列熔断器的型号及其含义如下：

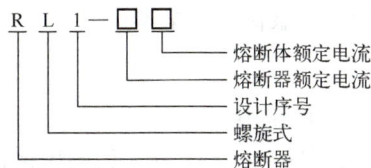

（5）熔断器的铭牌数据

① 额定电压 U_e。应等于（或大于）熔断器安装处的电路额定电压。

② 额定电流。是指熔断器长期工作，各部件温升不超过允许温升的最大工作电流。熔断器的额定电流有两种：一种是熔断器的额定电流 I_e，另一种是熔断体的额定电流 I_n。为了减少熔断器的

笔记

规格数量，熔断器额定电流规格数量较少，熔断体额定电流规格数量较多；也就是说在一种电流规格的熔断器内可安装几种电流规格的熔断体，但熔断器的额定电流必须等于（或大于）所装熔断体的额定电流。

③ 额定分断能力。是指在规定的额定电压和功率因数（或时间常数）的条件下，能可靠分断的短路电流最大值。熔断器的额定分断能力必须大于电路中可能出现的短路电流最大值。

RL1 系列熔断器的额定电流和极限分断能力见表 1-1。

表 1-1 RL1 系列熔断器的技术参数

熔断器型号	熔断器额定电流 I_e/A	熔断体额定电流 I_n/A	极限分断能力	
			/kA	$\cos\varphi$
RL1-15	15	2、4、5、6、10、15	25	0.35
RL1-60	60	20、25、30、35、40、50、60		
RL1-100	100	60、80、100	50	0.25
RL1-200	200	100、120、150、200	50	0.25

④ 约定电流值。当周围介质温度为 20±5℃时，在表 1-2 规定的约定时间 T_c 内，通过约定不熔断电流 I_{nf} 时不熔断，通过约定熔断电流 I_f 时必须熔断。

表 1-2 熔断器的约定时间和约定电流值

gG 熔断体额定电流 I_n/A	约定时间/h	约定电流	
		I_{nf}	I_f
2，4	1	$1.5 I_n$	$2.1 I_n$
6，10	1	$1.5 I_n$	$1.9 I_n$
$13 \leqslant I_n \leqslant 35$	1	$1.25 I_n$	$1.6 I_n$
$16 \leqslant I_n \leqslant 63$	1		
$63 < I_n \leqslant 160$	2	$1.25 I_n$	$1.6 I_n$
$160 < I_n \leqslant 400$	3		

注：1) 按熔断器分类标准规定；
2) 关于 gM 熔断体，见 GB/T 13539.1—2015 中的 5.7.1 项；
3) gG 表示作为一般用途，可实现全范围分断能力。

[课前测验]

1. 判断题

1）熔断器是利用电流的热效应原理工作的，其保护特性是反时限的。 （   ）
2）熔断器在电动机控制电路中可以兼具短路和过载保护功能。 （   ）
3）熔断器的额定电流与熔断体的额定电流必须相等。 （   ）
4）熔断器是一种用于短路与严重过载保护的电器。 （   ）

2. 选择题

1）熔断器在电路中主要起（   ）作用。
   A. 短路保护　　　B. 过载保护　　　C. 失电压保护　　　D. 欠电压保护
2）熔断器的额定电流应（   ）所装熔断体的额定电流。
   A. 大于　　　B. 大于或等于　　　C. 小于　　　D. 不大于
3）一个额定电流等级的熔断器能配（   ）额定电流等级的熔体。
   A. 1 个　　　B. 2 个　　　C. 多个　　　D. 无数个

3. 填空题

1）熔断器在电路中起短路保护作用，使用时_____在被保护的电路中。

2）安装熔断器时，各级熔断体应相互配合，要求上一级熔断体电流_____下一级熔体的额定电流。

3）螺旋式熔断体由瓷帽、_____、瓷套、上接线端子、下接线端子及瓷座组成。

【任务实施】

螺旋式熔断器的识别和检验任务单见随附的"任务单"部分。

[课堂作业]

1）熔断器的主要作用是什么？

2）什么是熔断器的额定电流？什么是熔断体的额定电流？

3）熔断体的熔断电流一般是额定电流的多少倍？

4）什么是熔断器的时间-电流特性？它有什么特点？

[互动讨论]

1）如何选择熔断体和熔断器规格？

2）熔断器常见故障主要包括哪两种情况？其主要原因是什么？

3）熔断器的额定电流、熔断体的额定电流和熔断体的极限分断电流有何不同？

4）如何判别螺旋式熔断器的质量好坏？

[自我评价]

1）收获与总结。

2）存在的主要问题。

3）今后改进、提高的措施。

任务 1.2 识别与检验按钮

【任务导入】

按钮是一种手动且可以自动复位和发出指令的主令电器，它只能短时间接通或分断 5 A 以下的小电流电路。用于对电磁起动器、接触器、继电器及其他电气线路发出指令信号。

【任务描述】

本任务以按钮的结构及工作原理等知识为基础，通过识别和检验，认识按钮。

【自学知识】

这里介绍按钮的结构和工作原理。

（1）按钮的结构

按钮主要由按钮帽、复位弹簧、常闭（动断）触点、常开（动合）触点、接线柱和外壳等组成，通常制成具有常开触点和常闭触点的复合结构，触点采用桥式。LAY7-11 型按钮的外形如图 1-6 所示，符合 GB/T 14048.5-2017 标准。

（2）按钮的工作原理

由于按钮的触点结构、数量和用途的不同，它又分为停止按钮、起动按钮和复合按钮。复合按钮：在按下按钮帽时，先断开常闭触点，通过一定行程后常开触点才闭合；在松开按钮帽时，由复位弹簧先断开常开触点，通过一定行程后常闭触点才闭合，如图 1-7 所示。

码 1-3
按钮的
外形图

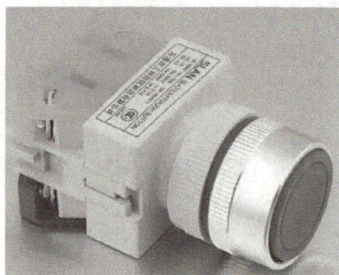

码 1-4
按钮的结
构和原理

图 1-6　LAY7-11 型按钮的外形

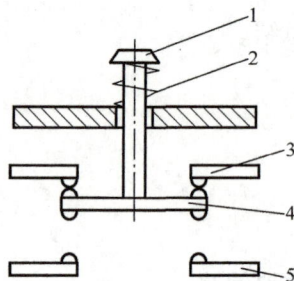

图 1-7　复合按钮的工作原理示意图
1—按钮帽　2—复位弹簧　3—常闭静触点
4—动触点　5—常开静触点

（3）按钮帽的颜色

按使用场合、作用的不同，通常将按钮帽做成多种颜色以示区别。GB 5226.1—2019 对按钮帽的颜色做出如下规定：

①"停止"和"急停"按钮必须是红色；

②"起动"按钮的颜色为绿色；

③"起动"与"停止"交替动作按钮必须是黑白、白色或灰色；

④"点动"按钮必须是黑色；

⑤"复位"按钮必须是蓝色（如保护继电器的复位按钮）。

常用国产按钮有 LAY3、LAY6、LA20、LA25、LA38、LA101、LA115、LAY5、LAY7 等系列。LAY7 系列按钮适用于交流 50 Hz 或 60 Hz、电压 660 V 及以下，在直流电压 440 V 及以下的电路中，作为磁力起动器、接触器、继电器及其他电气电路的控制。指示灯式按钮还适用于灯光信号指示的场合。

（4）按钮的符号和型号

按钮的图形符号和文字符号如图1-8所示。

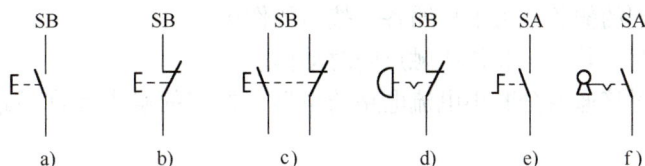

图1-8　按钮的图形符号及文字符号

a）一般式常开触点　b）一般式常闭触点　c）复合触点

d）急停式常闭触点　e）旋钮式常开触点　f）钥匙式常开触点

LAY7系列按钮的型号及其含义如下：

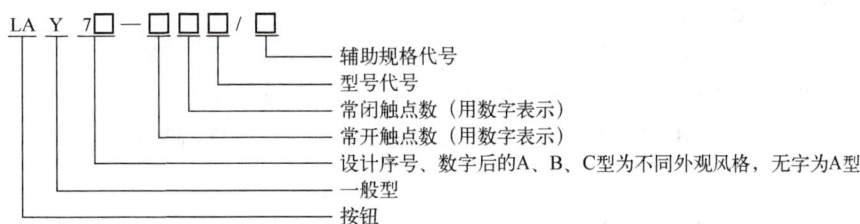

（5）按钮的技术参数

LAY7系列按钮的技术参数见表1-3。

表1-3　LAY7系列按钮的技术参数

序 号	名 称	技 术 参 数			
1	AC-15	额定工作电压 U_e/V	660	380	220
2		额定工作电流 I_e/A	1.1	2	3.3
3	DC-13	额定工作电压 U_e/V	440	220	110
4		额定工作电流 I_e/A	0.25	0.5	1
5	机械寿命/万次	300（一般式按钮）、30（旋钮式按钮）、5（自锁式按钮）			
6	电气寿命/万次	60（一般式按钮）、10（旋钮式按钮）、5（自锁式按钮）			
7	额定绝缘电压 U_i/V	660（AC 50 Hz）			
8	约定自由发热电流 I_{th}/A	10			
9	操作频率/（次/h）	1200			
10	触点接触电阻/mΩ	≤50			
11	防护等级	IP55			
12	电光源	白炽灯	氖灯	LED灯	
13	额定工作电压 U_e/V	6，12，24	110，220，380	6，12，24	
14	发光器功率 P/W	≤1.5	≤1	≤1.05	
15	工作寿命/h	≥1000	≥2000	≥3000	

注：序号12~15表示指示灯式按钮灯的基本参数。

笔记

1. 判断题

1）按钮帽做成不同的颜色是为了标明各个按钮的作用。 （ ）

2）按下复合按钮时，其常开和常闭触点同时动作。 （ ）

3）按钮是一种短时接通或分断小电流电路的电器，按钮的触点允许通过的电流较小，一般不超过 5 A。 （ ）

4）按钮是一种用来接通和分断小电流电路的电动控制电器。 （ ）

2. 选择题

1）按下复合按钮时，（   ）。

    A. 常开触点先闭合   B. 常闭触点先断开

    C. 常开、常闭触点同时动作   D. 分不清

2）停止按钮应优先选用（   ）。

    A. 红色   B. 白色   C. 黑色   D. 绿色

3）按钮是一种用来接通和分断小电流电路的（   ）控制电器。

    A. 电动   B. 自动   C. 手动   D. 高压

3. 填空题

1）按钮帽的颜色和符号标志是用来_____。

2）按钮是红色时表示_____，绿色时表示起动。

3）复合按钮既可以用作起动按钮，也可以用作_____按钮。

【任务实施】

识别与检验按钮任务单见随附的"任务单"部分。

[课堂作业]

1）按钮有哪些作用？

2）安装和使用按钮时应注意哪些问题？

3）按钮有哪几部分组成？常用按钮的规格是什么？

4）按钮的颜色有哪些？各有何意义？

[互动讨论]

1）按钮常闭触点不能复位闭合，其主要原因是什么？

2）如何选择按钮？

3）如何用万用表测试按钮的常开和常闭？

4）如何用万用表测试按钮的质量好坏？

[自我评价]

1）收获与总结。

2）存在的主要问题。

3）今后改进、提高的措施。

任务 1.3　识别与检验交流接触器

【任务导入】

接触器是一种用于远距离频繁地接通或断开主电路（或大电流电路）的电磁式自动切换电器，它能迅速、可靠地接通或切断电路，实现远距离控制，具有低压释放保护功能，是电力拖动自动控制电路中广泛使用的元器件。

【任务描述】

本任务以交流接触器的结构及工作原理等知识为基础，通过识别和检验，认识交流接触器。

【自学知识】

这里介绍交流接触器的结构和工作原理。

交流接触器常用于远距离接通和分断电压（≤1140 V）、电流（≤630 A）的交流电路，以及频繁控制交流电动机的电路，也可用于其他电力负载，如电热器、电焊机、电炉变压器等。接触器有相应的国家标准 GB/T 14048.4—2020 和国际标准 IEC/EN 60947-4-1-2018，几种常用交流接触器的外形如图 1-9 所示。

码 1-5
接触器的
外形彩图

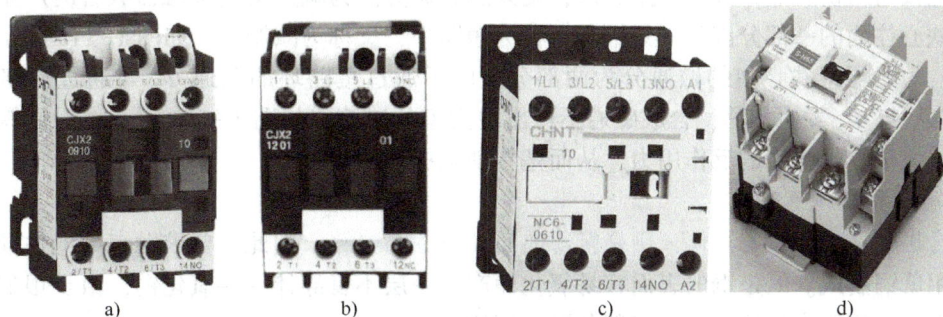

图 1-9　常用交流接触器的外形
a）CJX2 接触器（带 1 个常开辅助触点）　b）CJX2 接触器（带 1 个常闭辅助触点）
c）NC6 交流接触器　d）S-N65 交流接触器

接触器具有控制容量大、操作频率高、寿命长、能远距离控制等优点，所以在电气控制系统中应用十分广泛。

1. 交流接触器的结构

交流接触器主要由电磁机构、触点系统、灭弧装置和辅助部件组成，其结构如图 1-10 所示。

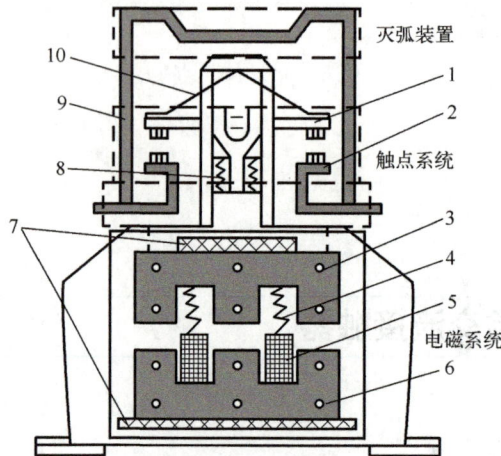

图 1-10　交流接触器的结构

1—动触点　2—静触点　3—衔铁　4—缓冲弹簧　5—线圈　6—铁心　7—垫片
8—触点弹簧　9—灭弧罩　10—触点压力弹簧

（1）电磁机构

电磁机构主要由线圈、铁心（静铁心）和衔铁（动铁心）三部分组成。其作用是利用电磁线圈的通电或断电，使衔铁和铁心吸合或释放，从而带动动触点和静触点闭合或分断，实现接通或分断电路的目的。

为了减少工作过程中交变磁场在铁心中产生的涡流和磁滞损耗，避免铁心过热，交流接触器的铁心和衔铁一般用 E 形硅钢片叠压铆成。尽管如此，铁心仍是交流接触器发热的主要部件。为增大铁心的散热面积，避免线圈与铁心直接接触而受热烧损，交流接触器的线圈一般做成粗而短的圆筒形，并且绕在绝缘骨架上，使铁心与线圈之间有一定间隙。另外，E 形铁心的中柱端面需留有 $0.1 \sim 0.2\,\mathrm{mm}$ 的气隙，以减少剩磁影响，避免线圈断电后衔铁不能释放。

当励磁线圈中通以交流电流时，铁心产生交变磁通，对衔铁的吸力也是时大时小，有时为零，在复位弹簧的反作用下，有释放的趋势，造成衔铁振动，严重时使铁心松散；振动也使触点接触不良，产生电弧而灼伤触点，并且产生噪声，使人感到疲劳。为减少交流接触器吸合时产生的振动和噪声，在铁心柱面的一部分嵌入一只铜环，称为短路环，又称为减振环，如图 1-11a 所示。在装入短路环后，短路环将铁心中的磁通分为两部分，即不通过短路环的磁通 Φ_1 与通过短路环的磁通 Φ_2，磁通 Φ_1 与 Φ_2 发生相移，合成磁通不再出现为零的时刻，如图 1-11b 所示。保证铁心中的合成吸力始终大于复位弹簧的反作用力，从而基本消除振动和噪声。

（2）触点系统

触点是接触器的执行元器件，用来接通或断开被控制电路。因此，要求触点导电性能良好，故触点通常用紫铜制成。但是铜的表面容易氧化而产生一层不良导体——氧化铜，由于银的黑色氧化物对接触电阻影响不大，故在接触点部分镶上银块。

触点的结构形式很多，按其所控制的电路可分为主触点和辅助触点。主触点用于接通或断开主电路，允许通过较大的电流，按其容量大小有双断点桥式触点和指形触点两种形式，如图 1-12 所示。辅助触点用于接通或断开控制电路，只能通过较小的电流，一般为双断点桥式触点。按接触情

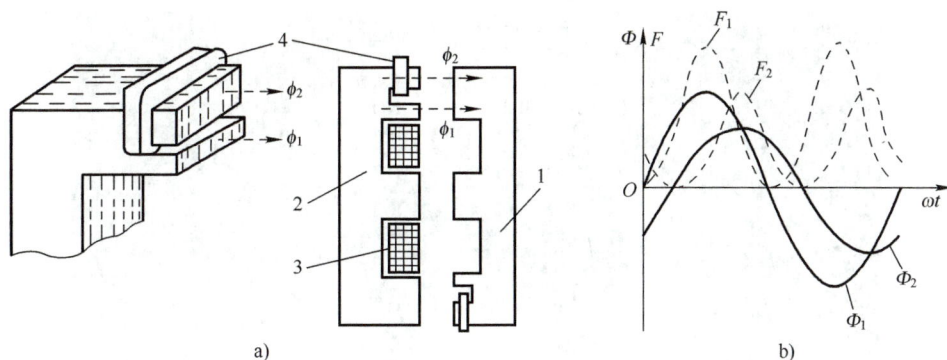

图 1-11 短路环与磁通

a) 结构图 b) 电磁吸力图

1—衔铁 2—线圈 3—铁心 4—短路环

况触点可分为点接触、线接触和面接触 3 种，如图 1-13 所示。交流接触器一般采用双断点桥式触点。

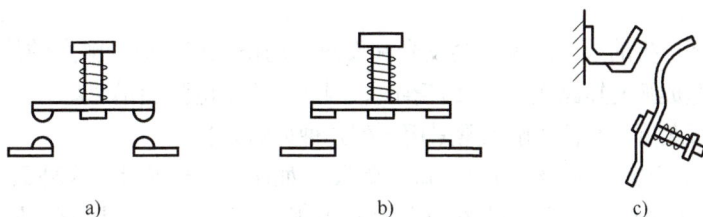

图 1-12 触点的结构形式

a)、b) 双断点桥式触点 c) 指形触点

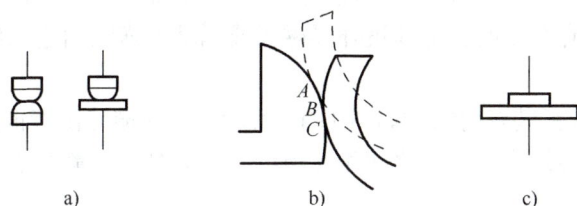

图 1-13 触点的 3 种接触形式

a) 点接触 b) 线接触 c) 面接触

码 1-6
交流接触器的
结构和原理

为了使触点接触得更紧密，以减少接触电阻，并消除开始接触时发生的有害振动，在触点上装有接触弹簧，随着触点的闭合会加大触点间的相互压力。

触点按其状态可分为常开触点（动合触点）和常闭触点（动断触点）。初始状态时（即线圈未通电）断开，线圈通电后闭合的触点叫常开触点；初始状态时闭合，线圈通电后断开的触点叫常闭触点。线圈和所有触点复位，即恢复到初始状态。

接触器上有触点和线圈标志符号，如图 1-14 所示。线圈的接线端标有 A1、A2，主触点有进线端标志（1L1、3L2、5L3）和出线端标志（2T1、4T2、6T3）。辅助触点的编号由两位数组成，常开辅助触点标有 NO，个位数字用 3（接入点）、4（输出点）表示；常闭辅助触点标有 NC，个位数字用 1（接入点）、2（输出点）表示。两位数字的十位根据常开与常闭触点的总数依次冠以 1、2、3……代表着组别。如 13、14 表示 1 对常开触点；而 11、12 和 21、22 表示该接触器上的两对常闭触点。

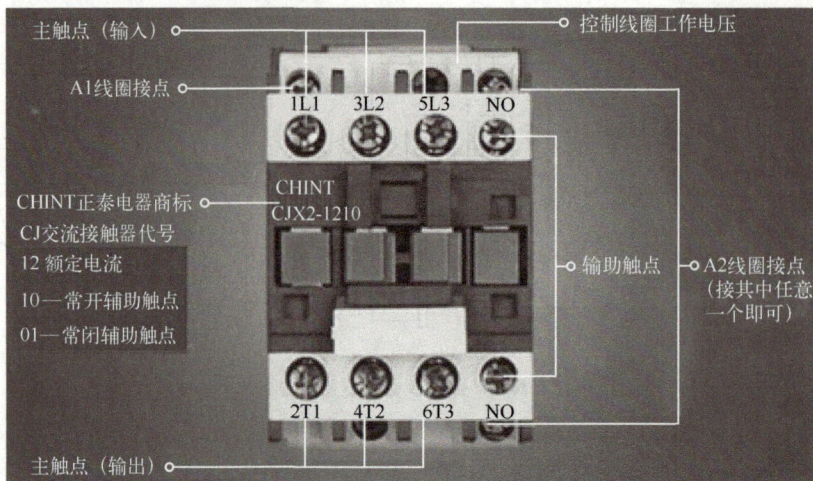

图 1-14　接触器的触点和线圈标志符号

主触点（输入）
A1线圈接点
控制线圈工作电压
1L1　3L2　5L3　NO
CHINT正泰电器商标
CJ交流接触器代号
12 额定电流
10—常开辅助触点
01—常闭辅助触点
CHINT CJX2-1210
输助触点
A2线圈接点（接其中任意一个即可）
2T1　4T2　6T3　NO
主触点（输出）

（3）灭弧装置

交流接触器在分断大电流电路或高压电路时，在动、静触点之间会产生很强的电弧。电弧是触点之间气体在强电场作用下产生的放电现象，会发光和发热，灼伤触点，减少触点的使用寿命，并使电路切断时间延长，甚至会造成弧光短路或引起火灾事故。因此，希望电弧能迅速熄灭。容量在 20 A 以上的交流接触器中都装有灭弧装置。交流接触器常采用下列几种灭弧方法。

1）双端口电动力灭弧。桥式结构双端口灭弧装置如图 1-15 所示。这种灭弧方法是将整个电弧分割成两段，同时利用触点回路本身的电动力 F 把电弧向两侧拉长，使电弧热量在拉长的过程中散发、冷却而熄灭。

2）纵缝灭弧。纵缝灭弧装置如图 1-16 所示。由耐弧陶土、石棉水泥等材料制成的灭弧罩内每相有一个或多个纵缝，缝的下部较宽以便放置触点；缝的上部较窄，以便压缩电弧，使电弧与灭弧室壁有很好的接触。当触点分断时，电弧被外界磁场或电动力横吹而进入缝内，使电弧的热量传递给灭弧室壁而迅速冷却熄灭。

3）栅片灭弧。栅片灭弧装置的结构如图 1-17 所示。金属栅片由镀铜或镀锌铁片制成，形状一般为人字形，栅片插在灭弧罩内，各片之间相互绝缘。当动触点与静触点分断时，在触点间产生电弧，电弧电流在其周围产生磁场。

码 1-7
接触器触点
和线圈的
标志符号

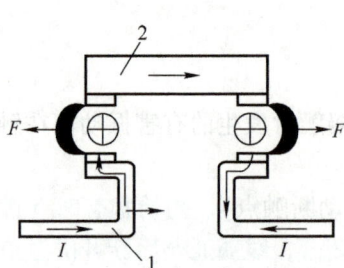

图 1-15　双端口电动力灭弧原理
1—静触点　2—动触点

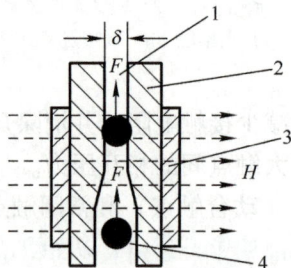

图 1-16　纵缝灭弧装置
1—窄缝　2—灭弧室
3—磁性夹板　4—电弧

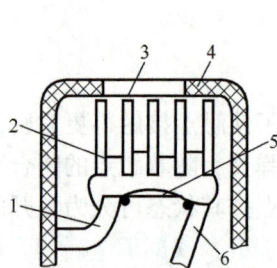

图 1-17　栅片灭弧装置
1—静触点　2—短电弧
3—金属栅片　4—灭弧罩
5—电弧　6—动触点

由于金属栅片的磁阻远小于空气的磁阻，因此电弧上部的磁通容易通过金属栅片而形成闭合磁路，这就造成了电弧周围空气中的磁场上疏下密。这一磁场对电弧产生向上的作用力，将电弧拉到栅片间隙中，栅片将电弧分割成若干个串联的短电弧。每个栅片成为短电弧的电极，将总电弧压降

14

分成几段，栅片之间的电弧电压低于燃弧电压，同时栅片将电弧的热量吸收散发，使电弧迅速冷却，促使电弧尽快熄灭。

（4）辅助部件

交流接触器的辅助部件包括反作用弹簧、缓冲弹簧、触点压力弹簧、传动机构及底座、接线柱等。反作用弹簧在线圈断电后推动衔铁使其释放，使各触点恢复原状态。缓冲弹簧是一个安装在铁心与胶木底座之间的刚性较强的弹簧，它的作用是缓冲衔铁在吸合时对铁心和外壳的冲击力，保护胶木外壳免受冲击，不易损坏。触点压力弹簧是增加动、静触点之间的压力，从而增大接触面积，以减少接触电阻。传动机构的作用是在衔铁或反作用弹簧的作用下，带动动触点实现与静触点的接通或分断。

2. 交流接触器的工作原理

如图1-18所示，当励磁线圈（6、7端子）接通电源后，线圈电流产生磁场使铁心（8端子）磁化，产生电磁吸力克服反力弹簧（10端子）的反作用力将衔铁（9端子）吸合，衔铁带动动触点动作，使动断触点先断开、动合触点后闭合；当励磁线圈断电或外加电压太低时，在反作用弹簧作用下衔铁释放，使闭合的动合触点先断开、断开的动断触点后闭合。

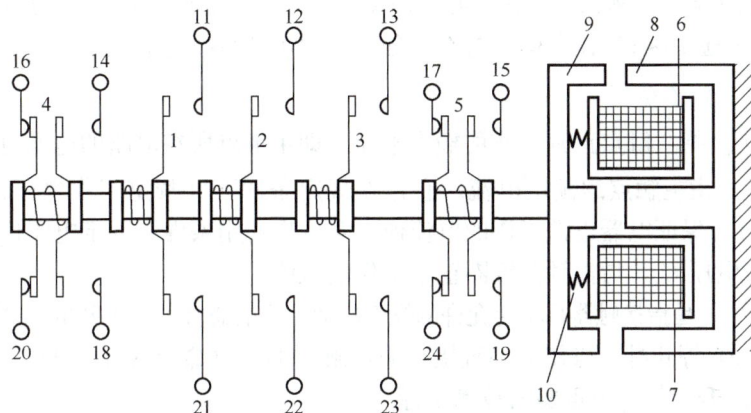

图1-18 交流接触器的工作原理示意图

1、2、3—动主触点 4、5—动辅助触点 6、7—线圈接线端子 8—铁心 9—衔铁 10—反作用弹簧
11、12、13、21、22、23—静主触点 14、15、16、17、18、19、20、24—静辅助触点

3. 接触器的符号及型号

① 接触器的图形符号与文字符号如图1-19所示。

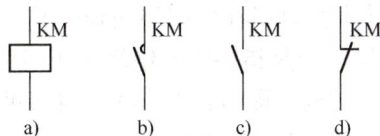

图1-19 接触器的图形符号与文字符号

a）线圈 b）常开主触点 c）常开辅助触点 d）常闭辅助触点

② CJX系列交流接触器的型号及其含义如下：

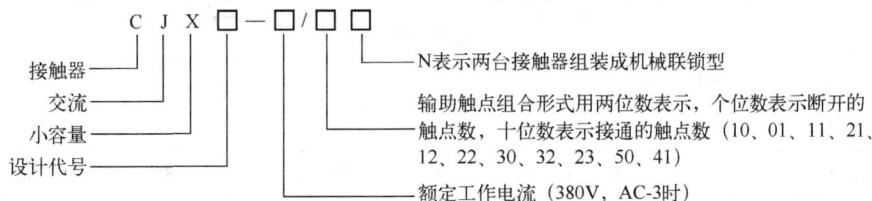

接触器
交流
小容量
设计代号

N表示两台接触器组装成机械联锁型

输助触点组合形式用两位数表示，个位数表示断开的触点数，十位数表示接通的触点数（10、01、11、21、12、22、30、32、23、50、41）

额定工作电流（380V，AC-3时）

4. 使用类别

根据接触器使用类别的不同对接触器主触点的接通和分断能力的要求也不一样，而不同使用类别是根据其不同的控制对象（负载）的控制方式所规定的。所谓使用类别是指所带负载的性质及工作条件。交流接触器的使用类别在 GB/T 14048.4—2020 中有规定，共 13 种，常用的使用类别见表 1-4。

表 1-4　常见接触器使用类别及典型用途

电流	使用类别代号	附加类别名称	典型用途举例
AC	AC-3	一般用途	笼型感应电动机的起动、运行中分断、可逆运行
	AC-3e		具有较高堵转电流的笼型感应电动机的起动、运行中分断、可逆运行
	AC-4		笼型感应电动机的起动、反接制动或反向运行、点动

接触器的使用类别代号通常标注在产品的铭牌上或产品手册中。每种使用类别的接触器都具有一定的接通和分断能力，例如，AC-3 类允许接通 8~10 倍的额定电流和分断 6~8 倍的额定电流；AC-4 类允许接通 10~12 倍的额定电流和分断 8~10 倍的额定电流等。

5. 接触器的主要技术参数

① 额定电压 U_e。指主触点正常工作的额定电压，即主触点所在电路的电源电压。

② 额定电流 I_e。指主触点的额定电流。它是在规定条件下（额定工作电压、使用类别、额定工作制和操作频率），保证电器正常工作的电流值。若改变使用条件，额定电流也要随之改变。

③ 线圈的额定电压 U_s。指接触器线圈正常工作电压值。

④ 允许操作频率。是指接触器每小时允许的操作次数。目前通常为 300 次/h、600 次/h、1200 次/h、2400 次/h、3600 次/h 等几种。操作频率直接影响接触器的电寿命及灭弧室的工作条件，对于交流接触器还影响线圈温升，是一个重要的技术指标。

⑤ 机械寿命和电气寿命。机械寿命是指接触器在需要修理或更换机构零件前所能承受的无载操作次数。电气寿命是指在规定的正常工作条件下，接触器不需要修理或更换机构零件前的有载操作次数。目前有些接触器的机械寿命已达 1000 万次以上，电气寿命达 100 万次以上。

⑥ 主触点的接通和分断能力。是指主触点在规定的条件下能可靠地接通和断开电路的电流值。此时，主触点接通时不发生熔焊，分断时不会产生长时间的燃弧。

⑦ 约定发热电流 I_{th}。约定发热电流是指在使用类别条件下，允许温升对应的电流值。

⑧ 额定绝缘电压 U_{ie}。额定绝缘电压是指接触器绝缘等级对应的最高电压。低压电器的额定绝缘电压一般为 690 V。但根据需要，交流可提高到 1140 V，直流可达 1000 V。

⑨ 工作频率。工作频率是指交流 50 Hz 或 60 Hz。

CJX2 系列交流接触器的技术参数见表 1-5。

表 1-5　CJX2 系列交流接触器的技术参数

接触器型号	CJX2-9	CJX2-12	CJX2-18	CJX2-25	CJX2-32	CJX2-40	CJX2-50	CJX2-65	CJX2-80	CJX2-95
主电路特性										
额定工作电压 U_e/V	380, 660									
额定绝缘电压 U_{ie}/V	690									
约定发热电流 I_{th}/A	25	25	32	40	50	60	80	80	125	125

（续）

笔记

接触器型号		CJX2-9	CJX2-12	CJX2-18	CJX2-25	CJX2-32	CJX2-40	CJX2-50	CJX2-65	CJX2-80	CJX2-95
额定工作电流 I_e/A	AC-3，380 V	9	12	18	25	32	40	50	65	80	95
	AC-3，660 V	6.6	8.9	12	18	21	34	39	42	49	55
	AC-4，380 V	3.5	5	7.7	8.5	12	18.5	24	28	37	44
	AC-4，660 V	1.5	2	3.8	4.4	7.5	9	12	14	17.3	21.3
可控电动机的最大功率/kW	AC-4，380 V	2.2	3	4	5.5	7.5	7.5	11	15	18.5	22
	AC-3，380 V	4	5.5	7.5	11	15	18.5	22	30	37	45
	AC-3，660 V	5.5	7.5	10	15	18.5	30	33	37	45	55
机械寿命/万次		1000				800		800		600	
电气寿命/万次	AC-3	100				80		80		60	
	AC-4	20				20		15		10	
允许操作频率/（次/h）	AC-3	1200				600		600		600	
	AC-4	300				300		300		300	
配用熔断器型号		RT16-20	RT16-20	RT16-32	RT16-40	RT16-50	RT16-63	RT16-80	RT16-80	RT16-100	RT16-125
接线能力/mm²		1.5	1.5	2.5	4	6	10	16	16	25	35
线圈											
控制电源电压 U_s/V	交流	24、36、48、110、127、220、230、380、400									
控制回路允许电压/V	吸合	$(85\sim110)\%U_s$									
	释放	$(20\sim75)\%U_s$									
线圈视在功率/V·A	吸合	70			110			200			
	保持	9			11			24			
线圈有功功率/W	功耗	2.7			4			10			
辅助触点											
约定发热电流 I_{th}/A		10									
额定工作电压 U_e/V	交流	380									
	直流	220									
额定控制容量	AC-15	360 V·A									
	DC-13	33 W									

6. 交流接触器的接线

CJX2 系列接触器的接线如图 1-20 所示。

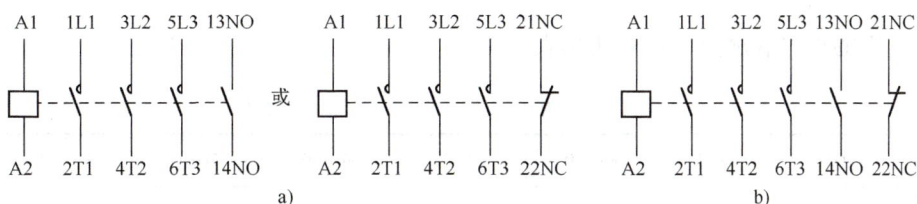

A1 1L1 3L2 5L3 13NO
A2 2T1 4T2 6T3 14NO
a)

或

A1 1L1 3L2 5L3 21NC
A2 2T1 4T2 6T3 22NC
b)

A1 1L1 3L2 5L3 13NO 21NC
A2 2T1 4T2 6T3 14NO 22NC

图 1-20　CJX2 系列接触器的接线
a）CJX2-09~32 接触器　b）CJX2-40~95 接触器

笔记

7. 辅助触点组

辅助触点组主要用于交流 50 Hz、额定电压 660 V 及以下，直流额定电压 220 V 及以下的控制电路中作为远距离动作控制，也可按 GB/T 14048.4—2020 的要求，接入主电路作为接触器。辅助触点组的外形如图 1-21 所示。

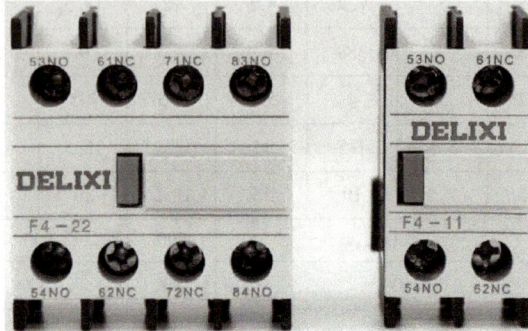

图 1-21　辅助触点组的外形

1）结构特点。辅助触点组为全塑卡扣式装配结构，充分利用尼龙本身固有弹性，不需要螺钉及专用工具拆装，省工、省时、省电。

辅助触点组的触点均为桥式双断点结构。触点采用银基合金材料制成，接触电性能优越、触点耐磨损、寿命长、灭弧室为封闭型，采用阻燃材料制成，能阻挡电弧向外喷溅，保证人身及相邻电器的安全。而且，积木式结构的辅助触点可根据需要灵活拼装使用。

2）使用类别。辅助触点有交流型和直流型，还有交直流两用的。常见的使用类别是 AC-15、DC-13，不同的使用类别可以控制不同的负载，见表 1-6。不同使用类别的辅助触点接通、分断能力也不同。例如，AC-15 使用类别的辅助触点可以接通 10 倍的额定电流。在使用时需要注意负载是否与电器的辅助触点匹配。

码 1-8
辅助触头组的
外形图

表 1-6　常见的辅助触点组使用类别及典型用途

电流种类	使用类别	典型用途
交流	AC-15	控制交流电磁铁负载（>72 V·A）
直流	DC-13	控制电磁铁负载

3）辅助触点型号和触点数量。

辅助触头型号的含义如下：

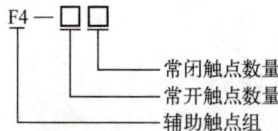

F4—□□
　　　常闭触点数量
　　常开触点数量
辅助触点组

辅助触点组的型号和触点数量对比见表 1-7。

表 1-7　辅助触点组的型号和触点数量对比

型号	F4-02	F4-11	F4-20	F4-22	F4-40	F4-04	F4-13	F4-31
触点数量	2NC	NO+NC	2NO	2NO+2NC	4NO	4NC	1NO+3NC	3NO+1NC

注：NC 为常闭辅助触点，NO 为常开辅助触点。

[课前测验]

笔记

1. 判断题

1）交流接触器通电后如果铁心吸合受阻，将导致线圈烧毁。　　　　　　（　　）
2）一台额定电压为 220 V 的交流接触器在交流 220 V 和直流 220 V 的电源上均可使用。（　　）
3）交流接触器铁心端面嵌有短路铜环的目的是保证动、静铁心吸合严密，减小振动与噪声。
　　　　　　　　　　　　　　　　　　　　　　　　　　　　　　　　　　（　　）
4）接触器自锁触点的作用是保证松开起动按钮后，接触器线圈仍能继续通电。　（　　）

2. 选择题

1）交流接触器在检修时，发现短路环损坏，该接触器（　　）使用。
　　A. 能继续　　　　　　B. 不能　　　　　C. 额定电流下可以　　　　D. 不影响
2）接触器检修后由于灭弧装置损坏，该接触器（　　）使用。
　　A. 仍能继续　　　　　　　　　　　B. 不能
　　C. 额定电流下可以　　　　　　　　D. 短路故障下也可以
3）交流接触器在不同的额定电压下，额定电流（　　）。
　　A. 相同　　　　　B. 不相同　　　C. 与电压无关　　　　D. 与电压成正比

3. 填空题

1）交流接触器的电磁系统主要由_____、衔铁和线圈三部分组成。
2）交流接触器操作频率过高，会导致_____过热。
3）接触器具有_____保护和远距离控制作用。

【任务实施】

交流接触器的识别和检验任务单见随附的"任务单"部分。

[课堂作业]

1）在交流接触器的铭牌上常见到 AC3、AC4 等字样，它们有何意义？
2）交流接触器的铁心端面上为什么要安装短路环？
3）交流接触器频繁操作后线圈为什么会发热？
4）交流接触器的衔铁卡住后会出现什么后果？

[互动讨论]

1）交流接触器能否串联使用？为什么？
2）线圈电压为 220 V 的交流接触器，误接入 380 V 的电压，会产生什么现象？为什么？
3）若交流接触器铁心上的短路环断裂或脱落后，在工作中会出现什么现象？为什么？
4）接触器常见的故障有哪些？原因是什么？如何排除？

[自我评价]

1）收获与总结。

2）存在的主要问题。

3）今后改进、提高的措施。

任务 1.4 识别与检验低压断路器

【任务导入】

低压断路器主要用于低压动力电路中。它相当于是刀开关、熔断器、热过载继电器和欠电压继电器的组合，是一种用于自动切断电路故障的保护电器。

【任务描述】

本任务以低压断路器的结构及工作原理等知识为基础，通过识别和检验，认识低压断路器。

【自学知识】

这里介绍低压断路器的结构和工作原理。

低压断路器又称自动开关或自动空气断路器，它能不频繁地接通和分断电路，还能对电路或电气设备发生的过载、短路、欠电压或失电压等进行保护。几种低压断路器的外形如图 1-22 所示。

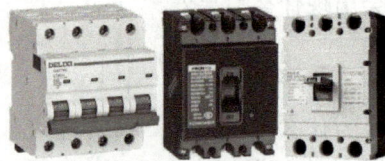

图 1-22 低压断路器的外形图

低压断路器操作安全、使用方便、工作可靠、安装简单、分断能力高，广泛应用于低压配电线路中。

1. 低压断路器的结构

低压断路器种类繁多，但是它们的基本结构相似，主要由触点系统、灭弧装置、操作机构、脱扣器和附件组成，触点和灭弧装置是执行电路通断的主要部件；脱扣器包括过电流脱扣器、失电压与欠电压脱扣器、热脱扣器、分励脱扣器和自由脱扣器，根据用途不同，可选用不同的脱扣器和附件组成不同功能的低压断路器。小型单极塑料外壳式低压断路器的结构如图 1-23 所示。

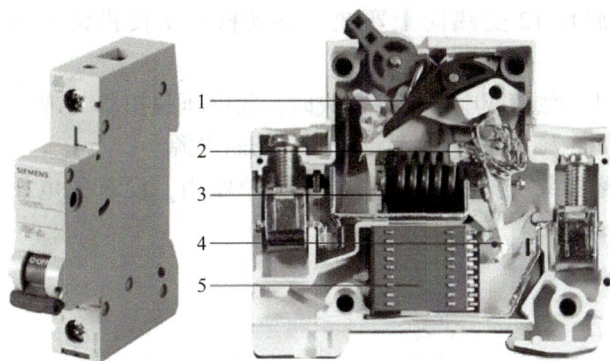

图 1-23　小型单极塑料外壳式低压断路器的结构

1—机械锁定和手柄装置　2—过载保护的热双金属片装置　3—短路保护的电磁脱扣器　4—触点组　5—快速灭弧装置

2. 低压断路器的工作原理

低压断路器的工作原理如图 1-24 所示。触点（静触点和动触点）用于断路器中实现电路接通或分断。主触点是由操作机构和自由脱扣器操纵其通断的，可用操作手柄操作，也可通过分励脱扣器远距离操作。在正常情况下，主触点可接通、分断工作电流，当出现故障时，能快速及时地切断高达数十倍额定电流的故障电流，从而保护电路及电气设备。

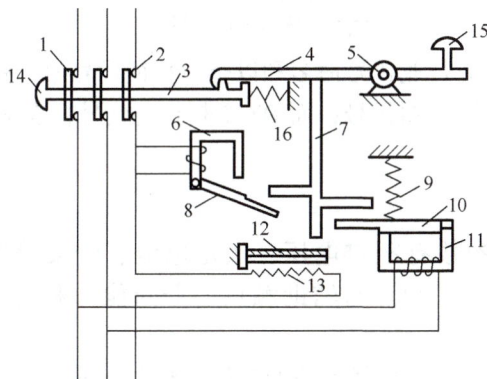

图 1-24　低压断路器工作原理图

1—动触点　2—静触点　3—锁扣　4—搭钩　5—转轴座　6—过电流脱扣器
7—杠杆　8，10—衔铁　9—拉力弹簧　11—欠电压脱扣器　12—双金属片
13—热元件　14—接通按钮　15—分断按钮　16—压力弹簧

码 1-9
低压断路
器的外形图

码 1-10
低压断路
器的结构和
原理

低压断路器的主触点是靠手动操作或电动合闸的。主触点闭合后，自由脱扣器将主触点锁在合闸位置上。过电流脱扣器的线圈和热脱扣器的热元件与主电路串联，欠电压脱扣器的线圈和电源并联，然后分成如下 5 种情况：

① 接通电路时，按下接通按钮 14，若线圈电压正常，欠电压脱扣器 11 产生足够的吸力，克服拉力弹簧 9 的作用将衔铁 10 吸合，衔铁与杠杆脱离。这样，外力使锁扣 3 克服压力弹簧 16 的斥力，锁住搭钩 4，接通电路。

② 分断电路时，按下分断按钮 15，搭钩 4 与锁扣 3 脱扣，锁扣 3 在压力弹簧 16 的作用下被推回，使动触点 1 与静触点 2 分断，断开电路。

③ 当电路发生短路或严重过载故障时，超过过电流脱扣器整定值的故障电流将使过电流脱扣器 6 产生足够大的吸力，将衔铁 8 吸合并撞击杠杆 7，使搭钩 4 绕转轴座 5 顺时针方向转动与锁扣 3 脱开，锁扣在压力弹簧 16 的作用下，将 3 对主触点分断，切断电源。

④ 当电路发生一般性过载时，过载电流虽不能使电磁脱扣器动作，但能使热元件 13 产生

一定的热量，促使双金属片 12 受热向上弯曲，推动杠杆 7 使搭钩 4 与锁扣 3 脱开，将主触点分断。

⑤ 当电路电压降到某一数值或电压全部消失时，欠电压脱扣器 11 吸力减少或消失，衔铁 10 被拉力弹簧 9 拉回并撞击杠杆 7，将 3 对主触点分断，切断电源。

塑料外壳式低压断路器只有短路保护和过载保护作用，没有失电压、欠电压和远距离控制作用。

3. 低压断路器的安装和接线

断路器一般垂直安装，上端静触点接线端子接电源，称进线端，下端动触点接线端子接负载，称出线端。有些断路器安装形式多样，除了垂直安装（竖装），也可用水平安装（横装），还可用下进线安装。

4. 低压断路器的符号及型号

3 极低压断路器的图形符号及文字符号，如图 1-25 所示。

图 1-25　3 极低压断路器图形符号及文字符号

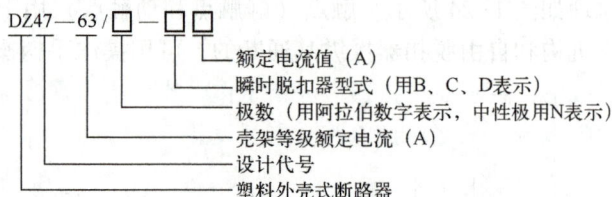

DZ47 系列塑料外壳式低压断路器的型号含义如下。

```
DZ47—63/□—□□
```

- 额定电流值（A）
- 瞬时脱扣器型式（用B、C、D表示）
- 极数（用阿拉伯数字表示，中性极用N表示）
- 壳架等级额定电流（A）
- 设计代号
- 塑料外壳式断路器

目前，低压断路器的型号有行业代号命名和以企业特征代号命名两大类，如 NM8，其中 N 是企业特征代号，M 是企业命名的断路器代号；而 DZ47 是行业代号，表示塑料外壳式断路器。

5. 低压断路器的技术参数

（1）断路器的主要参数

低压断路器的主要技术参数有额定电压、额定电流、壳架等级额定电流、脱扣电流、极数、脱扣器类型、整定电流、主触点与辅助触点的分断能力和动作时间等，下面介绍几种主要参数。

1）额定电压 U_e。是指保证断路器触点长期工作的允许电压值。

2）额定电流 I_e。是指允许脱扣器长期通过的电流，即脱扣器额定电流。

3）壳架等级额定电流。是指每一件框架或塑料外壳中能安装的最大脱扣器的额定电流。

4）脱扣电流。是使过电流脱扣器动作的电流设定值，当电路短路或负载严重超载，负载电流大于脱扣电流时，断路器主触点分断。

5）分断能力。是指在规定操作条件下，能分断短路电流的能力。低压断路器有良好的保护特性，分断能力很强，能在极短的时间内，乃至在电路电流尚未达到稳定的短路电流之前就完全断开电路。例如，DZ20-100 型断路器的额定电流为 100 A，但对于交流电压 380 V、功率因数 ≥0.4 电路的最大分断能力为 12 kA。

断路器的分断能力指标有两种：

① 额定极限短路分断能力 I_{cu}，表示分断几次短路故障后，断路器分断能力将有所下降。

② 额定运行短路分断能力 I_{cn}，表示分断几次短路故障后，还能保证其正常工作。

目前市场上断路器的 I_{cn} 大多数为（50~75）% I_{cu}。一般情况下，框架式断路器最小允许值 I_{cn} = 50% I_{cu}，而塑壳式断路器最小允许值 I_{cn} = 25% I_{cu}。I_{cn} 越接近于 I_{cu}，表明断路器断开时间越短。实际使用中，要根据应用场合不同选择合适的数值。

DZ47s 系列低压断路器的技术参数见表 1-8。

表 1-8 DZ47s 系列低压断路器的技术参数

序号	名 称	技 术 参 数
1	极数	1P[⊖]，1P+N，2P，3P，3P+N，4P
2	额定电流 I_e/A	1~63
3	额定频率 f_e/Hz	50/60
4	额定电压 U_e/V	AC 230/400，1P
		AC 230，1P+N
		AC 400，2P，3P，3P+N，4P
5	额定绝缘电压 U_{ie}/V	500
6	最大工作电压 U_{Bmax}/V	AC 230/400，1P，1P+N
		AC 400，2P，3P，3P+N，4P
		DC 60，1P
7	额定短路能力 I_{cn}/kA （IEC/EN 60898-1-2015）	6
8	额定冲击耐受电压 U_{imp}（1.2/50）/kV	4
9	介电测试电压/kV	2（50/60 Hz，1 min）
10	热磁脱扣特性	B 型曲线（3~5）I_{cn}
		C 型曲线（5~10）I_{cn}
		D 型曲线（10~14）I_{cn}
11	电气及机械附件	
12	手柄	红色，用移印机移印指示（ON/OFF）
13	机械寿命/次	20000
14	电气寿命/次	10000

（2）断路器的脱扣特性

断路器脱扣特性分为 A、B、C、D、K 等几种，其含义如下。

① A 型脱扣特性：脱扣电流为（2~3）I_e，适用于保护半导体电子电路，带小功率电源变压器的测量电路，或线路长且短路电流小的系统。

② B 型脱扣特性：脱扣电流为（3~5）I_e，适用于住户配电系统，家用电器的保护和人身安全保护。

③ C 型脱扣特性：脱扣电流为（5~10）I_e，适用于保护配电线路、具有较高接通电流的照明电路和电动机回路。

④ D 型脱扣特性：脱扣电流为（10~20）I_e，适用于保护具有很高冲击电流的设备，如变压器、电磁阀等。

⑤ K 型脱扣特性：具有额定电流 1.2 倍的热脱扣动作电流和 8~14 倍的磁脱扣动作范围，适用于保护电动机电路设备，有较高的抗冲击电流能力。

（3）过载保护电流-时间曲线

断路器的过载保护电流-时间曲线又叫脱扣特性曲线，它反映的是断路器在规定的运行条件下脱扣器脱扣时间与预期电流的函数曲线，它是断路器的重要参数之一。需要在规定的温度条件下测定，为反时限特性曲线，过载电流越大，热脱扣器动作的时间就越短。

⊖ P 为 pole 的简写，表示极数，本书统一用 P 表示。

6. 低压断路器发展状况

低压电器伴随着电的发明与应用而随之诞生，最早出现的低压电器是简单的单极刀开关。19 世纪末出现了三相交流电系统，随之也出现了三相刀开关。诞生于 1885 年的低压断路器，就是在一般刀开关上加装过电流保护而成的。这种断路器能够满足非自动闭合，当电流过载时可以自动断开。随着 1892 年指形触点的出现，空气断路器从刀开关的结构中分离出来，形成了一种独立的大类产品。

1905 年具有自由脱扣装置的空气断路器诞生。随着 1930 年以来电弧产生原理的发现和各种灭弧结构的发明，低压断路器逐渐形成了目前的结构。20 世纪 50 年代末，电子元器件的兴起，又产生了电子脱扣器，到了今天，由于小型化计算机的普及，又有智能型断路器的问世。

新中国成立后，我国低压电器工业有了很大的发展，国内低压断路器大致经历了以下四代的发展过程，见表 1-9。

表 1-9 不同阶段低压断路器的主要特征和技术水平

产品阶段	年　代	主 要 特 征	技 术 水 平
第一代	20 世纪 60—70 年代	国内低压断路器产业的形成阶段。国内企业在模仿苏联产品的基础上，设计开发出第一代统一设计的低压断路器产品，以 DW10、DZ10 为代表。 第一代产品的性能指标较低、产品体积大、功率单一，现已被国家强制淘汰	总体技术水平相当于国外 20 世纪 50 年代水平
第二代	20 世纪 70 年代后期—80 年代末	国内企业自行设计更新换代、引进国外先进制造技术、采用国际标准，制造了第二代低压断路器产品，以 DW15、DZ20 为代表。 第二代产品技术指标明显提高，体积明显缩小，保护功能扩大，产品性能符合当时的国际标准，现尚有少量生产	总体技术水平相当于国外 20 世纪 70 年代水平
第三代	20 世纪 90 年代初—2005 年	国内企业相继自行开发试制了智能化的第三代低压断路器产品，少数优势企业已掌握核心技术，代表产品包括 DW40、DW45、DZ40、S 系列塑壳断路器、CM1 等。 第三代产品性能优良、工作可靠，较之第二代产品主要具有高性能、小型化、电子化、智能化和模块化的特点，是国内主流产品	总体技术水平相当于国外 20 世纪 80 年代末、90 年代初水平
第四代	2005 年至今	国内企业自行开发的新一代智能化低压断路器产品，主要特征是可通信、能与多种开放式现场总线系统连接，产品符合环保要求，相关技术应用有重大突破。 第四代低压断路器具有可通信、高性能、小体积、少规格、可靠性好、绿色环保等特点，已陆续推向市场	总体技术水平达到当前国际先进水平，部分技术与产品指标达到国际领先水平

注：根据统计，2017 年国内市场上第二代、第三代、第四代产品分别占市场容量的 20%、70% 与 10%。

随着智能电网建设、新能源的广泛应用、环保要求的提升及各类用户对产品性能、质量等要求的提高，以第三、第四代产品为代表的中、高端低压断路器产品的市场份额比重将会逐步增加。

目前我国低压断路器目前的发展方向为借助新技术的应用和结构上的创新，在第三代产品的基础上，对第四代产品的可通信、高性能、小型化、高可靠、绿色环保等特点进行探索和开发。在第四代智能断路器产品的研究中，主要是将现场总线技术融入智能断路器的研究中，实现与工业以太网直接连接。现场总线技术目前是比较成熟的技术，在智能断路器产品中，加入现场总线技术可以使其具有更好的联网通信能力，以实现遥调、遥测、遥信和遥控等"四遥"功能。

根据国内外低压断路器智能化方面的研究来看，新一代智能化低压断路器已不是一台单纯的保护装置，而是将测量、保护和通信等功能集于一体，将成为一个多功能的、综合性的电网智能电器设备。智能微控制器技术的不断进步，为智能断路器性能的优化、功能多样化以及工作可靠化的发展路径提供了强有力的技术支持，使智能断路器向着高度智能化、通信网路化、器件产品化、产品模块化和通用化方向发展。

[课前测验]

1. 判断题

1）低压断路器的保护功能取决于其上安装的各种脱扣器。　　　　（　　）
2）低压断路器具有失电压保护的功能。　　　　　　　　　　　　（　　）
3）低压断路器中使过电流脱扣器动作的电流整定值若不合适，则可能会导致起动时自动分闸。[⊖]
　　　　　　　　　　　　　　　　　　　　　　　　　　　　　（　　）
4）低压断路器的过电流脱扣器的作用是过载保护。　　　　　　　（　　）

2. 选择题

1）塑壳式低压断路器的保护特性有（　　）。
　　A. 短路保护、过载保护　　　　　　　B. 短路保护、失电压与欠电压保护
　　C. 过载保护、失电压与欠电压保护　　D. 短路保护、远距离控制
2）低压断路器不能实现的保护功能是（　　）。
　　A. 短路保护　　　B. 过载保护　　　C. 失电压保护　　　D. 限位保护
3）低压断路器的过电流脱扣器的作用是（　　）。
　　A. 短路保护　　　B. 过载保护　　　C. 漏电保护　　　D. 失电压保护

3. 填空题

1）低压断路器的脱扣装置有＿＿＿＿、热脱扣器、欠电压脱扣器。
2）低压断路器又称为＿＿＿＿。
3）低压断路器＿＿＿＿接通或分断电路。

【任务实施】

　　识别与检验低压断路器任务单见随附的"任务单"部分。

[课堂作业]

1）低压断路器有何作用？
2）低压断路器具有哪些保护功能？这些保护功能分别由哪些部件完成？
3）低压断路器欠电压保护有什么意义？是根据什么原理动作的？
4）塑料外壳式低压断路器的操作手柄有哪几个动作位置？

[互动讨论]

1）塑料外壳式断路器在起动负载时自动分闸，其主要原因是什么？
2）低压断路器的过电流保护和过载保护有什么区别？
3）熔断器和低压断路器的功能有何区别？
4）如何判断一个低压断路器的触点系统是否正常？

[自我评价]

1）收获与总结。

　⊖　脱扣器整定电流是指选定一个电流，主回路电流达到此电流时，脱扣器动作，使断路器跳闸。

2）存在的主要问题。

3）今后改进、提高的措施。

任务 1.5 识别与检验热过载继电器

【任务导入】

热过载继电器是一种具有反时限（延时）过载保护特性的过电流继电器，广泛用于电动机或其他电气设备的过载保护。

【任务描述】

本任务以热过载继电器的结构及工作原理等知识为基础，通过识别和检验，认识热过载继电器。

【自学知识】

这里介绍热过载继电器的结构和工作原理。

JRS1D 系列热过载继电器适用于交流 50 Hz、额定绝缘电压 660 V、电流 0.1~93 A 的长期工作或间断长期工作的交流电动机的过载与断相保护，并可与相应的交流接触器组成起动器。该产品动作可靠，符合 GB/T 14048.4—2020、EN/IEC 60947-4-1—2019 等标准。JRS1D 系列热过载继电器及其基座外形如图 1-26 所示。

（1）热过载继电器的结构

热过载继电器由发热元件、双金属片、触点及一套传动和调整机构组成。发热元件是一段阻值不大的电阻丝，串接在被保护电动机的主电路中。双金属片由两种不同热膨胀系数的金属片碾压而成，如图 1-27 所示。包括具有断相保护和整定电流连续可调的装置、温度补偿装置、自动和手动复位按钮、动作指示信号、测试按钮和停止按钮、防止手指触电保护罩、一对常开和一对常闭触点（插入接触器安装或独立安装）。

26

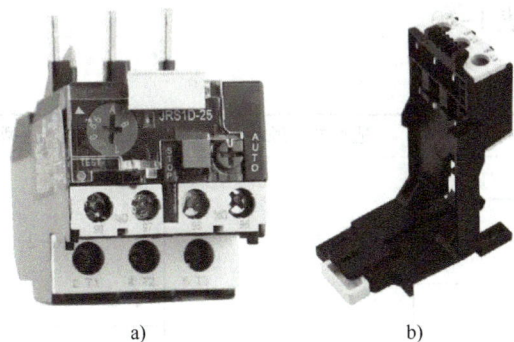

图 1-26 JRS1D 系列热过载继电器及
其基座外形

a）热过载继电器 b）基座外形

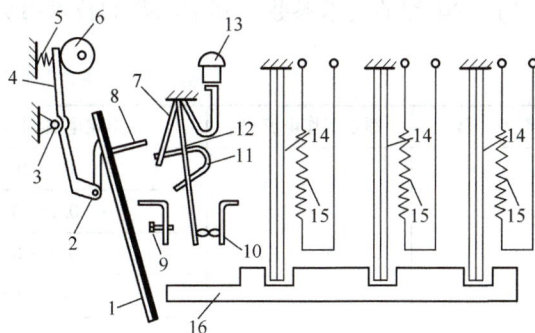

图 1-27 热过载继电器的结构
1—补偿双金属片 2、3—轴 4—杠杆
5—压簧 6—电流调节凸轮 7、12—片簧 8—推杆
9—复位调节螺钉 10—触点 11—弓簧
13—手动复位按钮 14—主双金属片
15—发热元件 16—导板

（2）热过载继电器的工作原理

热过载继电器的工作原理示意图如图 1-28 所示。当电动机正常运行中，热元件产生的热量虽能使双金属片弯曲，但还不足以使热过载继电器动作。当电动机过载时，流过热元件的电流增大，热元件产生的热量增加，双金属片因受热产生弯曲的位移增大，经过一定时间后，双金属片推动导板使热过载继电器触点动作，切断电动机控制电路。

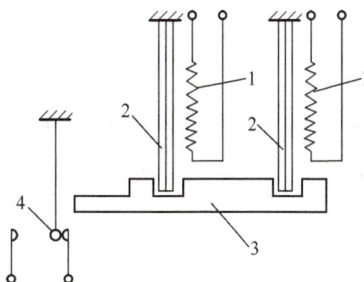

图 1-28 热过载继电器的工作原理示意图
1—热元件 2—双金属片 3—导板 4—触点

（3）热过载继电器的断相保护

三相电动机的绕组有星形联结和三角形联结两种，星形联结的三相电动机线电流等于相电流，当发生一相断路时，另外两相线电流增加很多，而流过热过载继电器热元件的线电流与流过电动机绕组的相电流相同，因此，采用普通的两相或三相热过载继电器就可对其做出保护。

对于三角形联结的电动机，当发生一相断路时，三相平衡破坏，跨接于全电压下的一相绕组会发生过载，而线电流与相电流又不相等，且电流增加的比例也不相同，实际上线电流并没有达到额定值，而热继电器是按额定线电流整定的，由于没有达到其整定值，不能起到保护作用，所以时间一长电动机便有过热烧毁的危险。所以三角形联结的电动机必须采用带断相保护的热过载继电器来对电动机进行长期过载保护。

（4）热过载继电器的主要技术参数

热过载继电器的主要技术参数是整定电流。整定电流是指长期通过发热元件而不致使热过载继电器动作的最大电流。当发热元件中通过的电流超过整定电流值的 20% 时，热过载继电器应在 20 min 内动作。热过载继电器整定电流的大小可通过整定电流旋钮来改变。选用和整定热过载继电器时一定要使整定电流值与电动机的额定电流一致。

由于热过载继电器是受热而动作的，热惯性较大，因而即使通过发热元件的电流短时间内超过整定电流几倍，热过载继电器也不会立即动作。只有这样，在电动机起动时热过载继电器才不会因起动电流大而动作，否则电动机将无法起动。反之，如果电流超过整定电流不多，但时间一长也会动作。由此可见，热过载继电器与熔断器的作用是不同的，热过载继电器只能作为过载保护而不能作为短路保护，而熔断器一般用于短路保护，有时也会用于过载保护。当电路发生短路或者过载故障时，在电流异常升高到一定高度的时候，自身熔断切断电流，从而起到保护电路安全运行的作用。

码 1-11
热过载继电器的结构图

码 1-12
热过载继电器的结构和原理

笔记

1）主电路的技术参数。其主电路的技术参数见表1-10。

表 1-10　热过载继电器主电路的技术参数

型　　　号	额定工作电流/A	整定电流调节范围/A	适配的接触器型号	推荐的熔断器型号
JRS1D-25	25	0.1~0.16	CJX2-09~32	RT16-2
		0.16~0.25		
		0.25~0.40		
		0.4~0.63		
		0.63~1		RT16-4
		1~1.6		
		1.6~2.5		RT16-6
		2.5~4		RT16-10
		4~6		RT16-16
		5.5~8		RT16-20
		7~10		
		9~13	CJX2-12~32	RT16-25
		12~18	CJX2-18~32	RT16-35
		17~25	CJX2-25 和 32	RT16-50
JRS1D-36	36	23~32	CJX2-25~32	RT16-63
		30~40	CJX2-32	RT16-80
JRS1D-93	93	23~32	CJX2-40~95	RT16-60
		30~40		RT16-100
		37~50	CJX2-50~95	
		48~65		
		55~70	CJX2-65~95	RT16-125
		63~80	CJX2-80 和 95	
		80~93	CJX2-95	RT16-160

2）辅助触点的基本参数。其基本参数见表1-11。

表 1-11　辅助触点的基本参数

使 用 类 别	约定发热电流 I_{th}/A		额定绝缘电压 U_i/V	额定工作电压 U_e/V	额定工作电流 I_e/A
	常　开	常　闭			
AC-15	5	5	500	220	1.64
				380	0.95
DC-13				220	0.15

（5）热过载继电器的符号与型号

热过载继电器的图形与文字符号如图1-29所示。

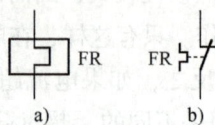

图 1-29　热过载继电器的图形符号与文字符号

a）热元件　b）常闭触点

热过载继电器的型号含义如下。

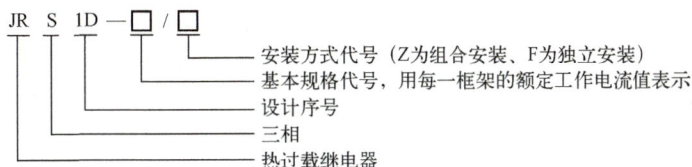

```
JR  S  1D —□ / □
              └── 安装方式代号（Z为组合安装、F为独立安装）
            └──── 基本规格代号，用每一框架的额定工作电流值表示
        └──────── 设计序号
    └──────────── 三相
 └─────────────── 热过载继电器
```

[课前测验]

1. 判断题

1）由于热过载继电器在电动机控制电路中具有短路和过载保护作用，所以不需要再接入熔断器作为短路保护器件。　　　　　　　　　　　　　　　　　　　　　（　　）

2）热过载继电器既可作过载保护，又可作短路保护。　　　　　　　　　　　（　　）

3）无断相保护装置的热过载继电器不能对电动机的断相提供保护。　　　　（　　）

4）热继电器的额定电流是指其触点的额定电流。　　　　　　　　　　　　（　　）

2. 选择题

1）过载保护继电器对运行中的电动机具有（　　）保护功能。

　　A. 短路　　　　　　B. 过载　　　　　　C. 欠电压　　　　　　D. 漏电

2）以下元器件在电动机控制电路中不具备失电压保护功能的是（　　）。

　　A. 低压断路器　　B. 热继电器　　　　C. 电压继电器　　　D. 接触器

3）热过载继电器不能作为电动机的（　　）。

　　A. 短路保护　　　B. 过载保护　　　　C. 断相保护　　　　　D. 三相电流不平衡保护

3. 填空题

1）热过载继电器的热元件要串联在主电路中，常闭触点要串联在_____中。

2）热过载继电器具有过载和_____保护。

3）热过载继电器具有_____特性。

【任务实施】

识别与检验热过载继电器任务单见随附的"任务单"部分。

[课堂作业]

1）在电动机起动过程中，热过载继电器会不会动作？为什么？

2）如何将手动复位的热过载继电器调整为自动复位？

3）对定子绕组接成三角形的电动机实现断相保护，为什么必须采用三相结构带断相保护装置的热过载继电器？

4）电动机处于重复短时工作时可否采用热过载继电器作为过载保护？为什么？

[互动讨论]

1）既然在电动机的主电路中装有熔断器，为什么还要装热过载继电器？装有热过载继电器是否就可以不装熔断器？为什么？

2）热过载继电器接入电动机控制电路中，如果电动机已经烧坏，而热继电器尚未动作，其主要原因是什么？

3）热过载继电器只能作电动机的长期过载保护而不能作短路保护，而熔断器则相反，为什么？

4）带断相保护的热过载继电器与不带断相保护的热过载继电器有何区别？它们接入电动机定

子电路的方式有何不同？

[自我评价]

1）收获与总结。

2）存在的主要问题。

3）今后改进、提高的措施。

阅读资料 1.6　常用低压电器的相关知识

1. 常用低压电器的选用、故障诊断及排除

（1）熔断器的选用、故障诊断及排除

1）熔断器的选用。

正确选择熔断器。熔断器的选择主要包括对熔断器类型、额定电压和额定电流、熔断体电流等的确定。

- 熔断器类型。熔断器的类型主要由电气控制系统整体设计确定，主要依据电气控制电路的要求、负载的特性、使用场合、安装条件以及各类熔断器的使用范围来选择。
- 熔断器额定电压和额定电流。熔断器的额定电压应大于或等于实际电路的工作电压，熔断器的额定电流应大于或等于所装熔断体的额定电流。
- 熔断体额定电流。确定熔断体额定电流是选择熔断器的关键，具体来说可以参考以下几种情况：

对于照明电路或电阻炉等电阻性负载，熔断体的额定电流应大于或等于电路的工作电流，即

$$I_n \geq I$$

式中，I_n 为熔断体的额定电流；I 为电路的工作电流。

保护一台异步电动机时，考虑电动机冲击电流的影响，熔断体的额定电流可按下式计算

$$I_n \geq (1.5 \sim 2.5)I_N$$

式中，I_N 为电动机的额定电流。

保护多台异步电动机时，若各台电动机不是同时起动，则应按下式计算

$$I_n \geq (1.5 \sim 2.5)I_{Nmax} + \sum I_N$$

式中，I_{Nmax} 为容量最大的一台电动机的额定电流；$\sum I_N$ 为其余电动机额定电流的总和。

减压起动的电动机选用熔断体的额定电流等于或略大于电动机的额定电流。

为防止发生越级熔断，上、下级（即供电干、支线）熔断器间应有良好的协调配合，为此，应使上一级（供电干线）熔断器的熔断体额定电流比下一级（供电支线）的大 1~2 个级别。

● 额定分断能力。熔断器的分断能力应大于电路中可能出现的最大短路电流。

2）安装和使用熔断器。

安装和更换熔断器。熔断器的安装和更换应当注意以下几点：

● 安装熔断器时必须在断电的情况下操作。严禁带负载拆装熔断体或熔断器，以防电弧烧伤人体或设备。

● 安装位置及相互间距应便于更换熔断体。

● 应垂直安装，并应能避免熔体熔断后飞溅在临近带电体上。

● 安装螺旋式熔断器时，为了确保更换熔断体时的安全，下接线端应接电源，而连接螺口的接线端应接负载。注意将电源线接到瓷底座下的接线柱上，以保证安全。

● 有熔断指示的熔断体，其指示器方向应装在便于观察侧。

● 熔断器应安装在电路的各相线上，单相交流电路的中性线上也应安装熔断器，但在三相四线制的中性线上严禁安装熔断器。

● 对于不同性质的负载，如照明电路、电动机电路的主电路和控制电路等，应尽量分别对其保护，装设单独的熔断器。

● 安装软熔丝时应留有一定的松弛度，螺钉不能拧得太紧或太松，否则会损伤熔丝造成误动作，或因接触不良产生电弧烧坏螺钉。

● 更换熔断体时应切断电源，并应换上相同额定电流的熔断体，不能随意更换为大额定电流的熔断体。

● 更换新熔断体时，不能用铜丝或铝丝熔断体等代替。

3）熔断器常见故障及处理。其常见故障及排除方法见表 1-12。

表 1-12　熔断器常见故障及排除方法

故 障 现 象	可 能 原 因	排 除 方 法
电路接通瞬间熔断体熔断	熔断体电流等级选择过小	更换适当的熔断体
	负载侧短路或接地	排除负载短路或接地故障
	熔断体安装时受到机械损伤	更换熔断体
熔断体未见熔断，但电路不通	熔断体、接线座接触不良	旋紧接线端或重新连接
	熔断器的螺帽盖未旋紧	旋紧螺帽盖

（2）按钮的选用、故障诊断及排除

1）按钮的选用。主要根据使用场合、用途、控制需要及工作状况等进行选择。

① 根据使用场合，选择控制按钮的种类，如开启式、防水式、防腐式等。

② 根据用途，选用合适的形式，如钥匙式、紧急式、带灯式等。

③ 根据控制回路的需要，确定不同的按钮数，如单钮、双钮、三钮、多钮等。

④ 根据工作状态指示和工作情况的要求，选择按钮及指示灯的颜色。

2）按钮的安装和使用。

① 由于按钮的触点间距较小，如有油污等极易发生短路事故，故使用时应经常保持触点间的清洁。

② 按钮用于高温场合时，塑料易变形老化，导致按钮松动，引起接线螺钉间相碰而短路，可视情况在安装时多加一个紧固圈，两个紧固圈并紧作为一个使用；也可在接线螺钉处套上绝缘塑料管。

③ 带指示灯的按钮，由于灯泡要发热，时间长时易使塑料灯罩变形造成调换灯泡困难，故不宜用在通电时间较长之处；如欲使用，可适当降低灯泡电压，延长使用寿命。

④ 按钮安装在面板上时，应布置整齐，排列合理，如根据电动机起动的先后次序，按从上到下或从左到右顺序排列。

⑤ 同一个机床运动部件如果有几种不同的工作状态（如上、下、前、后、左、右，松、紧等），应使每一对相反状态的按钮安装在一组。

⑥ 为了应付紧急情况，当按钮板上安装的按钮较多时，应采用红色蘑菇头的总停按钮，且应安装在显眼而容易操作的地方。

3）按钮的故障诊断及排除。其常见故障及其处理方法见表1-13。

表1-13 按钮的常见故障及其处理方法

故 障 现 象	产 生 原 因	处 理 方 法
按下起动按钮时有触电感觉	按钮的防护金属外壳与连接导线接触	检查按钮内连接导线
	按钮帽的缝隙间充满铁屑，使其与导电部分形成通路	清理按钮及触点
按下起动按钮，不能接通电路，控制失灵	接线头脱落	检查起动按钮连接线
	触点磨损后松动，接触不良	检修触点或调换按钮
	动触点弹簧失效，使触点接触不良	重绕弹簧或调换按钮
按下停止按钮，不能断开电路	接线错误	更改接线
	尘埃或机油、乳化液等流入按钮造成短路	清扫按钮并相应采取密封措施
	绝缘击穿短路	调换按钮

（3）接触器的选用、故障诊断及排除

1）接触器的选用。主要考虑以下几个方面：

① 接触器的类型。根据接触器所控制的负载性质，选择直流接触器或交流接触器。也就是说，直流负载应选用直流接触器，交流负载应选用交流接触器。如果控制电路中主要是交流负载，而直流电动机或直流负载的容量较小（如能耗制动控制电路），也可选用交流接触器来控制，但触点的额定电流应选得大一些。

② 主触点的额定电压。接触器主触点的额定电压应大于或等于负载的额定电压。

③ 主触点的额定电流。接触器主触点的额定电流应大于或等于负载的额定电流。对于电动机负载可按下列经验公式计算

$$I_e = P_N \times 10^3 / K U_N$$

式中，I_e为接触器主触点额定电流（A）；P_N为电动机额定功率（kW）；U_N为电动机额定电压（V）；K为经验系数，一般取1~1.4。

④ 吸引线圈的电压。当控制电路简单，使用电器较小时，为节省变压器，可直接选用380 V或220 V的电压。当电路复杂，使用电器超过5小时，从人身和设备安全角度考虑，吸引线圈的电压要选低一些，可用24 V、36 V或110 V的线圈电压。

⑤ 触点数量及类型。接触器的触点数量、类型应满足控制电路的要求。

2）交流接触器的安装与维护。

① 安装前的检查。

- 检查接触器铭牌与线圈的技术参数是否符合控制电路的要求。
- 检查接触器的外观，应无机械损伤。用手推动接触器的活动部分时动作要灵活，无卡滞现象。
- 新近购置或闲置已久的接触器，要把铁心上的防锈油擦干净，以免油污的黏性影响接触器的释放，也要洗去铁锈。
- 检查接触器在85%的额定电压时能否正常动作，会不会卡住；在失压或电压过低时能不能释放。
- 检查产品的绝缘电阻。测量绝缘电阻的部位为：触点分开时各极的动、静触头间，触点在分开与闭合时各极带电部件间，线圈引线与铁心间，各带电部件与地间。应根据接触器的额定电压选用绝缘电阻表。

② 安装注意事项。

- 接触器一般应安装在垂直面上，倾斜度不超过5°。注意要留有适当的飞弧空间，以免烧坏相邻电器。
- 安装孔的螺钉应装有弹簧垫圈和平垫圈，拧紧螺钉以防止松脱或振动。注意避免异物（如螺钉等）落入接触器内部，因为异物可能使动铁心卡住而不能闭合，致使励磁电流很大，时间长了会因过热将接触器烧毁。
- 不允许将交流接触器接到直流电源上，否则会烧毁线圈。

③ 日常维护。

- 应对接触器做定期检查，观察螺钉有无松动，可动部分是否灵活等。
- 接触器的触点应定期清扫，保持清洁，但不允许涂油，当触点表面因电灼作用形成金属小颗粒时，应及时清除。
- 拆装时注意不要损坏灭弧罩。带灭弧罩的交流接触器若缺灭弧罩或灭弧罩破损是不允许运行的，易发生电弧短路故障。

3）接触器故障诊断及排除。其常见故障及其处理方法见表1-14。

表1-14　接触器常见故障及其处理方法

故障现象	产生原因	处理方法
接触器不吸合或吸合不牢	电源电压过低	调高电源电压
	线圈断路	调换线圈
	线圈技术参数与使用条件不符	调换线圈
	铁心机械卡阻	排除卡阻物
线圈断电，接触器不释放或释放缓慢	触点熔焊	排除熔焊故障，修理或更换触点
	铁心极面有油污	清理铁心极面
	触点弹簧压力过小或复位弹簧损坏	调整触点弹簧压力或更换复位弹簧
	机械卡阻	排除卡阻物
触点熔焊	操作频率过高或过载使用	调换合适的接触器或减少负载
	负载侧短路	排除短路故障，更换触点
	触点弹簧压力过小	调整触点弹簧压力
	触点表面有电弧灼伤	清理触点表面
	机械卡阻	排除卡阻物

(续)

故障现象	产生原因	处理方法
铁心噪声过大	电源电压过低	检查电路并提高电源电压
	短路环断裂	调换铁心或短路环
	铁心机械卡阻	排除卡阻物
	铁心极面有油污或磨损不平	用汽油清洗极面或更换铁心
	触点弹簧压力过大	调整触点弹簧压力
线圈过热或烧毁	线圈匝间短路	更换线圈并找出故障原因
	操作频率过高	调换合适的接触器
	线圈参数与实际使用条件不符	调换线圈或接触器
	铁心机械卡阻	排除卡阻物

（4）低压断路器的选用、故障诊断及排除

1）低压断路器的选用。

① 选择低压断路器类型。低压断路器的类型应根据电路的额定电流及保护的要求选用。电网主干电路等大电流电路主要选用框架式断路器；电气设备控制系统中多选用塑料外壳式断路器或漏电保护断路器；而建筑配电系统中一般选用漏电保护断路器。

② 选择低压断路器额定值。选择时应注意以下几点：

● 低压断路器的额定电压和额定电流应大于或等于电路、设备的额定工作电压和额定工作电流。

● 低压断路器的额定通断能力应大于或等于电路的最大短路电流。

● 欠电压脱扣器的额定电压应等于主电路的额定电压。

● 过电流脱扣器的额定电流应大于或等于线路的最大负载电流。

2）低压断路器的安装和使用。

① 安装前应认真阅读产品使用说明书，不能违反警告提示内容，明确产品安全使用要求，保证断路器的正确安装和使用。

② 检查铭牌上的技术数据是否符合要求，并手动操作断路器合、分三次，检查操作机构有无卡滞现象，并操作试验按钮，机构应可靠动作，确定完好无损，方可安装。

③ 使用前将工作面上的防锈油脂擦净，以免影响其正确使用。

④ 为防止相间电弧短路，连接导线不得裸露在接线座外面，应对进线端裸露导线及铜母排进行绝缘处理。

⑤ 断路器安装时，应选择能承受相应载流量的连接导线。

⑥ 板前接线的断路器可以安装在金属骨架或绝缘板上，板后接线的断路器应安装在绝缘板上。

⑦ 断路器用作电源总开关或电动机控制开关时，在电源进线侧必须加装刀开关或熔断器等，以形成一个明显的断开点。

⑧ 塑料外壳式断路器基本安装方式是垂直安装，即上端为进线，下端为出线，手柄朝下为断开；对多级断路器，还应从左相单级塑料外壳式断路器旁边的圆孔中引出接地线。

3）低压断路器的故障诊断及排除。其常见故障及其处理方法见表1-15。

表 1-15 低压断路器常见故障及其处理方法

故 障 现 象	产 生 原 因	处 理 方 法
手动操作断路器不能闭合	电源电压太低	检查电路并调高电源电压
	热脱扣的双金属片尚未冷却复原	待双金属片冷却后再合闸
	欠电压脱扣器无电压或线圈损坏	检查电路，施加电压或调换线圈
	储能弹簧变形，导致闭合力减小	调换储能弹簧
	反作用弹簧力过大	重新调整弹簧反力
电动操作断路器不能闭合	电源电压不符	调换电源
	电源容量不够	增大电源容量
	电磁铁拉杆行程不够	调整或调换拉杆
	电动操作定位开关实现变位	调整定位开关
电动机起动断路器立即分断	过电流脱扣器瞬时整定值太小	调整瞬间整定值
	脱扣器某些零部件损坏	调换脱扣器或损坏的零部件
	脱扣器反力弹簧断裂或落下	调换弹簧或重新装好弹簧
分断脱扣器不能使断路器分断	电路短路	调换线圈
	电源电压太低	检修电路调整电源电压
欠电压脱扣器噪声大	反作用弹簧力太大	调整反作用弹簧
	铁心工作面有油污	清除铁心油污
	短路环断裂	调换铁心
欠电压脱扣器不能使断路器分断	反作用簧弹力变小	调整弹簧
	储能弹簧断裂或弹簧力变小	调换或调整储能弹簧
	机构生锈卡死	清除锈污

（5）热过载继电器的选用、故障诊断及排除

1）热过载继电器的选用。选用热过载继电器时应根据使用条件、工作环境、电动机的形式、运行条件和要求，及电动机起动情况和负载情况等几个方面综合加以考虑，必要时应进行合理的计算。

① 结构形式的选择。选择热过载继电器形式前，应首先确定接触器的类型和形式，一般选用与接触器相同品牌及其配套系列的热过载继电器，然后按实际情况选择安装方式。

两相保护式的热过载继电器常用于三相电压和三相负载平衡的电路。对于三相电源严重不平衡或三相负载严重不平衡的场合只能用三相保护式。星形联结的电动机可选用普通两相式或三相保护式热过载继电器。三角形联结的电动机必须采用带有断相保护装置的热过载继电器。

② 额定电流的选择。原则上热过载继电器的额定电流应按电动机的额定电流选择。对于过载能力较差的电动机，其配套的热过载继电器的额定电流应适当小些。在不频繁起动的场合，当电动机起动电流为其额定电流的 6 倍及以下、起动时间不超过 5 s 时，若很少连续起动，可以按电动机的额定电流选择热过载继电器；当电动机起动时间较长、重载起动、频繁正反转等，就不宜采用热过载继电器，而采用过电流继电器作为保护。

③ 整定电流的选择。整定电流选择得是否合适直接影响热过载继电器的保护性能和动作的可靠性。一般情况下整定电流为电动机的额定电流；当电动机起动时间较长，整定电流为电动机额定电流的 1.1 ~ 1.15 倍；过载能力较弱的电动机，整定电流为电动机额定电流的 0.6 ~ 0.8 倍；对于反复短时工作的电动机，整定电流的调整必须通过现场试验，以满足运行条件要求为止。

2）热过载继电器的安装与使用。

① 热过载继电器必须按照产品说明书中规定的方式安装。安装处的环境温度应与电动机所处

笔记

环境温度基本相同，当与其他电器安装在一起时，应注意将热过载继电器安装在其他电器的下方，以免其动作特性受到其他电器发热的影响。

② 热过载继电器安装时应清除表面尘污，以免因接触电阻过大或电路不通而影响热过载继电器的动作性能。

③ 热过载继电器出线端的连接导线，应按表1-16的规定选用。这是因为导线的粗细和材料将影响到热元件端连接点处传导到外部热量的多少。导线过细，轴向导热性差，热过载继电器可能提前动作；反之，导线过粗，轴向导热快，热过载继电器可能滞后动作。

表1-16　热过载继电器连接导线选用表

额定电流/A	连接导线截面积/mm²	连接导线种类
10	2.5	单股铜芯塑料线
20	4	单股铜芯塑料线
60	16	多股铜芯橡胶线

④ 使用中的热过载继电器应定期通电校验。此外，当发生短路事故后，应检查热元件是否已发生永久变形。若已变形，则须通电校验。因热元件变形或其他原因致使动作不准确时，只能调整其可调部件，而绝不能弯折热元件。

⑤ 热过载继电器在出厂时均调整为手动复位方式，如果需要自动复位，只要将复位螺钉沿顺时针方向旋转3~4圈，并稍微拧紧即可。

⑥ 热过载继电器在使用中应定期用布擦拭尘埃和污垢，若发现双金属片上有锈斑，应用清洁棉布蘸汽油轻轻擦除，切忌用砂纸打磨。

3）热过载继电器的故障诊断及排除。

热过载继电器常见故障及其处理方法见表1-17。

表1-17　热过载继电器常见故障及其处理方法

故障现象	产生原因	处理方法
热过载继电器误动作或动作太快	整定电流偏小	调大整定电流
	操作频率过高	调换热过载继电器或限定操作频率
	连接导线太细	选用标准导线
热过载继电器不动作	整定电流偏大	调小整定电流
	热元件烧断或脱焊	更换热元件或热过载继电器
	导板脱出	重新放置导板并试验动作灵活性
热元件烧断	负载侧出现短路或电流过大	排除故障，重新选用合适的热过载继电器，更换后应重新调整整定电流值
	反复	
	短时工作	
	操作频率过高	限定操作频率或调换为合适的热过载继电器
主电路不通	热元件烧毁	更换热元件或热过载继电器
	接线螺钉未压紧	旋紧接线螺钉
控制电路不通	热过载继电器常闭触点接触不良或弹性消失	检修常闭触点
	手动复位的热过载继电器动作后，未手动复位	手动复位

2. 低压电器行业发展历程

20世纪60—70年代，是我国低压电器产业的形成阶段。国有低压电器厂商在苏联技术的基础上，设计开发出第一代的低压电器产品。1978年以后，低压电器行业迎来了发展的春天，发展伊始就形成了上海、京津冀、东北、遵义、天水5大生产基地，正泰、新华、德力西、长城、人民等一批国内低压电器企业纷纷创立。30年间，中国的低压电器行业逐渐形成了自己的产品和标准，不断发展壮大，现已有 2000 多家生产企业，年产值超过 700 亿元。

行业发展初期是外资、民企、国企形成的"三足鼎立"局面，但国企发展逐渐缓慢。1990—2000 年，行业进行重组的时期，一大批国有企业改制，典型代表是常熟开关厂和上海人民电器厂。这些国企发展时间比较长、技术水平较高，加上后续与上海电器科学研究所的合作，一直是国内低压电器市场第二梯队的主要经营者。同时，温州低压电器公司在这一时间快速壮大，根据低压电器协会数据显示，正泰、德力西、天正、人民等公司在占行业 50% 份额的批发零售市场优势显著。

在产品上，国内低压电器已经经历了三代产品，正在向第四代发展。第一代源于 20 世纪 60—70 年代，国内企业仿苏联产品制作，特点是尺寸大，性能指标差、规格少；第二代源于 1978—1990 年，产品性能提高，体积缩小，基本可以适应成套装置的需求；第三代源于 1990—2005 年，性能已经达到优良水平，继续小型化，并且引入电磁技术和芯片技术，开始具备智能化；第四代技术是目前国内企业正在研发的技术，除了在三代的进一步智能化、小型化、性能提高的基础上，重要的是引入现场总线技术以及微机处理器，实现网络化和可通信。

目前，第四代和第三代产品中比较先进的技术主要掌握在 Schneider、ABB、SIEMENS 等国外厂家手上，第三代核心的产品已经在国内普遍应用，第二代产品还应用在一些领域，第一代产品已经被淘汰。

根据产品的性能、功能、体积等指标，目前低压电器产品划分为高、中、低三档。三档产品在价格上差异比较大，以 I_e = 2000A 的 DW45 型号的框架式断路器为例，最低档的价格低于 10000 元/台，中档的价格在 10000~18000 元/台左右，高档的要高于 18000 元/台。

3. 2021 年低压电器十大品牌

低压电器十大品牌数据由 CN10 排行榜技术研究部门和 CNPP 品牌数据研究部门收集并整理数据。

原始数据来源于用户企业免费自主申报数据、CN10/CNPP 品牌数据部门收录并研究得出的品牌信息资料库、信用指数以及几十项数据统计计算系统生成的行业大数据库，并以企业实力、品牌荣誉、网络投票、网民口碑打分、企业在行业内的排名情况、企业获得的荣誉及奖励情况等为基础，通过特定的计算机模型对广泛的数据资源进行采集分析研究，综合了多家媒体机构和网站排行数据，经人工智能和品牌研究员专业测评，根据市场和参数条件变化通过计算机程序汇编生成数据显示在网站上，只有在行业出名、具有规模、影响力、经济实力的企业在才会被系统收录并在网站上面展示出现。

第 1 名是 Schneider：施耐德电气（中国）有限公司。全球能效管理专家，配电设备领域领先品牌，为能源及基础设施、楼宇和住宅市场提供整体解决方案。

第 2 名是正泰 CHNT：正泰集团股份有限公司。是智慧能源解决方案提供商，以低压电器为主营业务，同时涉及智能电气、绿色能源、工控与自动化、智能家居等板块。

第 3 名是 ABB：ABB（中国）有限公司。该公司集电动机、发电机、电力变流器、逆变器等产品的研发、制造、销售和工程服务等于一体，提供电气、机器人、自动化、运动控制产品及解决方案。

第 4 名是德力西电气：德力西集团有限公司。是低压电器行业知名企业，其产品广泛应用于配电电气控制和工业控制自动化领域。

第 5 名是 SIEMENS：西门子（中国）有限公司。始于 1847 年德国，专注于服务楼宇、分布式能源系统、工业自动化、制造业数字化。

第 6 名是 TENGEN：浙江天正电气股份有限公司。成立于 1999 年，主要从事低压配电及工控电器、智能仪表、电源电器、变频器、高压电器、建筑电器等工业电器的生产和销售。

第 7 名是 PEOPLE：人民电器集团有限公司。始创于 1996 年，主要从事高低压电器元件、防爆电器、仪器仪表、建筑电器的生产和销售。

第 8 名是 Legrand：罗格朗（上海）管理有限公司。始于 1865 年法国，是电气与智能建筑系统解决方案提供商，以高兼容性和易用性著称。

第 9 名是常熟开关：常熟开关制造有限公司（原常熟开关厂）。始于 1974 年，专业研发和制造中低压配电电器、工业控制电器、中低压成套装置、光伏逆变器和智能配电监控系统等，曾参与编写多项国家、行业标准。

第 10 名是 Nader：上海良信电器股份有限公司。成立于 1999 年，专注于低压电器市场，提供智能化高端低压电气系统解决方案，致力于终端电器、配电电器、控制电器、智能家居等领域产品的研发、制造、销售和服务的公司。

项目 2 装配与调试三相异步电动机全压起动箱

任务 2.1 装配与调试常用单速风机手动控制箱

【任务导入】

风机是依靠输入的机械能，提高气体压力并排送气体的机械，它是一种从动的流体机械。风机主要由风叶、百叶窗、开窗机构、电动机、皮带轮、进风罩、内框架、机壳、安全网等部件组成。开机时由电动机驱动风叶旋转，并使开窗机构打开百叶窗排风；停机时百叶窗自动关闭。

单速风机手动控制箱是按照国家常用风机控制电路图设计图集（16D303-2）的标准生产的，适用于三相单台普通风机的控制，常用于送风机、排风机、新风机组、空调机组、回风机、冷却塔风机等。

【任务描述】

本任务是装配与调试常用单速风机手动控制箱。要求单速风机具有连续运转功能，带有起动和停止按钮、电源、运行指示灯，线路应具有必要的保护。

【自学知识】

1. 电气图的识读和绘制

（1）电气图分类

继电器-接触器控制电路由各种低压电气元器件按照一定的要求连接而成，用来实现对电力拖动系统的起动、制动、正反转和调速等的控制以及相应的保护。为了便于电气控制系统的分析和设计、安装和调试、使用和维护，需要将电气控制系统中各电气元器件及其连接关系用一定的图表示出来，这种图就是电气控制系统图。常用的电气控制系统图有电气原理图、电器布置图和电气安装接线图等。

电气控制系统图中，所有电气元器件必须使用国家统一规定的图形符号和文字符号。图形符号用来表示各种不同的电气元器件，使用时应尽量选用其优选形式，符号的大小、取向、引出线位置等可按照使用规则作某些变化，使图面清晰、减少图线交叉。文字符号标注在图形符号近旁，进一步说明电气元器件或设备的名称、功能、状态和特征等。

1）电气原理图。

电气原理图是用来详细表示各电气元器件或设备的基本组成和连接关系的一种电气图。它在系统图或框图的基础上采用电气元器件的形式绘制，包括所有电气元器件的导电部分和接线端点之间的相互关系，但并不按照各电气元器件的实际位置和实际接线情况来绘制，也不反映电气元器件的实际大小，原理图是绘制电气安装接线图的依据。

由于电气原理图结构简单，层次分明，适用于研究和分析电路工作原理，所以在设计部门和生产现场获得了广泛应用，绘制电气原理图时应遵循以下基本原则。

① 电气原理图一般分为主电路和辅助电路两部分，主电路是电气控制电路中从电源到电动机定子绕组的大电流通过的部分，一般用粗实线绘制。主电路中三相电路导线按相序从上到下或从左到右排列，中性线排在相线的下方或右方，分别用 L1、L2、L3 及 N 标记；辅助电路包括控制电路、照明电路、信号电路和保护电路等，是小电流通过的部分，应用细实线绘制。通常将主电路画在辅助电路的上方或左方。

② 无论是主电路还是辅助电路，各电气元器件一般应按动作顺序从上到下、从左到右依次排列，电路可采用水平布置或垂直布置。电气元器件的触点通常按照失电或不受外力作用时的状态画出。

③ 在电气原理图中，电气元器件采用展开的形式绘制，也称为分散画法。即同一电气元器件的各个组成部分，如接触器的线圈和触点，分别画在各自所属的电路中。为便于识别，同一电器的各个部件均用相同的文字符号。

④ 电气原理图中的电气元器件必须使用国家统一规定的图形符号和文字符号。同一原理图中，作用相同的电气元器件有若干个时，可在文字符号后加注数字序号来区分。

⑤ 原理图中的连接导线，应做到平直，尽可能避免交叉和弯折，有直接联系的十字交叉导线连接点必须用黑圆点 "·" 表示。

⑥ 控制电路各线号应采用数字标记，其顺序一般为从左到右、从上到下，凡是被线圈、触点、电阻、电容等元器件所间隔的接线端点，都应标以不同的线号。

2）电器布置图。

电器布置图是用来表明各种电气设备上所有电动机、电器在其中实际安装位置的一种图，是电气控制设备制造、安装和维修的必要资料。电气布置图主要分为机床电气设备布置图、控制柜及控制板电气元器件布置图、操纵台电气设备布置图等。

3）电气安装接线图。

电气安装接线图是在电气原理图的基础上，根据电气设备上电动机和电气元器件实际位置绘制的，是进行电气设备配线施工和检查维修不可缺少的技术资料。安装接线图主要分为单元接线图、互连接线图和端子接线图等。

（2）识读电气原理图的方法

1）规则。

电气原理图的分析广泛采用 "查线读图法"。采用此方法应注意遵循 "化整为零看电路，积零为整看全部" 的原则。

所谓 "化整为零看电路"，首先应从主电路着手，明确此电气线路由几台电动机组成，每台电动机由哪个接触器控制，根据其组合规律，大致可知各电动机采用何种起动方式、是否具有正反转控制和制动控制等。

其次分析控制电路，控制电路一般可分为几个控制单元，每个单元一般主要控制一台电动机。可将主电路中接触器的文字符号和控制电路中具有相同文字符号的线圈一一对照，然后单独分析每台电动机的控制环节，观察主令信号发出后，先动作的电气元器件如何控制其他元器件的动作，并随时注意控制元器件触点，特别是接触器主触点的动作，如何驱动被控对象，即电动机的不同运行状态。

经过 "化整为零"，逐步分析了每一个控制环节的工作原理之后，还必须用 "积零为整" 的方法，从整体角度去进一步分析、理解各个控制环节之间的联系、互锁关系及相关的各种保护环节，将整个电路有机地联系起来。最后，再分析其他电路，如照明电路与信号指示电路等。

在某些电气电路中，还设置了一些与主电路、控制电路关系不密切，相对独立的一些特殊环节，如自动调温装置、自动检测装置、晶闸管触发电路等。这些部分往往自成一个小系统，其分析方法可参照上述分析过程，可灵活运用所学过的电子技术、自动检测技术、变流技术等知识逐一

笔记

分析。

2）接线端子标记。

接线端子标记是指用以连接器件和外部导电元件的标记，用于接触器、熔断器、电动机等基本件和这些器件组成的设备的接线端子标记，也适用于执行一定功能的导线端（如电源接地、机壳接地等）的识别。电路中一些接线端子标记的方法及说明见表 2-1。

表 2-1 接线端子标记的方法及说明

内　　容	说　　明
三相交流电源引入线的相线（火线）	分别用 L1、L2、L3 标记
三相交流电源的中性线（零线）	用 N 标记
电源开关之后的三相电源	分别按 U、V、W 顺序标记
保护接地线和接地线	分别用 PE 和 E 标记
分级三相交流电源主电路	采用代号 L1、L2、L3 再加阿拉伯数字 1、2、3 等来标记，如 L11、L21、L31 及 L12、L22、L32 等
各电动机分支电路各个接点标记	采用代号后加数字表示，数字中的个位数表示电动机代号，十位数表示该支路各接点的代号，从上到下按数字大小顺序标记。（如 U11 表示 M1 电动机第 1 相的第 1 个接点代号，U12 为第 1 相的第 2 个接点代号，以此类推）
电动机绕组首端、尾端以及双绕组的中性点	分别用 U、V、W 和 U′、V′、W′以及 U″、V″、W″标记
辅助（控制）电路	采用阿拉伯数字编号，一般由 3 位或 3 位以下的数字组成，标记方法按"等电位"原则进行，在垂直绘制的电路中，标号顺序一般由上而下编号，凡是被线圈、绕组、触点，或电阻、电容元件所间隔的线段，都应标以不同的线路标记
直流系统的电源正、负、中间线	分别用 L+、L-、M 标记

（3）电气制图

1）电气制图的一般规则。

电气图是表示电气系统、装置和设备各组成部分的相互关系及其连接关系，用以表达其功能、用途、原理、装接和使用信息的一种图。元器件和连接线是电气图的主要表达内容，图形符号、文字符号（或参照代号）、图线是电气图的主要组成部分。简图是电气图的主要表达方式，是用图形符号、带注释的围框或简化外形表示系统或设备中各组成部分之间相互关系及其连接关系的一种图。一个电气系统或一种电气装置由各种元器件组成，在主要以简图形式表达的电气图中，无论是构成、功能，还是电气接线等，通常是用简单的图形符号表示的。

2）图形符号、文字符号和参照代号。

图形符号、文字符号和参照代号是电气图的主要组成部分。

① 图形符号。图形符号规定了用于电气简图的国际"图示语言"，可以组合形成更为复杂的说明与含义。

● 电气图用图形符号。通常由一般符号、符号要素、限定符号、框形符号和组合符号等组成。在 GB/T 4728-2008～2018 中比较完整地规定了图形符号的选择、符号的尺寸、符号的取向、端子的表示、从现有的符号要素中组合新符号等使用规则。

● 电气设备用图形符号。电气设备用图形符号主要适用于各种类型的电气设备或电气设备部件，使操作人员了解其用途和操作方法。在电气图中，特别是在某些电气平面图、电气系统说明书的图中，适当使用这些符号，可以补充这些图中信息。电气设备用图形符号应符合 GB/T 5465.1～5465.2-2008～2009 的有关规定。

● 标志和标注用图形符号。与某些电气图关系较密切的、作为标志用的、表示公共信息的图形符号按 GB/T 1001.1-2003 执行。标注用图形符号是表示产品设计、制造、测量和质量保证过程中所设计的几何特性和制造工艺等。主要有以下几种：安装标高和等高线符号、方向和风向频率标记符号、建筑物定位轴线符号。

② 文字符号。文字符号是电气图中的电气设备、装置和元器件种类的字母代号和功能字母代码，用于表明电气设备、装置和元器件的名称、功能、状态、特征、相互关系、安装位置等，在电气设备、装置和元器件上或其附近使用。文字符号通常由基本文字符号、辅助文字符号和数字序号组成。使用时按 GB/T 20939-2007 规定的方式标明。规定的基本文字符号和辅助文字符号如不够使用，可按国家标准中文字符号的组成规律来补充。

③ 项目和参照代号。项目是在研发、制造、使用和处理过程中所涉及的实体。参照代号是作为系统组成部分的特定项目，按该系统的一方面或多方面相对于系统的标识符。单层参照代号是由直接组成系统的特定项目中给定的相对于系统的参照代号。多层参照代号是由多个单层参照代号串联构成的参照代号。参照代号集是成套的参照代号，若一个项目给定两个或两个以上参照代号的集合，其中至少有一个可唯一地标识该项目。参照代号的使用按 GB/T 5094.1-2018 中的规定执行。

3）电气图图幅的组成。

① 图面区域的划分。完整电气图的图面通常由边框线、图框线、标题栏组成，其图幅分区如图 2-1 所示。

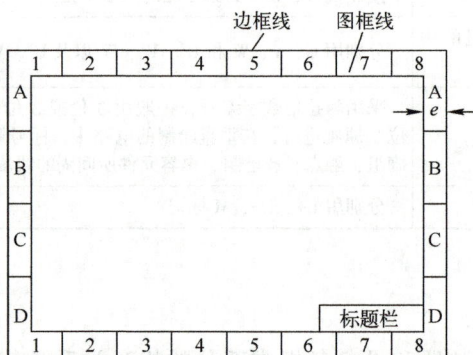

图 2-1　图幅分区示例 1

对于较复杂的电气图，往往对图面进行区域划分或电路编号，必要时可注明回路的用途，如图 2-2 所示。图幅分区的方法是将图纸相互垂直的长边和短边各自加以等分，分区数应是偶数，每个分区的长度不小于 25 mm、不大于 75 mm。竖边方向用大写拉丁字母编号，横边方向用阿拉伯数字编号，编号顺序应从标题栏相对应的左上角起。区域分区代号用该分区的字母和数字组合表示，如 A1、B2 等。

图面分区相当于在图样上建立了一个坐标，电气图上的元器件和连接线的位置可用坐标来确定，这样，在说明工作元器件时，可以方便地在图中找到所指元器件，便于读图和分析。在具体使用时，对水平布置的电路，一般只需标明行的标记；对于垂直布置的电路，一般只需标明列的标记；复杂的电路需标明组合标记。例如在图 2-2 的图幅分区示例中，就只标明了列的标记，且注明了回路的用途。

② 图面布局。电气原理图一般分主电路和辅助电路两部分。主电路是指动力电路，通过较强的电流。辅助电路是通过弱电流的电路，包括控制电路、照明电路和指示信号电路等，绘图时，通常主电路画在图面的左侧（或上方），辅助电路画在图面的右侧（或下方）。元器件目录表排在标题栏的上方，按倒置顺序编写。

绘图时应布局合理、图面清晰、排列均匀、便于理解。图线要求用直线，横平竖直，尽可能减少交叉和弯折。符号尺寸大小、图线粗细依国家标准可放大与缩小，但在同一张图样中，同一符号的尺寸应保持一致，各符号间及符号本身的比例应保持不变。图形符号可根据图面布置的需要旋转，或成镜像位置，但文字和指示方向不得倒置。

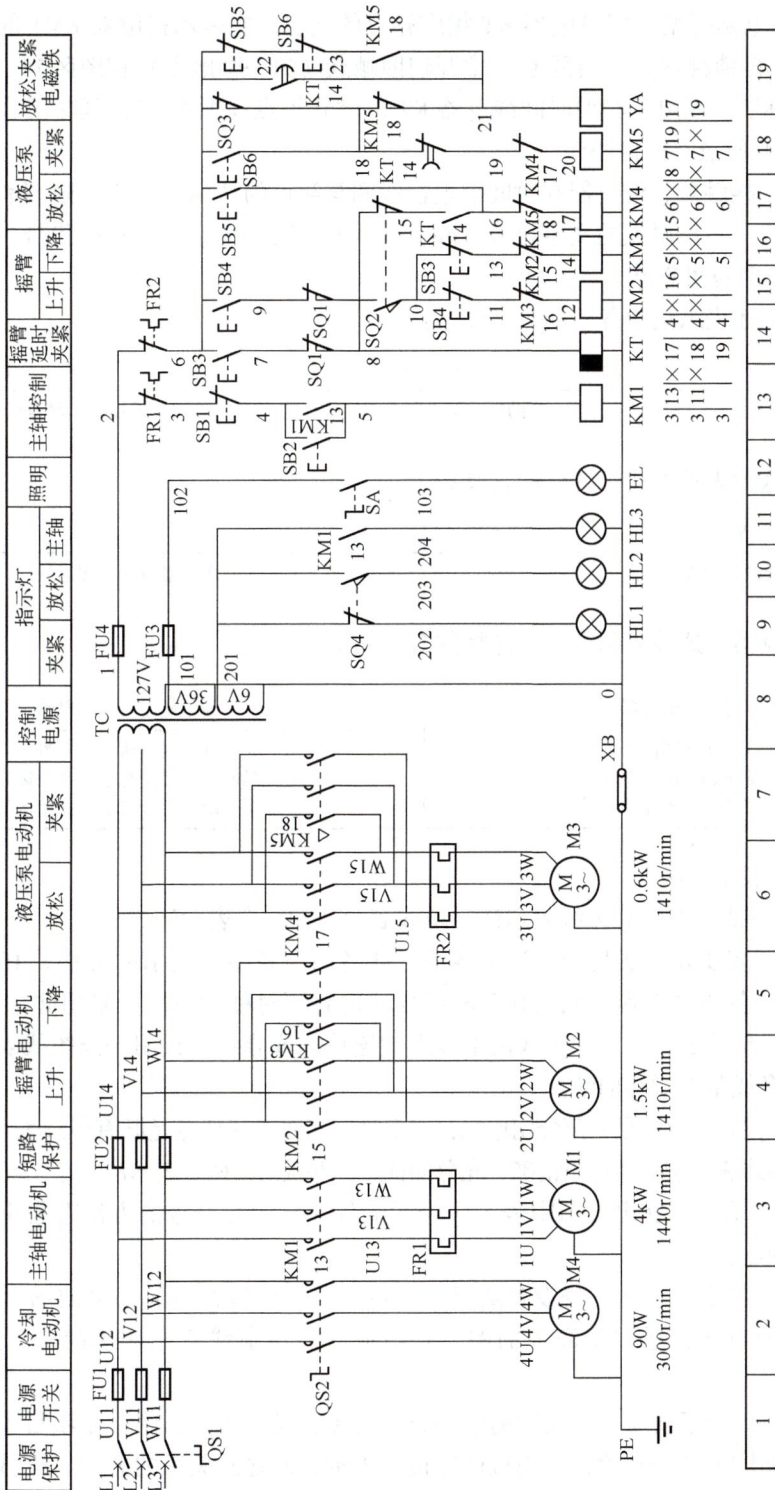

图 2-2 图幅分区示例 2

③ 符号位置索引。图 2-2 中 KM1 和 KT 线圈下方的

```
        KM1              KT
    3 │13│×          17
    3 │11│×          18
    3 │              19
```

是接触器 KM1 和断电延时型时间继电器 KT 相应触点的索引。它表示接触器 KM1 的主触点在图区 3，常开辅助触点（自锁触点）在图区 13，常开辅助触点（另一个触点）在图区 11，未使用的常闭辅助触点用"×"标明；断电延时型时间继电器 KT 的常开触点在图区 17，延时闭合常闭触点在图区 18，延时断开常开触点在图区 19。

电气原理图中，接触器、继电器和时间继电器线圈与触点的从属关系应用附图表示，即在原理图中相应线圈的下方，给出触点的文字符号，并在其下面注明相应触点的索引代号，对未使用的触点用"×"标明，有时也可省略。

- 对接触器，上述表示法中各栏的含义如下：

左 栏	中 栏	右 栏
主触点所在图区号	辅助常开触点所在图区号	辅助常闭触点所在图区号

- 对继电器，这种表示方法中各栏的含义如下：

左 栏	右 栏
常开触点所在图区号	常闭触点所在图区号

- 对于时间继电器，这种表示方法中左栏的含义如下：

通电延时时间继电器	断电延时时间继电器
常开触点所在图区号	常开触点所在图区号
延时断开常闭触点所在图区号	延时闭合常开触点所在图区号
延时闭合常开触点所在图区号	延时断开常开触点所在图区号

4）电气制图的表示方法。

① 电路的表示方法。通常有多线表示法、单线表示法和混合表示法 3 种。

- 多线表示法。多线表示法是两根连接线或导线各用一条图线表示的方法。其特点是能详细地表达各相或各线的内容，尤其在各相或各线内容不对称的情况下采用此法。
- 单线表示法。单线表示法是两根或两根以上的连接线或导线，只用一条图线表示的方法，适用于三相或多线基本对称的情况。
- 混合表示法。混合表示法是一部分用单线，一部分用多线。其特点是既有单线表示法简洁精练的特点，又有多线表示法描述对象精确、充分的优点，并且由于两种表示法并存，变化灵活。

② 元器件的表示方法。在电气图中表示一个元器件完整图形符号的方法有集中表示法、半集中表示法和分开表示法。

- 集中表示法。集中表示法是将设备或成套设备中一个项目各组成部分的图形符号在简图上绘制在一起的方法，适用于简单的图。各组成部分用虚线互相连接起来。连接线必须为直线。
- 半集中表示法。为了使设备和装置的电路布局清晰，易于识别，将一个项目中某些部分的图形符号，在简图上分开布置，并用机械连接线表示它们之间关系的方法。机械连接线可用弯折、分支和交叉。
- 分开表示法。为了使设备和装置的电路布局清晰，易于识别，把一个项目中某些部分的图形符号，在简图上分开布置，仅用项目代号表示它们之间关系的方法。这样图中的点画线减少，图面更简洁。3 种表示法给出的图中信息量要等量。

电气控制技术项目教程

任务单

姓　　名＿＿＿＿＿＿＿＿

专　　业＿＿＿＿＿＿＿＿

班　　级＿＿＿＿＿＿＿＿

任课教师＿＿＿＿＿＿＿＿

机 械 工 业 出 版 社

目　　录

任务单 1.1　识别与检验螺旋式熔断器 ··· 1

任务单 1.2　识别与检验按钮 ··· 3

任务单 1.3　识别与检验交流接触器 ·· 5

任务单 1.4　识别与检验低压断路器 ·· 8

任务单 1.5　识别与检验热过载继电器 ·· 11

任务单 2.1　装配与调试常用单速风机手动控制箱 ·· 14

任务单 2.2　制作与调试单台排水泵手动控制箱 ··· 19

任务单 2.3　设计与装调带式输送机控制箱 ··· 24

任务单 3.1　装配与调试可逆运转手动控制箱 ·· 30

任务单 3.2　制作与调试工作台自动往返控制箱 ··· 35

任务单 3.3　设计与装调加热炉自动上料控制箱 ··· 40

任务单 4.1　装配与调试星–三角起动箱 ··· 45

任务单 4.2　制作与调试自耦减压起动箱 ·· 50

任务单 4.3　设计与装调数字式软起动/制动（一拖一）箱 ····························· 55

任务单 5.1　装配与调试常用双速风机自动调速箱 ·· 61

任务单 5.2　制作与调试常用双速风机手动调速箱 ·· 66

任务单 5.3　设计与装调变频恒压供水控制箱 ·· 71

任务单1.1 识别与检验螺旋式熔断器

工作任务	识别与检验螺旋式熔断器				学时	2
姓名		学号		班级	日期	
任务描述	以螺旋式熔断器的识别与检验为任务,采用行动导向教学法,引导学生按照工作任务的实施过程(资讯、决策、计划、实施、检查、评估)完成任务。在此过程中,学习相关的理论知识,掌握螺旋式熔断器的识别与检验方法。					

1. 资讯

观察螺旋式熔断器的外壳,将采集的铭牌数据记录在表1-1中。

表1-1 铭牌数据记录卡

型 号		名 称		制造企业	
认证标记		对应标准		额定电压 U_e/V	
额定电流 I_e/A		极限分断能力/kA		"gG"熔断体额定电流 I_n/A	

2. 决策

确定螺旋式熔断器识别与检验方案,记录在表1-2中。

表1-2 识别与检验方案记录卡

安 全 措 施	识 别 内 容	检 测 内 容

3. 计划

(1)时间安排

用5 min 时间准备熔断器和熔管(熔断体)以及测量仪表,用10 min 时间识别与检验螺旋式熔断器。

(2)人员安排

① 在实训桌上实施,每人1个熔断器和熔管。

② 如果熔断器和熔管数量有限,可将同学分成3名一组,设有任务组长、识别和检验人员等角色,组内同学合作确定角色分工,由组长负责组内工作协调、进度安排、工作步骤等,并且记录在表1-3中。

表1-3 计划记录卡

人员分配	时间安排	工作步骤	仪表的型号和规格

4. 实施

将螺旋式熔断器的识别过程记录在表1-4中。

表 1-4 识别过程记录卡

序号	识别任务	识别方法	参考值	识别值	要点提示
1	读熔断器的型号	观察瓷帽上			
2	观察上、下接线端子高度的区别		有高低之分		低的为进线端子，高的为出线端子
3	看熔管的色标	从瓷帽玻璃向里看	有色标		色标已掉，说明熔体已熔断
4	读熔管的额定电流	旋下瓷帽，取出熔管	15 A		

5. 检查

将螺旋式熔断器的检验过程记录在表 1-5 中。

表 1-5 检验过程记录卡

序号	检验任务	检验方法	参考值	检验值	要点提示
1	仔细观察熔断器整体结构	目测	外形完好无损		
2	仔细检测并判断熔断器的好坏	正确装好熔管，旋紧瓷帽，将万用表置 $R\times1\,\Omega$ 档调零后，两表笔分别搭接熔断器的上、下接线端子	阻值约为 0		若阻值为∞，说明熔体已熔断或瓷帽未旋好，造成接触不良

6. 评估

按表 1-6 中对螺旋式熔断器的识别与检验情况进行评价。

表 1-6 考核评估表

考 评 项 目				自评	互评	师评
过程记录 (22分)	自主学习 (6分)		铭牌数据记录卡（表1-1）(2分)			
			识别与检验方案记录卡（表1-2）(3分)			
			计划记录卡（表1-3）(1分)			
	工作训练 (4分)		识别过程记录卡（表1-4）(2分)			
			检验过程记录卡（表1-5）(2分)			
	互动讨论		探索题（12分）			
综合测评 (75分)	学力 (70分)	学习能力（自主学习）		—	—	—
		动手能力 (47分)	仪表使用（7分）			
			元器件识别（15分）			
			元器件检验（25分）			
		知识水平 (23分)	课前测验（3分）			
			课堂作业（8分）			
			自我评价（12分）			
	职业伦理规范 (5分)	制度性伦理规范 (2分)	首要责任原则（1分）			
			权利与责任（1分）			
		描述性伦理规范 (3分)	诚实可靠（1分）			
			尽职尽责（1分）			
			忠实服务（1分）			
团队考评 (3分)	团队合作 (3分)					
合计 (100分)						
综合评价 (100分)						
学生签名			年　月　日	教师签名		年　月　日

任务单 1.2　识别与检验按钮

工作任务	识别与检验按钮			学时	2
姓名		学号	班级	日期	
任务描述	以按钮的识别与检验为任务，采用行动导向教学法，引导学生按照工作任务的实施过程（资讯、决策、计划、实施、检查、评估）完成任务。在此过程中，学习相关的理论知识，掌握按钮的识别与检验方法。				

1. 资讯

观察按钮的外壳，将采集的铭牌数据记录在表 1-7 中。

表 1-7　铭牌数据记录卡

型号		名称		制造企业	
认证标记		对应标准		额定绝缘电压 U_i/V	
约定发热电流 I_{th}/A		AC-15	U_e		
			I_e		
		DC-13	U_e		
			I_e		

2. 决策

确定按钮识别与检验方案，记录在表 1-8 中。

表 1-8　识别与检验方案记录卡

安 全 措 施	识 别 内 容	检 测 内 容

3. 计划

（1）时间安排

用 5 min 时间准备按钮和测量仪表，用 10 min 时间识别与检验按钮。

（2）人员安排

① 在实训桌上实施，分配每人各 1 个点动按钮、停止按钮和起动按钮。

② 如果按钮数量有限，可将同学分成 3 名一组，设有任务组长、识别和检验人员等角色，组内同学合作确定角色分工，由组长负责组内工作协调、进度安排、工作步骤等，并且记录在表 1-9 中。

表 1-9　计划记录卡

人员分配	时间安排	工作步骤	仪表的型号和规格

4. 实施

将 LAY7-11 型按钮的识别过程记录在表 1-10 中。

表 1-10　识别过程记录卡

序号	识别任务	识别方法	参考值	识别值	要点提示
1	观察 3 个按钮的颜色	观察按钮帽的颜色	绿、黑、红		绿色、黑色为起动，红色为停止

序号	识别任务	识别方法	参考值	识别值	要点提示
2	逐一观察 3 个常闭按钮	先找到对角线上的接线端子	动触点与静触点处于闭合状态		
3	逐一观察 3 个常开按钮	先找到另一个对角线上的接线端子	动触点与静触点处于分断状态		
4	按下按钮，观察触点的动作情况	边按边观察	常闭触点先断开，常开触点后闭合		动作顺序有先后
5	松开按钮，观察触点的复位情况	边释放边观察	常开触点先复位，常闭触点后复位		复位顺序有先后

5. 检查

将按钮的检验过程记录在表 1-11 中。

表 1-11　检验过程记录卡

序号	检验任务	检验方法	参考值	检验值	要点提示
1	检测并判断 3 个常闭按钮的好坏	常态时，测量各常闭按钮的阻值	阻值约为 0		若测量阻值与参考阻值不同，说明按钮已损坏或接触不良
		按下按钮后，再测量其阻值	阻值均为 ∞		
2	检测并判断 3 个常开按钮的好坏	常态时，测量各常开按钮的阻值	阻值均为 ∞		
		按下按钮后，再测量其阻值	阻值约为 0		

6. 评估

按表 1-12 对按钮的识别与检验情况进行评价。

表 1-12　考核评估表

考 评 项 目				自评	互评	师评
过程记录（22分）	自主学习（6分）	铭牌数据记录卡（表1-7）(2分)				
		识别与检验方案记录卡（表1-8）(3分)				
		计划记录卡（表1-9）(1分)				
	工作训练（4分）	识别过程记录卡（表1-10）(2分)				
		检验过程记录卡（表1-11）(2分)				
	互动讨论	探索题（12分）				
综合测评（75分）	学力（70分）	学习能力（自主学习）		—	—	—
		动手能力（47分）	仪表使用（7分）			
			元器件识别（15分）			
			元器件检验（25分）			
		知识水平（23分）	课前测验（3分）			
			课堂作业（8分）			
			自我评价（12分）			
	职业伦理规范（5分）	制度性伦理规范（2分）	首要责任原则（1分）			
			权利与责任（1分）			
		描述性伦理规范（3分）	诚实可靠（1分）			
			尽职尽责（1分）			
			忠实服务（1分）			
团队考评（3分）	团队合作（3分）					
合计（100分）						
综合评价（100分）						
学生签名			年　月　日	教师签名		年　月　日

工作任务	识别与检验交流接触器		学时	4
姓名		学号	班级	日期
任务描述	以交流接触器的识别与检验为任务，采用行动导向教学法，引导学生按照工作任务的实施过程（资讯、决策、计划、实施、检查、评估）完成任务。在此过程中，学习相关的理论知识，掌握交流接触器的识别与检验方法。			

1. 资讯

观察交流接触器和 F4 辅助触点组的外壳，将采集的铭牌数据记录在表 1-13 和表 1-14 中。

表 1-13 交流接触器的铭牌数据记录卡

名 称		型 号		制造企业	
认证标记		对应标准		额定绝缘电压 U_i/V	
约定发热电流 I_{th}/A		AC-3			
		额定电压 U_e/V	380		220
		额定电流 I_e/A			
		额定功率 P_e/kW			

表 1-14 F4 辅助触点组的铭牌数据记录卡

名 称		型 号		制造企业	
认证标记		对应标准		额定绝缘电压 U_i/V	
约定发热电流 I_{th}/A		使用类别	额定控制容量	额定工作电流 I_e	
				220 V	380 V
		AC-15			
		DC-13			

2. 决策

确定交流接触器识别与检验方案，并记录在表 1-15 中。

表 1-15 识别与检验方案记录卡

安全措施	识别内容	检测内容

3. 计划

（1）时间安排

用 5 min 时间准备交流接触器、辅助触点组和测量仪表，用 30 min 时间识别与检验交流接触器和辅助触点组。

（2）人员安排

① 在实训桌上实施，每人 1 个交流接触器和 1 个辅助触点组。

② 如果交流接触器和辅助触点组数量有限，可将同学分成 3 名一组，设有组长、识别和检验人员等角色，组内同学合作确定角色分工，由组长负责组内工作协调、进度安排、工作步骤等，并且记录在表 1-16 中。

表 1–16　计划记录卡

人员分配	时间安排	工作步骤	仪表的型号和规格

4. 实施

将交流接触器和辅助触点组的识别过程记录在表 1–17 和表 1–18 中。

表 1–17　CJX2–910 型交流接触器的识别过程记录卡

序号	识别任务	识别方法	参考值	检验值	要点提示
1	读接触器线圈的额定电压	从接触器的窗口向里看	220 V 50 Hz		同一型号的接触器线圈有不同的电压等级
2	找到线圈的接线端子		A1–A2		编号在接线端子旁
3	找到 3 个主触点的接线端子		1/L1–2/T1 3/L2–4/T2 5/L3–6/T3		编号在对应的接触器外侧
4	找到 1 个辅助常开触点的接线端子		13–14		

表 1–18　F4–22 型辅助触点组的识别过程记录卡

序号	识别任务	识别方法	参考值	检验值	要点提示
1	找到 2 个辅助常开触点的接线端子		53–54, 83–84		编号在对应的辅助触点组外侧
2	找到 2 个辅助常闭触点的接线端子		61–62, 71–72		

5. 检查

将接触器和辅助触点组的检验过程记录在表 1–19 和表 1–20 中。

表 1–19　接触器的检验过程记录卡

序号	检验任务	检验方法	参考值	检验值	要点提示
1	认真仔细检查接触器的外形和整体结构	目测	外形完好无损		
2	正确压下接触器，观察触点的吸合情况	边压边观察	常开触点闭合		
3	正确释放接触器，观察触点的复位情况	边放边观察	常开触点复位		
4	仔细检测并判断 4 对常开触点的好坏	常态时，测量各常开触点的阻值	阻值均为 ∞		若测量阻值与参考值不同，说明触点已损坏或接触不良
		准确压下接触器后，再正确仔细测量其阻值	阻值均约为 0		
5	仔细检测并判断接触器线圈的好坏	万用表置 $R\times100\,\Omega$ 档调零后，仔细测量线圈的阻值	阻值约为 1800 Ω		若测量阻值过大或过小，说明线圈已损坏
6	仔细测量各触点接线端子之间的阻值	万用表置 $R\times10\,\mathrm{k}\Omega$ 档调零后，仔细测量端子的阻值	阻值均为 ∞		说明所有触点都是独立的，没有电的直接联系

注：不同类型或不同电压等级的线圈，其阻值不相等。

表 1-20 辅助触点组的检验过程记录卡

序号	检验任务	检验方法	参考值	检验值	要点提示
1	检测并判断 2 对常开触点的好坏	常态时，测量各常开触点的阻值	阻值为∞		若测量阻值与参考值不同，说明触点已损坏或接触不良
		准确压下辅助触点组后，再正确测量其阻值	阻值约为 0		
2	检测并判断 2 对常闭触点的好坏	常态时，测量各常闭触点的阻值	阻值约为 0		
		准确压下辅助触点组后，再正确测量其阻值	阻值为∞		
3	仔细测量各触点接线端子之间的阻值	万用表置 $R \times 10\ k\Omega$ 档调零后，仔细测量端子的阻值	阻值为∞		说明所有触点都是独立的，没有电的直接联系

6. 评估

按表 1-21 对交流接触器和辅助触点组的识别与检验情况进行评价。

表 1-21 考核评估表

考评项目			自评	互评	师评
过程记录（22分）	自主学习（6分）	铭牌数据记录卡（表 1-13 和表 1-14）(2分)			
		识别与检验方案记录卡（表 1-5）(3分)			
		计划记录卡（表 1-16）(1分)			
	工作训练（4分）	识别过程记录卡（表 1-17 和表 1-18）(2分)			
		检验过程记录卡（表 1-19 和表 1-20）(2分)			
	互动讨论	探索题（12分）			
综合测评（75分）	学力（70分）	学习能力（自主学习）	—	—	—
		动手能力（47分） 仪表使用（7分）			
		元器件识别（15分）			
		元器件检验（25分）			
		知识水平（23分） 课前测验（3分）			
		课堂作业（8分）			
		自我评价（12分）			
	职业伦理规范（5分）	制度性伦理规范（2分） 首要责任原则（1分）			
		权利与责任（1分）			
		描述性伦理规范（3分） 诚实可靠（1分）			
		尽职尽责（1分）			
		忠实服务（1分）			
团队考评（3分）	团队合作（3分）				
合计（100分）					
综合评价（100分）					
学生签名		年 月 日	教师签名		年 月 日

任务单1.4 识别与检验低压断路器

工作任务	识别与检验低压断路器				学时	2
姓名		学号		班级	日期	
任务描述	以低压断路器的识别与检验为任务，采用行动导向教学法，引导学生按照工作任务的实施过程（资讯、决策、计划、实施、检查、评估）完成任务。在此过程中，学习相关的理论知识，掌握低压断路器的识别与检验方法。					

1. 资讯

观察低压断路器的外壳，将采集的铭牌数据记录在表1-22中。

表1-22 铭牌数据记录卡

型号		名称		制造企业	
认证标记		对应标准		额定电压 U_e/V	
额定电流 I_e/A		工作频率			

2. 决策

确定低压断路器识别与检验方案，记录在表1-23中。

表1-23 识别与检验方案记录卡

安 全 措 施	识 别 内 容	检 测 内 容

3. 计划

（1）时间安排

用5 min时间准备低压断路器和测量仪表，用30 min时间识别与检验低压断路器。

（2）人员安排

① 在实训桌上实施，每人2个低压断路器（3P和1P）。

② 如果低压断路器数量有限，可将同学分成3名一组，设有组长、识别和检验人员等角色，组内同学合作确定角色分工，由组长负责组内工作协调、进度安排、工作步骤等，并且记录在表1-24中。

表1-24 计划记录卡

人员分配	时间安排	工作步骤	仪表的型号和规格

4. 实施

将低压断路器的识别过程记录在表1-25中。

序号	识别任务	识别方法	参考值	识别值	要点提示
1	找到3个主触点的接线端子		1-2, 3-4, 5-6		
2	找到1个主触点的接线端子		1-2		
3	操作手柄		ON、OFF		分、合闸标志与实际相符

表 1-25　识别过程记录卡

5. 检查

将低压断路器的检验过程记录在表 1-26 中。

表 1-26　检验过程记录卡

序号	检验任务	检验方法	状态/参考值	识别值	要点提示
1	仔细检查低压断路器的外形和整体结构	目测	外形完好无损		
2	操作手柄是否损坏	目测	完好		操作手柄灵活
3	合闸测量接线端子是否损坏	将万用表置于 R×1 电阻档，测量低压断路器 1 号与 2 号接线端子间、3 号与 4 号接线端子、5 号与 6 号接线端子间的阻值，判断有无故障 	阻值约为 0		有阻值表明内部有接触不良的部位，阻值与无穷大表明内部有断路故障
		测量 1 号与 3 号接线端子间、1 号与 5 号接线端子间、3 号与 5 号接线端子间的阻值 	阻值为∞		阻值接近于零表明两端子或其所接元器件短路
4	分闸测量接线端子是否损坏	测量 1 号与 2 号接线端子间、3 号与 4 号接线端子间、5 号与 6 号接线端子间的阻值	阻值为∞		阻值接近于零，表明动、静触点未断开，低压断路器有分闸故障

6. 评估

按表 1-27 对低压断路器的识别与检验情况进行评价。

考 评 项 目				自评	互评	师评
过程记录（22分）	自主学习（6分）	铭牌数据记录卡（表1-22）(2分)				
		识别与检验方案记录卡（表1-23）(3分)				
		计划记录卡（表1-24）(1分)				
	工作训练（4分）	识别过程记录卡（表1-25）(2分)				
		检验过程记录卡（表1-26）(2分)				
	互动讨论	探索题（12分）				
综合测评（75分）	学力（70分）	学习能力（自主学习）		—	—	—
		动手能力（47分）	仪表使用（7分）			
			元器件识别（15分）			
			元器件检验（25分）			
		知识水平（23分）	课前测验（3分）			
			课堂作业（8分）			
			自我评价（12分）			
	职业伦理规范（5分）	制度性伦理规范（2分）	首要责任原则（1分）			
			权利与责任（1分）			
		描述性伦理规范（3分）	诚实可靠（1分）			
			尽职尽责（1分）			
			忠实服务（1分）			
团队考评（3分）	团队合作（3分）					
合计（100分）						
综合评价（100分）						
学生签名			年 月 日	教师签名		年 月 日

表 1-27　考核评估表

任务单 1.5 识别与检验热过载继电器

工作任务	识别与检验热过载继电器			学时	2
姓名		学号	班级	日期	
任务描述					

<table>
<tr><td>工作任务</td><td colspan="3">识别与检验热过载继电器</td><td>学时</td><td>2</td></tr>
<tr><td>姓名</td><td>学号</td><td>班级</td><td colspan="2">日期</td><td></td></tr>
<tr><td>任务描述</td><td colspan="5">以热过载继电器的识别与检验为任务，采用行动导向教学法，引导学生按照工作任务的实施过程（资讯、决策、计划、实施、检查、评估）完成任务。在此过程中，学习相关的理论知识，掌握热过载继电器的识别与检验方法。</td></tr>
</table>

1. 资讯

观察热过载继电器的外壳，将采集的铭牌数据记录在表 1-28 中。

表 1-28 铭牌数据记录卡

型 号			名 称		制 造 企 业	
认证标记			对应标准		额定绝缘电压 U_i/V	
脱扣级别					触点符号和端子编号	
辅助触头		AC-15			DC-13	
U_e/V	220		380		220	
I_e/A						
I_{th}/A						
U_i/V						

2. 决策

确定热过载继电器识别与检验方案，记录在表 1-29 中。

表 1-29 识别与检验方案记录卡

安全措施	识别内容	检测内容

3. 计划

（1）时间安排

用 5 min 时间准备热过载继电器和测量仪表，用 30 min 时间识别与检验热过载继电器。

（2）人员安排

① 在实训桌上实施，每人 1 个三相结构的热过载继电器。

② 如果热过载继电器数量有限，可将同学分成 3 名一组，设有任务组长、识别和检验人员等角色，组内同学合作确定角色分工，由组长负责组内工作协调、进度安排、工作步骤等，并且记录在表 1-30 中。

表 1-30   计划记录卡

人员分配	时间安排	工作步骤	仪表的型号和规格

4. 实施

将热过载继电器的识别过程记录在表 1-31 中。

表 1-31   识别过程记录卡

序号	识别任务	识别方法	参考值	识别值	要点提示
1	找到整定电流调节旋钮		旋钮上标有整定电流		依据要求选择正确的规格
2	找到复位按钮		REST/STOP		
3	找到测试键	位于热继电器前侧的下方	TEST		
4	找到热元件的接线端子		1/L1-2/T1 3/L2-4/T2 5/L3-6/T3		编号与交流接触器相同
5	找到常闭触点的接线端子		95、96		编号在对应的端子上,当电路发生过载时触点会断开,从而起到保护电路的作用
6	找到常开触点的接线端子		97、98		编号在对应的端子上,当电路发生过载时触点会闭合

5. 检查

将热过载继电器的检验过程记录在表 1-32 中。

表 1-32   检验过程记录卡

序号	检验任务	检验方法	状态/参考值	识别值	要点提示
1	仔细检查热过载继电器的外形和整体结构	目测	外形完好无损		
2	判别常闭触点的好坏	常态时,用万用表测量常闭触点的阻值	阻值约为0		若测量阻值与参考阻值不同,说明热过载继电器触点已损坏或接触不良
		按下动作测试键后,再测量其阻值	阻值为∞		
3	判别常开触点的好坏	常态时,用万用表测量常开触点的阻值	阻值为∞		
		按下动作测试键后,再测量其阻值	阻值约为0		

6. 评估

按表 1-33 对热过载继电器的识别与检验情况进行评价。

表 1-33 考核评估表

考评项目			自评	互评	师评
过程记录（22分）	自主学习（6分）	铭牌数据记录卡（表1-28）(2分)			
		识别与检验方案记录卡（表1-29）(3分)			
		计划记录卡（表1-30）(1分)			
	工作训练（4分）	识别过程记录卡（表1-31）(2分)			
		检验过程记录卡（表1-32）(2分)			
	互动讨论	探索题（12分）			
综合测评（75分）	学力（70分）	学习能力（自主学习）	—	—	—
		动手能力（47分） 仪表使用（7分）			
		元器件识别（15分）			
		元器件检验（25分）			
		知识水平（23分） 课前测验（3分）			
		课堂作业（8分）			
		自我评价（12分）			
	职业伦理规范（5分）	制度性伦理规范（2分） 首要责任原则（1分）			
		权利与责任（1分）			
		描述性伦理规范（3分） 诚实可靠（1分）			
		尽职尽责（1分）			
		忠实服务（1分）			
团队考评（3分）	团队合作（3分）				
合计（100分）					
综合评价（100分）					
学生签名		年 月 日	教师签名		年 月 日

任务单 2.1 装配与调试常用单速风机手动控制箱

工作任务	装配与调试常用单速风机手动控制箱			学时	4
姓名		学号		班级		日期	
任务描述	以单速风机手动控制箱电路的装配和调试为任务，采用行动导向教学法，引导学生按照电气控制电路的实现过程（资讯、决策、计划、实施、检查、评估）完成任务。在此过程中，学习相关的理论知识，掌握单速风机手动控制箱电路的装配、布线、检验、排故和调试方法。				

1. 资讯

（1）基本信息采集

了解实训室的安全注意事项、电气工作人员职业道德行为规范、工程师的职业伦理规范、安装与布线工艺规程、安装与布线工艺过程、检验与调试规范，收集单速风机手动控制箱所用控制电器的种类、型号、规格、结构和原理的资料，记录单速风机手动控制箱电气安装方式、电气电路布线方式，如表 2-1 所示。

表 2-1 基本信息采集

电气安装方式	电气电路布线方式

（2）拓展信息采集

熟悉元器件领用流程及相关制度，查阅 GB 50171—2012《电气装置工程盘、柜及二次回路接线施工及验收规范》，企业电气控制柜元器件安装接线配线的规范，查阅 GB/T 13869—2017《用电安全导则》，查阅 GB 19517—2009《国家电气设备安全技术规范》。

2. 方案

（1）制定安全措施

选择劳动保护用品，确定工具、量具的安全使用方案，制定安装、拆卸时的安全操作步骤。

（2）制定电器安装工艺、布线工艺

配电板上的电器应按其接线端上下引线的方式安装，采用尼龙扎带或塑料线槽布线，导线采用铜芯单股硬线，线头采用裸端头套标记套管，按规范标注元器件的符号和每根导线的线号，配齐电气原理图、电器布置图、电气安装接线图，设置保护接地专用端子。

（3）确定电器检修方案、电路调试方案

安装前按电器的主要技术参数检验电气元器件，配齐电气元器件规格、型号清单，电路绝缘电阻不得小于 1 MΩ，按照控制电路实验操作：电动机空操作实验→电动机不带负载实验的步骤进行电路调试。

（4）确定工具

布线工具：电工刀、十字螺钉旋具、尖嘴钳、斜口钳、剥线钳、线号打印机。

检验仪器：电笔、万用表、500 V 绝缘电阻表。

（5）确定器材

电气元器件：根据实际需要确定，其中低压断路器用平导轨固定。

布线器材：单股硬铜线（黄、绿、红、黑、蓝色）、尼龙扎带或塑料线槽、端子排及 G 形导轨等。

辅助器材：一头插孔、另一头叉形导线（黄、绿、红、黑色），一头 O 形、另一头叉形导线（黄绿色），双头插孔导线（黑色）、抹布、螺杆、螺母和垫片等。

3. 计划

（1）装配与调试的时间规划

用 10 min 时间准备电气元器件、布线器材、辅助器材、安装工具和测量仪表，用70 min 时间装配与调试单速风机手动控制箱电路。

（2）装配与调试的人员安排

① 在单速风机手动控制箱上实现电路的装配与调试，每人 1 台。

② 如果单速风机手动控制箱数量有限，可将同学分成 3 名一组，设有任务组长、装调人员等角色，组内同学合作确定角色分工，由组长负责组内工作协调、进度安排、工作步骤等，并且记录在表 2-2 中。

表 2-2　计划安排表

人员分配	时间安排	工作步骤	工具和仪表型号规格

4. 实施

（1）装配前的准备

准备电气原理图、电器布置和门板开孔图、电气安装和接线图，在实施过程中填写工序流转卡，见表 2-3。

表 2-3　工序流转卡

产品名称	单速风机手动控制箱	型　号		
工序	操作者	检验结果	检验员	检验日期
装配前准备				
领料和验收				
元器件装配				
元器件布线				

（2）领料和验收

填写元器件、布线器材和材料领用申请单，见表 2-4，然后去库房领取，并验收合格。

表 2-4　元器件、布线器材和材料领用申请单

任务名称：　　装配与调试常用单速风机手动控制箱　　　申请人：_____　　日期：_____

序号	品　名	型　号	规　格	数量	单位	备注
1	低压断路器	DZ47-32-4P	10 A			
2	低压断路器	DZ47-32-1P	10 A			
3	螺旋式熔断器	RL1-15				配熔芯（3 A）
4	交流接触器	CJX2-910	线圈 AC 220 V			

序号	品　名	型　号	规　格	数量	单位	备注
5	热过载继电器	JRS1D-25	整定电流 0.63~1 A			配基座
6	按钮（红色）	LAY7-11BN	φ22-C11，自动复位			
7	按钮（绿色）	LAY7-11BN	φ22-A11，自动复位			
8	三相笼型异步电动机	DQ20-1	$U_N=380\,V$，$I_N=1.12\,A$，$P_N=100\,W$，$n_N=1430\,r/min$			
9	指示灯（绿色）	LD11-22A21-M3	AC 220 V			
10	指示灯（白色）	LD11-22A21-M1	AC 220 V			
11	端子排	JF5-2.5/5	AC 660 V，25 A			
12	平导轨	C45	150 mm			
13	G 形端子导轨		300 mm			
14	走线槽和盖（灰色）	PXC-3020YR-4				2 m/条
15	编码套管（白色）		G 形，1.5 mm²			
16	尼龙扎带（白色）		3 mm×60 mm			
17	单股硬铜线（黄、绿、红、蓝、黑色）		BV 1 mm²			
18	一头插孔、另一头叉形导线（黄、绿、红、黑色）		800 mm			
19	一头 O 形、另一头叉形导线（黄绿色）		800 mm			
20	双头插孔导线（黑色）		300 mm			
21	塑料卡子					定制
22	不锈钢自攻螺钉		ST2.9 mm×16 mm			GB/T 845—2017
用途				经办人		

（3）装配和布线

在装配和布线过程中遇到了哪些问题？是如何解决的？请记录在表 2-5 中。

表 2-5　装配和布线时遇到的问题、原因和处理方法

序号	所遇问题	原因和处理方法
1		
2		
3		
完成时间		完成质量

5. 检查

（1）绝缘电阻检查

1）检测主电路绝缘电阻。将绝缘电阻测量结果记录在表 2-6 中。

表 2-6 主电路绝缘电阻测量记录卡

名　称	主电路绝缘电阻			测试日期			年　月　日
仪表型号		电压	500 V	气温	℃	天气状况	
试验内容	相间		相对零		相对地		零对地
线路编号	L1-L2	L2-L3	L3-L1	L1-N	L2-N	L3-N	L1-PE	L2-PE	L3-PE	N-PE
绝缘电阻/MΩ										
试验结果										
测试人员			年　月　日	教师			年　月　日

注：试验结果代号中，√为合格，○为整改后合格，×为不合格。

2）检查控制电路的绝缘电阻。将绝缘电阻测量结果记录在表 2-7 中。

表 2-7 控制电路绝缘电阻测量记录卡

名　称	控制电路绝缘电阻		测试日期		年　月　日
仪表型号		电压	500 V	气温 ℃ 天气状况	
试验内容	控制电路对主电路	控制电路对零	控制电路对地		
绝缘电阻/MΩ					
试验结果					
测试人员		年　月　日	教师		年　月　日

注：试验结果代号中，√为合格，○为整改后合格，×为不合格。

（2）电路调试

旋转热过载继电器整定电流调整装置，将整定电流设定为 1.0 A（向右旋转为调大，向左旋转为调小）。通电负载试验，单手操作，观察结果。**切记严格遵守安全操作规程，确保人身安全。**

（3）电路故障检查及排除

通电试验过程中，若出现异常现象，应立即停车，按照检修的方法和步骤，将遇到的故障现象、故障原因和处理方法记录在表 2-8 中。

表 2-8 故障现象、原因和处理方法

序号	故障现象	故障原因	处理方法	故障排除结果
1				
2				
3				

6. 评估

按表 2-9 对单速风机手动控制箱电路的装配和调试情况进行评价。

表2-9 评估考核表

考评项目				自评	互评	师评
过程记录（30分）	自主学习（3分）		基本信息采集（表2-1)(1分)			
			计划安排表（表2-2)(1分)			
			工序流转卡（表2-3)(1分)			
	工作训练（15分）		元器件、布线器材和材料领用申请单（表2-4)(3分)			
			装配和布线时遇到的问题、原因和处理方法（表2-5)(3分)			
			主电路绝缘电阻测量记录卡（表2-6)(3分)			
			控制电路绝缘电阻测量记录卡（表2-7)(3分)			
			故障现象、原因和处理方法（表2-8)(3分)			
	互动讨论		探索题（12分）			
综合测评（67分）	学力（62分）		学习能力（自主学习）	—	—	—
		动手能力（49分）	工具使用（2分）			
			仪表使用（2分）			
			器材安装（12分）			
			电路配线（20分）			
			电路不通电检查（2分）			
			电路绝缘电阻测试（2分）			
			电路通电试验（4分）			
			电路故障检查和排除（5分）			
		知识水平（13分）	课前测验（3分）			
			课堂作业（4分）			
			自我评价（6分）			
	职业伦理规范（5分）	制度性伦理规范（2分）	首要责任原则（1分）			
			权利与责任（1分）			
		描述性伦理规范（3分）	诚实可靠（1分）			
			尽职尽责（1分）			
			忠实服务（1分）			
团队考评（3分）	团队合作（3分）					
合计（100分）						
综合评价（100分）						
学生签名			年　月　日	教师签名		年　月　日

18

任务单 2.2　制作与调试单台排水泵手动控制箱

工作任务	制作与调试单台排水泵手动控制箱			学时	4
姓名		学号		班级	日期
任务描述	以单台排水泵手动控制箱制作与调试为任务，采用行动导向教学法，引导学生按照电气控制电路的实现过程（资讯、决策、计划、实施、检查、评估）完成任务。在此过程中，学习相关的理论知识，掌握单台排水泵手动控制箱电路的绘制、安装、布线、检验、排故和调试方法。				

1. 资讯

（1）基本信息采集

了解实训室的安全注意事项、电气工作人员职业道德行为规范、工程师的职业伦理规范、安装与布线工艺规程、安装与布线工艺过程、检验与调试规范，收集单台排水泵手动控制箱所用控制电器的种类、型号、规格、结构和原理的资料，记录单台排水泵手动控制箱的电器位置布置和门板开孔图、电气安装接线图、电气安装方式、电气电路布线方式，如表 2-10 所示。

表 2-10　基本信息采集

电器位置布置和门板开孔图	电气安装接线图
电气安装方式	电气电路布线方式

（2）拓展信息采集

熟悉元器件领用流程及相关制度，查阅 GB 50171—2012《电气装置工程盘、柜及二次回路接线施工及验收规范》，查阅企业电气控制柜元器件安装接线配线的规范，查阅 GB/T 13869—2017《用电安全导则》，查阅 GB 19517—2009《国家电气设备安全技术规范》。

2. 方案

（1）制定安全措施

选择劳动保护用品，确定工具、量具的安全使用方法，确定安装、拆卸时的安全操作步骤。

（2）确定电器安装工艺、布线工艺

配电板上的电器应按其接线端上、下引线的方式安装，采用尼龙扎带或塑料线槽布线，导线采用铜芯单股硬线，线头采用裸端头套标记套管，按规范标注元器件的符号和每根导线的线号，配齐电气原理图、电器布置和门板开孔图、电气安装接线图，设置保护接地专用端子。

（3）确定电器检修方案、电路调试方案

安装前按电器的主要技术参数检验电气元器件，配齐电气元器件规格、型号清单，电路绝缘电阻不得小于1MΩ，按照控制电路实验操作：电动机空操作实验→电动机不带负载实验的步骤进行电路调试。

（4）确定工具

布线工具：电工刀、十字螺钉旋具、尖嘴钳、斜口钳、剥线钳、线号打印机。

检验仪器：电笔、万用表、500V绝缘电阻表。

绘图工具：铅笔、直尺、三角尺、橡皮。

（5）确定器材

电气元器件：根据实际需要确定，其中低压断路器用平导轨固定。

布线器材：单股硬铜线（黄、绿、红、黑、蓝色）、尼龙扎带或塑料线槽、端子排及G形导轨等。

辅助器材：一头插孔、另一头叉形导线（黄、绿、红、黑色），一头O形、另一头叉形导线（黄绿色），双头插孔导线（黑色）、抹布、螺杆、螺母和垫片等。

3. 计划

（1）装配与调试的时间规划

用10min时间准备电气元器件、布线器材、辅助器材、安装工具和测量仪表，用70min时间装配与调试单台排水泵手动控制箱。

（2）装配与调试的人员安排

① 在单台排水泵手动控制箱上实现装配与调试，每人1台。

② 如果单台排水泵手动控制箱数量有限，将同学分成3名一组，设有任务组长、装调人员等角色，组内同学合作确定角色分工，由组长负责组内工作协调、进度安排、工作步骤等，并且记录在表2-11中。

表2-11　计划安排表

人员分配	时间安排	工作步骤	工具和仪表的型号规格

4. 实施

（1）装配前的准备

准备电气原理图、电器布置和门板开孔图、电气安装和接线图，在实施过程中填写工序流转卡，见表2-12。

表2-12　工序流转卡

产品名称	单台排水泵手动控制箱	型　号		
工序	操作者	检验结果	检验员	检验日期
装配前准备				
领料和验收				
元器件装配				
元器件布线				

（2）领料和验收

填写元器件、布线器材和材料领用申请单，见表2-13，然后去库房领取，并验收合格。

表2-13　元器件、布线器材和材料领用申请单

任务名称：　　制作与调试单台排水泵手动控制箱　　　申请人：　　　　　日期：　　　　

序号	品　　名	型　　号	规　　格	数量	单位	备注
1	低压断路器	DZ47-32-4P	10 A			
2	低压断路器	DZ47-32-1P	10 A			
3	螺旋式熔断器	RL1-15				配熔芯（3 A）
4	交流接触器	CJX2-910	线圈 AC 220 V			
5	热过载继电器	JRS1D-25	整定电流 0.63~1 A			配基座
6	按钮（红色）	LAY7-11BN	ϕ22-C11，自动复位			
7	按钮（绿色）	LAY7-11BN	ϕ22-A11，自动复位			
8	三相笼型异步电动机	DQ20-1	$U_N = 380\,V$，$I_N = 1.12\,A$，$P_N = 100\,W$，$n_N = 1430\,r/min$			
9	端子排	JF5-2.5/5	AC 660 V 25 A			
10	指示灯（红色）	LD11-22A21-M4	AC 220 V			
11	指示灯（绿色）	LD11-22A21-M3	AC 220 V			
12	辅助触点组	F4-11				
13	按钮盒	NPH1-2001				
14	平导轨	C45	150 mm			
15	G 形端子导轨		300 mm			
16	走线槽和盖（灰色）	PXC-3020YR-4				2 m/条
17	编码套管（白色）		G 形，1.5 mm²			
18	尼龙扎带（白色）		3 mm×60 mm			
19	单股硬铜线（黄、绿、红、蓝、黑色）		BV，1 mm²			
20	一头插孔、另一头叉形导线（黄、绿、红、黑色）		800 mm			
21	一头 O 形、另一头叉形导线（黄绿色）		800 mm			
22	双头插孔导线（黑色）		300 mm			
23	塑料卡子					定制
24	不锈钢自攻螺钉		ST2.9 mm×16 mm			GB/T 845—2017
用途				经办人		

（3）装配和布线

在装配和布线过程中遇到了哪些问题？是如何解决的？请记录在表2-14中。

表 2-14　装配和布线时遇到的问题、原因和处理方法

序号	所遇问题	原因和处理方法
1		
2		
3		
完成时间		完成质量	

5. 检查

（1）电路绝缘电阻的检查

1）检查主电路绝缘电阻。将绝缘电阻测量结果记录在表 2-15 中。

表 2-15　主电路绝缘电阻测量记录卡

名　称			主电路绝缘电阻				测试日期			年　月　日	
仪表型号			电压	500 V	气温	℃	天气状况				
试验内容		相间			相对零			相对地			零对地
线路编号	L1-L2	L2-L3	L3-L1	L1-N	L2-N	L3-N	L1-PE	L2-PE	L3-PE	N-PE	
绝缘电阻/MΩ											
试验结果											
测试人员			年　月　日		教师				年　月　日		

注：试验结果代号中，√为合格，○为整改后合格，×为不合格。

2）检查控制电路的绝缘电阻。将绝缘电阻测量结果记录在表 2-16 中。

表 2-16　控制电路绝缘电阻测量记录卡

名　称	控制电路绝缘电阻		测试日期		年　月　日
仪表型号	电压	500 V	气温	℃	天气状况
试验内容	控制电路对主电路	控制电路对零		控制电路对地	
绝缘电阻/MΩ					
试验结果					
测试人员		年　月　日	教师		年　月　日

注：试验结果代号中，√为合格，○为整改后合格，×为不合格。

（2）电路通电调试

旋转热过载继电器整定电流调整装置，将整定电流设定为 1.0 A（向右旋转为调大，向左旋转为调小）。通电负载试验，单手操作，观察结果。**切记严格遵守安全操作规程，确保人身安全。**

（3）电路故障检查及排除

通电试验过程中，若出现异常现象，应立即停车，按照检修的方法和步骤，将遇到的故障现象、故障原因、处理方法记录在表 2-17 中。

表 2-17　故障现象、故障原因和处理方法

序号	故障现象	故障原因	处理方法	故障排除结果
1				
2				
3				

6. 评估

制作与调试单台排水泵手动控制箱的评估考核见表2-18。

表 2-18　评估考核表

考 评 项 目			自评	互评	师评
过程记录 (18分)	自主学习 (3分)	基本信息采集（表2-10)(1分)			
		计划安排表（表2-11)(1分)			
		工艺流转卡（表2-12)(1分)			
	应用训练 (15分)	元器件、布线器材和材料领用申请单（表2-13)(3分)			
		装配和布线时遇到的问题、原因和处理方法（表2-14)(3分)			
		主电路绝缘电阻测量记录卡（表2-15)(3分)			
		控制电路绝缘电阻测量记录卡（表2-16)(3分)			
		故障现象、故障原因和处理方法（表2-17)(3分)			
综合测评 (79分)	学力 (74分)	学习能力（自主学习）	—	—	—
		动手能力 (49分)	工具使用（2分）		
			仪表使用（2分）		
			器材安装（12分）		
			电路配线（20分）		
			电路不通电检查（2分）		
			电路绝缘电阻测试（2分）		
			电路通电试验（4分）		
			电路故障检查和排除（5分）		
		知识水平 (25分)	电器布置和门板开孔图（表2-10中左上方）(5分)		
			电气安装接线图（表2-10中右上方）(20分)		
	职业伦理规范 (5分)	制度性伦理规范 (2分)	首要责任原则（1分）		
			权利与责任（1分）		
		描述性伦理规范 (3分)	诚实可靠（1分）		
			尽职尽责（1分）		
			忠实服务（1分）		
团队考评（3分)	团队合作（3分)				
合计（100分)					
综合评价（100分)					
学生签名			年 月 日	教师签名	年 月 日

任务单 2.3 设计与装调带式输送机控制箱

工作任务	设计与装调带式输送机控制箱			学时	4
姓名		学号		班级		日期	
任务描述	以带式输送机控制箱的设计与装调为任务，采用行动导向教学法，引导学生按照电气控制电路的实现过程（资讯、决策、计划、实施、检查、评估）完成任务。在此过程中，学习相关的理论知识，掌握带式输送机控制箱电路的设计、安装、布线、检验、排故和调试方法。				

1. 资讯

（1）基本信息采集

了解实训室的安全注意事项、电气工作人员职业道德行为规范、工程师的职业伦理规范、安装与布线工艺规程、安装与布线工艺过程、检验与调试规范，收集带式输送机控制箱所用控制电器的种类、型号、规格结构和原理的资料，记录带式输送机控制箱的电路设计思想、电气原理图、电器布置和门板开孔图、电气安装接线图、电气安装方式、电气电路布线方式如表 2-19 所示。

表 2-19 基本信息采集

电路设计思想	电气原理图
电器布置和门板开孔图	**电气安装接线图**
电气安装方式	**电气电路布线方式**

（2）拓展信息采集

熟悉元器件领用流程及相关制度，查阅 GB 50171—2012《电气装置工程盘、柜及二次回路接线施工及验收规范》，查阅企业电气控制柜元器件安装接线配线的规范，查阅 GB/T 13869—2017《用电安全导则》，查阅 GB 19517—2009《国家电气设备安全技术规范》。

2. 方案

（1）制定安全措施

选择劳动保护用品，确定工具、量具的安全使用方法，确定安装、拆卸时的安全操作步骤。

（2）确定电器安装工艺、布线工艺

配电板上的电器应按其接线端上、下引线的方式安装，采用尼龙扎带或塑料线槽布线，导线采用铜芯单股硬线，线头采用裸端头套标记套管，按规范标注元器件的符号和每根导线的线号，配齐电气原理图、电器布置和门板开孔图、电气安装接线图，设置保护接地专用端子。

（3）确定电器检修方案、电路调试方案

安装前按电器的主要技术参数检验电气元器件，配齐电气元器件规格型号清单，电路绝缘电阻不得小于 1 MΩ，按照控制电路实验操作：电动机空操作实验→电动机不带负载实验的步骤进行电路调试。

（4）确定工具

布线工具：电工刀、十字螺钉旋具、尖嘴钳、斜口钳、剥线钳、线号打印机。

检验仪器：电笔、万用表、500 V 绝缘电阻表。

绘图工具：铅笔、直尺、三角尺、橡皮。

（5）确定器材

电气元器件：根据实际需要确定，其中低压断路器用平导轨固定。

布线器材：单股硬铜线（黄、绿、红、黑、蓝色）、尼龙扎带或塑料线槽、端子排及 G 形导轨等。

辅助器材：一头插孔、另一头叉形导线（黄、绿、红、黑色），一头 O 形、另一头叉形导线（黄绿色），双头插孔导线（黑色）、抹布、螺杆、螺母和垫片等。

3. 计划

（1）装配与调试的时间规划

用 10 min 时间准备电气元器件、布线器材、辅助器材、安装工具和测量仪表，用 70 min 时间安装与调试带式输送机控制电路。

（2）装配与调试的人员安排

① 在带式输送机控制箱上实现装配与调试，每人 1 台。

② 如果带式输送机控制箱数量有限，将同学分成 3 名一组，设有任务组长、装调人员等角色，组内同学合作确定角色分工，由组长负责组内工作协调、进度安排、工作步骤等，并且记录在表 2-20 中。

表 2-20 计划安排表

人员分配	时间安排	工作步骤	工具和仪表的型号规格

4. 实施

（1）装配前的准备

准备电气原理图、电器布置和门板开孔图、电气安装和接线图，在实施过程中填写工序流转卡，见表2-21。

表2-21　工序流转卡

产品名称	带式输送机控制箱		型号		
工序	操作者	检验结果	检验员	检验日期	
装配前准备					
领料和验收					
元器件装配					
元器件布线					

（2）领料和验收

填写元器件、布线器材和材料领用申请单，见表2-22，然后去库房领取，并验收合格。

表2-22　元器件、布线器材和材料领用申请单

任务名称：____设计与装调带式输送机控制箱____　申请人：_____　日期：_____

序号	品　　名	型　　号	规　　格	数量	单位	备注
1	低压断路器					
2	低压断路器					
3	螺旋式熔断器					
4	交流接触器					
5	热过载继电器					
6	按钮（绿色）					
7	按钮（红色）					
8	指示灯（绿色）					
9	指示灯（红色）					
10	三相笼型异步电动机					
11	辅助触点组					
12	端子排					
13	平导轨					
14	G形端子导轨					
15	走线槽和盖（灰色）					
16	编码套管（白色）					
17	尼龙扎带（白色）					
18	单股硬铜线（黄、绿、红、蓝、黑色）					
19	一头插孔、另一头叉形导线（黄、绿、红、黑色）					
20	一头O形、另一头叉形导线（黄绿色）					
21	双头插孔导线（黑色）					
22	塑料卡子					
23	不锈钢自攻螺钉					
用途					经办人	

（3）装配和布线

在装配和布线过程中遇到了哪些问题？是如何解决的？请记录在表2-23中。

表2-23　装配和布线时遇到的问题、原因和处理方法

序号	所 遇 问 题	原因和处理方法
1		
2		
3		
完成时间		完成质量

5. 检查

（1）电路的绝缘电阻检查

1）检查主电路绝缘电阻。将绝缘电阻测量结果记录在表2-24中。

表2-24　主电路绝缘电阻测量记录卡

名称	主电路绝缘电阻						测试日期			年 月 日	
仪表型号			电压	500 V	气温	℃	天气状况				
试验内容	相间			相对零			相对地			零对地	
线路编号	L1-L2	L2-L3	L3-L1	L1-N	L2-N	L3-N	L1-PE	L2-PE	L3-PE	N-PE	
绝缘电阻/MΩ											
试验结果											
测试人员			年 月 日	教师					年 月 日		

注：试验结果代号中，√为合格，○为整改后合格，×为不合格。

2）检查控制电路的绝缘电阻。将绝缘电阻测量结果记录在表2-25中。

表2-25　控制电路绝缘电阻测量记录卡

名称	控制电路绝缘电阻		测试日期		年 月 日
仪表型号		电压 500 V	气温 ℃	天气状况	
试验内容	控制电路对主电路	控制电路对零		控制电路对地	
绝缘电阻/MΩ					
试验结果					
测试人员		年 月 日	教师		年 月 日

注：试验结果代号中，√为合格，○为整改后合格，×为不合格。

（2）电路通电调试

旋转热过载继电器整定电流调整装置，将整定电流设定为1.0 A（向右旋转为调大，向左旋转为调小）。通电负载试验，单手操作，观察结果。**切记严格遵守安全操作规程，确保人身安全。**

（3）电路故障检查及排除

通电试验过程中，若出现异常现象，应立即停车，按照检修的方法和步骤，将遇到的故障现象、故障原因、处理方法记录在表2-26中。

表 2-26 故障现象、故障原因和处理方法

序号	故障现象	故障原因	处理方法	故障排除结果
1				
2				
3				

6. 评估

设计与装调带式输送机控制箱评估考核见表 2-27。

表 2-27 评估考核表

考评项目			自评	互评	师评
过程记录 (18分)	自主学习 (3分)	基本信息采集（表 2-19）(1分)			
		计划安排表（表 2-20）(1分)			
		工序流转卡（表 2-21）(1分)			
	创新性训练 (15分)	元器件、布线器材和材料领用申请单（表 2-22）(3分)			
		装配和布线时遇到的问题、原因和处理方法（表 2-23）(3分)			
		主电路绝缘电阻测量记录卡（表 2-24）(3分)			
		控制电路绝缘电阻测量记录卡（表 2-25）(3分)			
		故障现象、故障原因和处理方法（表 2-26)(3分)			

考评项目			考评要点	自评	互评	师评
工匠精神 (82分)	敬业 (12分)	职业理想（1分）	对所从事的职业和成就的向往和追求			
		立业意识（1分）	确立职业规划和实现目标的愿望			
		职业信念（1分）	对职业的敬重和热爱之心			
		从业态度（1分）	勤勉工作，脚踏实地			
		职业情感 (3分) 职业认同感（1分）	对所从事职业的态度和体验			
		职业荣誉感（1分）				
		职业敬业感（1分）				
		职业道德（5分）	爱岗敬业、诚实守信、服务群众、奉献社会			
	精益（4分）		精益求精			
	专注（4分）		专心；全神贯注			

			考评项目	考评要点	自评	互评	师评
工匠精神（82分）	创新（62分）		创新性学习		—	—	—
		创新性探索（30分）	电路设计思想（5分）（表2-19中的左上方）	电动机工作运行方式，电路设计原则、控制方式			
			电气原理图（10分）（表2-19中的右上方）	符合工艺要求，电路正确，布局合理，元器件符号正确、编号合规，线条粗细合规、布置正确、编号合规			
			电气安装接线图（15分）（表2-19中的右下方）	元器件、端子排布局合理、合规，符号正确，元器件接线端符号和文字正确，线条编号与原理图相同，连接电源线、电动机线和接地线的端子排上的编号正确			
		创新性实践（32分）	工具使用（2分）	创新方法，不断实践			
			仪表使用（2分）				
			器材安装（5分）				
			电路配线（10分）				
			电路不通电检查（2分）				
			电路绝缘电阻测试（2分）				
			电路通电试验（4分）				
			电路故障检查和排除（5分）				
合计（100分）							
综合评价（100分）							
学生签名			年　月　日	教师签名			年　月　日

（续）

29

任务单 3.1 装配与调试可逆运转手动控制箱

工作任务	装配与调试可逆运转手动控制箱			学时	4
姓名		学号	班级	日期	
任务描述	以可逆运转手动控制箱的装配与调试为任务，采用行动导向教学法，引导学生按照电气控制电路的实现过程（资讯、决策、计划、实施、检查、评估）完成任务。在此过程中，学习相关的理论知识，掌握可逆运转手动控制箱电路的安装、布线、检验、排故和调试方法。				

1. 资讯

（1）基本信息采集

了解实训体验室的安全注意事项、电气工作人员职业道德行为规范、工程师的职业伦理规范、安装与布线工艺规程、安装与布线工艺过程、检验与调试规范，收集可逆运转手动控制箱所用控制电器的种类、型号、规格、结构和原理的资料，记录可逆运转手动控制箱电气安装方式、电气电路布线方式见表 3-1。

表 3-1 基本信息采集

电气安装方式	电气电路布线方式

（2）拓展信息采集

熟悉器件领用流程及相关制度，查阅 GB 50171—2012《电气装置工程盘、柜及二次回路接线施工及验收规范》，查阅企业电气控制柜元器件安装接线配线的规范，查阅 GB/T 13869—2017《用电安全导则》，查阅 GB 19517—2009《国家电气设备安全技术规范》。

2. 方案

（1）制定安全措施

选择劳动保护用品，确定工具、量具的安全使用方法，确定安装、拆卸时的安全操作步骤。

（2）确定电器安装工艺、布线工艺

配电板上的电器应按其接线端上、下引线的方式安装，采用尼龙扎带或塑料线槽布线，导线采用铜芯单股硬线，线头采用裸端头套标记套管，按规范标注元器件的符号和每根导线的线号，配齐电气原理图、电器布置和门板开孔图、电气安装接线图，设置保护接地专用端子。

（3）确定电器检修方案、电路调试方案

安装前按电器的主要技术参数检验电气元器件，配齐电气元器件规格、型号清单，电路绝缘电阻不得小于 1 MΩ，按照控制线路实验操作：电动机空操作实验→电动机不带负载实验的步骤进行电路调试。

（4）确定工具

布线工具：电工刀、十字螺钉旋具、尖嘴钳、斜口钳、剥线钳、线号打印机。

检验仪器：电笔、万用表、500 V 绝缘电阻表。

（5）确定器材

电气元器件：根据实际需要确定，其中低压断路器用平导轨固定。

布线器材：单股硬铜线（黄、绿、红、黑、蓝色）、尼龙扎带或塑料线槽、端子排及 G 形导轨等。

辅助器材：一头插孔、另一头叉形导线（黄、绿、红、黑色），一头O形、另一头叉形导线（黄绿色），双头插孔导线（黑色）、抹布、螺杆、螺母和垫片等。

3. 计划

（1）装配与调试的时间规划

用10 min时间准备电气元器件、布线器材、辅助器材、安装工具和测量仪表，用70 min时间装配与调试可逆运转手动控制箱。

（2）装配与调试的人员安排

① 在可逆运转手动控制箱上实现电路的装配与调试，每人1台。

② 如果可逆运转手动控制箱数量有限，可将同学分成3名一组，设有任务组长、装调人员等角色，组内同学合作确定角色分工，由组长负责组内工作协调、进度安排、工作步骤等，并且记录在表3-2中。

表3-2　计划安排表

人员分配	时间安排	工作步骤	工具和仪表的型号和规格

4. 实施

（1）装配前的准备

准备电气原理图、电器布置和门板开孔图、电气安装接线图，在实施过程中填写工序流转卡，见表3-3。

表3-3　工序流转卡

产品名称	可逆运转手动控制箱	型　号		
工序	操作者	检验结果	检验员	检验日期
装配前准备				
领料和验收				
元器件装配				
元器件配线				

（2）领料和验收

填写元器件、布线器材和材料领用申请单，见表3-4，然后去库房领取，并验收合格。

表3-4　元器件、布线器材和材料领用申请单

任务名称：＿＿＿装配与调试可逆运转手动控制箱＿＿＿　申请人：＿＿＿＿＿　日期：＿＿＿＿＿

序号	品　　名	型　　号	规　　格	数量	单位	备注
1	低压断路器	DZ47-32-4P	10 A			
2	低压断路器	DZ47-32-1P	10 A			
3	螺旋式熔断器	RL1-15				配熔芯（3 A）
4	交流接触器	CJX2-910	线圈 AC 220 V			

序号	品　名	型　号	规　格	数量	单位	备注
5	热过载继电器	JRS1D-25	整定电流 0.63~1 A			配基座
6	按钮（红色）	LAY7-11BN	Φ22-C11，自动复位			
7	按钮（绿色）	LAY7-11BN	Φ22-A11，自动复位			
8	指示灯（红色）	LD11-22A21-T4	AC 6 V			
9	指示灯（绿色）	LD11-22A21-T3	AC 6 V			
10	单相变压器		220 V/6.3 V			
11	三相笼型异步电动机	DQ20-1	$U_N=380\,V$，$I_N=1.12\,A$，$P_N=100\,W$，$n_N=1430\,r/min$			
12	辅助触点组	F4-22				
13	端子排	JF5-2.5/5	AC 660 V，25 A			
14	平导轨	C45	150 mm			
15	G 形端子导轨		300 mm			
16	走线槽和盖（灰色）	PXC-3020YR-4				2 m/条
17	编码套管（白色）		G 形，1.5 mm²			
18	尼龙扎带（白色）		3 mm×60 mm			
19	单股硬铜线（黄、绿、红、蓝、黑色）		BV，1 mm²			
20	一头插孔、另一头叉形导线（黄、绿、红、黑色）		800 mm			
21	一头 O 形、另一头叉形导线（黄绿色）		800 mm			
22	双头插孔导线（黑色）		300 mm			
23	塑料卡子					定制
24	不锈钢自攻螺钉		ST2.9 mm×16 mm			GB/T 845—2017
用途				经办人		

（3）装配和布线

在装配和布线过程中遇到了哪些问题？是如何解决的？请记录在表 3-5 中。

表 3-5　装配和布线时遇到的问题、原因和处理方法

序号	所遇问题	原因和处理方法
1		
2		
3		
完成时间		完成质量

5. 检查

（1）绝缘电阻检查

1）检查主电路绝缘电阻。将绝缘电阻测量结果记录在表3-6中。

表3-6　主电路绝缘电阻测量记录卡

名称	主电路绝缘电阻						测试日期		年　月　日	
仪表型号			电压	500 V	气温	℃	天气状况			
试验内容	相间			相对零			相对地			零对地
线路编号	L1-L2	L2-L3	L3-L1	L1-N	L2-N	L3-N	L1-PE	L2-PE	L3-PE	N-PE
绝缘电阻/MΩ										
试验结果										
测试人员				年　月　日		教师		年　月　日		

注：试验结果代号中，√为合格，○为整改后合格，×为不合格。

2）检查控制电路的绝缘电阻。将绝缘电阻测量结果记录在表3-7中。

表3-7　控制电路绝缘电阻测量记录卡

名称	控制电路绝缘电阻		测试日期		年　月　日	
仪表型号		电压	500 V	气温	℃	天气状况
试验内容	控制电路对主电路		控制电路对零		控制电路对地	
绝缘电阻/MΩ						
试验结果						
测试人员			年　月　日	教师	年　月　日	

注：试验结果代号中，√为合格，○为整改后合格，×为不合格。

（2）电路通电调试

旋转热过载继电器整定电流调整装置，将整定电流设定为1.0 A（向右旋转为调大，向左旋转为调小）。通电负载试验，单手操作，观察结果。**切记严格遵守安全操作规程，确保人身安全。**

（3）电路故障检查及排除

通电试验过程中，若出现异常现象，应立即停车，按照检修的方法和步骤，将遇到的故障现象、故障原因和处理方法记录在表3-8中。

表3-8　故障现象、原因和处理方法

序号	故障现象	故障原因	处理方法	故障排除结果
1				
2				
3				

6. 评估

按表3-9对可逆运转手动控制箱电路的装配和调试情况进行评价。

表 3-9　评估考核表

考 评 项 目			自评	互评	师评
过程记录（30分）	自主学习（3分）	基本信息采集（表3-1）(1分)			
		计划安排表（表3-2）(1分)			
		工序流转卡（表3-3）(1分)			
	工作训练（15分）	元器件、布线器材和材料领用申请单（表3-4）(3分)			
		装配时遇到的问题、原因和处理方法（表3-5）(3分)			
		主电路绝缘电阻测量记录卡（表3-6）(3分)			
		控制电路间绝缘电阻测量记录卡（表3-7）(3分)			
		故障现象、故障原因和处理方法（表3-8）(3分)			
	互动讨论	探索题（12分）			
综合测评（67分）	学力（62分）	学习能力（自主学习）		—	—
		动手能力（49分）　工具使用（2分）			
		动手能力（49分）　仪表使用（2分）			
		动手能力（49分）　器材安装（12分）			
		动手能力（49分）　电路配线（20分）			
		动手能力（49分）　电路不通电检查（2分）			
		动手能力（49分）　电路绝缘电阻测试（2分）			
		动手能力（49分）　电路通电试验（4分）			
		动手能力（49分）　电路故障检查和排除（5分）			
		知识水平（13分）　课前测验（3分）			
		知识水平（13分）　课堂作业（4分）			
		知识水平（13分）　自我评价（6分）			
	职业伦理规范（5分）	制度性伦理规范（2分）　首要责任原则（1分）			
		制度性伦理规范（2分）　权利与责任（1分）			
		描述性伦理规范（3分）　诚实可靠（1分）			
		描述性伦理规范（3分）　尽职尽责（1分）			
		描述性伦理规范（3分）　忠实服务（1分）			
团队考评（3分）	团队合作（3分）				
合计（100分）					
综合评价（100分）					
学生签名		年　月　日	教师签名		年　月　日

任务单 3.2 制作与调试工作台自动往返控制箱

工作任务	制作与调试工作台自动往返控制箱			学时	4
姓名		学号	班级	日期	
任务描述	以工作台自动往返控制箱的制作与调试为任务，采用行动导向教学法，引导学生按照电气控制电路的实现过程（资讯、决策、计划、实施、检查、评估）完成任务。在此过程中，学习相关的理论知识，掌握工作台自动往返控制箱电路的绘制、安装、布线、检验、排故和调试方法。				

1. 资讯

（1）基本信息采集

了解实训室的安全注意事项、电气工作人员职业道德行为规范、工程师的职业伦理规范、安装与布线工艺规程、安装与布线工艺过程、检验与调试规范，收集工作台自动往返控制箱所用控制电器的种类、型号、规格、结构和原理的资料，记录工作台自动往返控制箱的电器布置和门板开孔图、电气安装接线图、电气安装方式、电气电路布线方式，见表 3-10。

表 3-10 基本信息采集

电器位置布置和门板开孔图	电气安装接线图
电气安装方式	电气电路布线方式

（2）拓展信息采集

熟悉元器件领用流程及相关制度，查阅 GB 50171—2012《电气装置工程盘、柜及二次回路接线施工及验收规范》，查阅企业电气控制柜元器件安装接线配线的规范，查阅 GB/T 13869—2017《用电安全导则》，查阅 GB 19517—2009《国家电气设备安全技术规范》。

2. 方案

（1）制定安全措施

选择劳动保护用品，确定工具、量具的安全使用方法，确定安装、拆卸时的安全操作步骤。

（2）确定电器安装工艺、布线工艺

配电板上的电器应按其接线端上、下引线的方式安装，采用尼龙扎带或塑料线槽布线，导线采用铜芯单股硬线，线头采用裸端头套标记套管，按规范标注元器件的符号和每根导线的线号，配齐电气原理图、电器布置和门板开孔图、电气安装接线图，设置保护接地专用端子。

（3）确定电器检修方案、电路调试方案

安装前按电器的主要技术参数检验电气元器件，配齐电气元器件规格、型号清单，电路绝缘电阻不得小于 1 MΩ，按照控制电路实验操作：电动机空操作实验→电动机不带负载实验的步骤进行电路调试。

（4）确定工具

布线工具：电工刀、十字螺钉旋具、尖嘴钳、斜口钳、剥线钳、线号打印机。

检验仪器：电笔、万用表、500 V 绝缘电阻表。

绘图工具：铅笔、直尺、三角尺、橡皮。

（5）确定器材

电气元器件：根据实际需要确定，其中低压断路器用平导轨固定。

布线器材：单股硬铜线（黄、绿、红、黑、蓝色）、尼龙扎带或塑料线槽、端子排及 G 形导轨等。

辅助器材：一头插孔、另一头叉形导线（黄、绿、红、黑色），一头 O 形、另一头叉形导线（黄绿色），双头插孔导线（黑色）、抹布、螺杆、螺母和垫片等。

3. 计划

（1）装配与调试的时间规划

用 10 min 时间准备电气元器件、布线器材、辅助器材、安装工具和测量仪表，用 70 min 时间装配与调试工作台自动往返控制箱。

（2）装配与调试的人员安排

① 在工作台自动往返控制箱上实现装配与调试，每人 1 台。

② 如果工作台自动往返控制箱数量有限，可将同学分成 3 名一组，设有组长、装调人员等角色，组内同学合作确定角色分工，由组长负责组内工作协调、进度安排、工作步骤等，并且记录在表 3-11 中。

表 3-11　计划安排表

人员分配	时间安排	工作步骤	工具和仪表的型号和规格

4. 实施

（1）装配前准备

准备电气原理图、电器布置和门板开孔图、电气安装接线图，在实施过程中填写工序流转卡，见表 3-12。

表 3-12　工序流转卡

产品名称	工作台自动往返控制箱	型号	
工序	操作者	检验结果	检验员	检验日期
装配前准备				
领料和验收				
元器件装配				
元器件配线				

（2）领料和验收

填写元器件、布线器材和材料领用申请单，见表 3-13，然后去库房领取，并验收合格。

表 3-13　元器件、布线器材和材料领用申请单

任务名称：___制作与调试工作台自动往返控制箱___申请人_____：日期：_____

序号	品　　名	型　号	规　格	数量	单位	备注
1	低压断路器	DZ47-32-4P	10 A			
2	低压断路器	DZ47-32-1P	10 A			
3	螺旋式熔断器	RL1-15				配熔芯（3 A）
4	交流接触器	CJX2-910	线圈 AC 220 V			
5	热过载继电器	JRS1D-25	整定电流 0.63～1 A			配基座
6	时间继电器	JSZ3A-B	线圈 AC 220 V			配底座
7	工作限位行程开关	LX19-001				不在控制箱内
8	极限保护行程开关	LX19-222				
9	按钮（红色）	LAY7-11BN	Φ22-C11，自动复位			
10	按钮（绿色）	LAY7-11BN	Φ22-A11，自动复位			
11	指示灯（绿色）	LD11-22A21-T3	AC 6 V			
12	指示灯（红色）	LD11-22A21-T4	AC 6 V			
13	单相变压器		220 V/6.3 V			
14	三相笼型异步电动机	DQ20-1	$U_N = 380$ V，$I_N = 1.12$ A，$P_N = 100$ W，$n_N = 1430$ r/min			
15	辅助触点组	F4-22				
16	端子排	JF5-2.5/5	AC 660 V，25 A			
17	平导轨	C45				
18	G 形端子导轨		300 mm			
19	走线槽和盖（灰色）	PXC-3020YR-4				2 m/条
20	编码套管（白色）		G 形，1.5 mm^2			
21	尼龙扎带（白色）		3 mm×60 mm			
22	单股硬铜线（黄、绿、红、蓝、黑色）		BV，1 mm^2			
23	一头插孔、另一头叉形导线（黄、绿、红、黑色）		800 mm			
24	一头 O 形、另一头叉形导线（黄绿色）		800 mm			
25	双头插孔导线（黑色）		300 mm			
26	塑料卡子					定制
27	不锈钢自攻螺钉		ST2.9 mm×16 mm			GB/T 845—2017
用途				经办人		

（3）安装和布线

在安装和布线过程中遇到了哪些问题？是如何解决的？请记录在表 3-14 中。

表 3-14　安装和布线时遇到的问题、原因和处理方法

序号	所遇问题	原因和处理方法
1		
2		
3		
完成时间		完成质量

5. 检查

（1）电路绝缘电阻检查

1）检查主电路绝缘电阻。将绝缘电阻测量结果记录在表3-15中。

表3-15　主电路绝缘电阻测量记录卡

名称	主电路绝缘电阻						测试日期		年　月　日	
仪表型号			电压	500 V	气温	℃	天气状况			
试验内容	相间			相对零			相对地			零对地
线路编号	L1-L2	L2-L3	L3-L1	L1-N	L2-N	L3-N	L1-PE	L2-PE	L3-PE	N-PE
绝缘电阻/MΩ										
试验结果										
测试人员			年　月　日	教师					年　月　日	

注：试验结果代号中，√为合格，○为整改后合格，×为不合格。

2）检查控制电路的绝缘电阻。将绝缘电阻测量结果记录在表3-16中。

表3-16　控制电路绝缘电阻测量记录卡

名称	控制电路绝缘电阻				测试日期		年　月　日	
仪表型号			电压	500 V	气温	℃	天气状况	
试验内容	控制电路对主电路		控制电路对零		控制电路对地			
绝缘电阻/MΩ								
试验结果								
测试人员			年　月　日	教师			年　月　日	

注：试验结果代号中，√为合格，○为整改后合格，×为不合格。

（2）电路通电调试

旋转热过载继电器整定电流调整装置，将整定电流设定为1.0 A（向右旋转为调大，向左旋转为调小）。通电负载试验，单手操作，观察结果。**切记严格遵守安全操作规程，确保人身安全。**

（3）电路故障检查及排除

通电试验过程中，若出现异常现象，应立即停车，按照检修的方法和步骤，将遇到的故障现象、故障原因和处理方法记录在表3-17中。

表3-17　故障现象、原因和处理方法

序号	故障现象	故障原因	处理方法	故障排除结果
1				
2				
3				

6. 评估

工作台自动往返控制箱电路制作与调试评估考核见表3-18。

表 3-18 评估考核表					
考评项目			自评	互评	师评
过程记录（18分）	自主学习（3分）	基本信息采集（表3-10）（1分）			
		计划安排表（表3-11）（1分）			
		工序流转卡（表3-12）（1分）			
	应用训练（15分）	元器件、布线器材和材料领用申请单（表3-13）（3分）			
		安装和布线时遇到的问题、原因和处理方法（表3-14）（3分）			
		主电路绝缘电阻测量记录卡（表3-15）（3分）			
		控制电路绝缘电阻测量记录卡（表3-16）（3分）			
		故障现象、故障原因和处理方法（表3-17）（3分）			
综合测评（79分）	学力（74分）	学习能力（自主学习）		—	—
		动手能力（49分）｜工具使用（2分）			
		仪表使用（2分）			
		器材安装（12分）			
		电路配线（20分）			
		电路不通电检查（2分）			
		电路绝缘电阻测试（2分）			
		电路通电试验（4分）			
		电路故障检查和排除（5分）			
		知识水平（25分）｜电器布置和门板开孔图（表3-10）（5分）			
		电气安装接线图（表3-10）（20分）			
	职业伦理规范（5分）	制度性伦理规范（2分）｜首要责任原则（1分）			
		权利与责任（1分）			
		描述性伦理规范（3分）｜诚实可靠（1分）			
		尽职尽责（1分）			
		忠实服务（1分）			
团队考评（3分）	团队合作（3分）				
合计（100分）					
综合评价（100分）					
学生签名		年 月 日 ｜ 教师签名			年 月 日

39

任务单3.3 设计与装调加热炉自动上料控制箱

工作任务	设计与装调加热炉自动上料控制箱			学时	4
姓名		学号	班级	日期	
任务描述	以加热炉自动上料控制箱的设计与装调为任务,采用行动导向教学法,引导学生按照电气控制电路的实现过程(资讯、决策、计划、实施、检查、评估)完成任务。在此过程中,学习相关的理论知识,掌握加热炉自动上料控制箱电路的设计、装配、布线、检验、排故和调试方法。				

1. 资讯

(1) 基本信息采集

了解实训室的安全注意事项、电气工作人员职业道德行为规范、工程师的职业伦理规范、安装与布线工艺规程、安装与布线工艺过程、检验与调试规范,收集加热炉自动上料控制箱所用控制电器的种类、型号、规格、结构和原理的资料,记录加热炉自动上料控制箱的电路设计思想、电气原理图、电器布置和门板开孔图、电气安装接线图、电气安装方式、电气电路布线方式见表3-19。

表3-19 基本信息采集

电路设计思想	电气原理图
电器布置和门板开孔图	**电气安装接线图**
电气安装方式	**电气电路布线方式**

(2) 拓展信息采集

熟悉元器件领用流程及相关制度,查阅 GB 50171—2012《电气装置工程盘、柜及二次回路接线施工及验收规范》，查阅企业电气控制柜元器件安装接线配线的规范，查阅 GB/T 13869—2017《用电安全导则》，查阅 GB 19517—2009《国家电气设备安全技术规范》）。

2. 方案

（1）制定安全措施

选择劳动保护用品，确定工具、量具的安全使用方法，确定安装、拆卸时的安全操作步骤。

（2）确定电器安装工艺、布线工艺

配电板上的电器应按其接线端上、下引线的方式安装，采用尼龙扎带或塑料线槽布线，导线采用铜芯单股硬线，线头采用裸端头套标记套管，按规范标注元器件的符号和每根导线的线号，配齐电气原理图、电器布置和门板开孔图、电气安装接线图，设置保护接地专用端子。

（3）确定电器检修方案、线路调试方案

安装前按电器的主要技术参数检验电气元器件，配齐电气元器件规格、型号清单，电路绝缘电阻不得小于 1 MΩ，按照控制电路实验操作：电动机空操作实验→电动机不带负载实验的步骤进行电路调试。

（4）确定工具

布线工具：电工刀、十字螺钉旋具、尖嘴钳、斜口钳、剥线钳、线号打印机。

检验仪器：电笔、万用表、500 V 绝缘电阻表。

绘图工具：铅笔、直尺、三角尺、橡皮。

（5）确定器材

电气元器件：根据实际需要确定，其中低压断路器用平导轨固定。

布线器材：单股硬铜线（黄、绿、红、黑、蓝色）、尼龙扎带或塑料线槽、端子排及 G 形导轨等。

辅助器材：一头插孔、另一头叉形导线（黄、绿、红、黑色），一头 O 形、另一头叉形导线（黄绿色），双头插孔导线（黑色）、抹布、螺杆、螺母和垫片等。

3. 计划

（1）装配与调试的时间规划

用 10 min 时间准备电气元器件、布线器材、辅助器材、安装工具和测量仪表，用 70 min 时间安装与调试加热炉自动上料控制箱。

（2）装配与调试的人员安排

① 在加热炉自动上料控制箱上实现装配与调试，每人 1 台。

② 如果加热炉自动上料控制箱数量有限，可将同学分成 3 名一组，设有任务组长、装调人员等角色，组内同学合作确定角色分工，由组长负责组内工作协调、进度安排、工作步骤等，并且记录在表 3-20 中。

表 3-20 计划安排表

人员分配	时间安排	工作步骤	工具和仪表型号和规格

4. 实施

（1）装配前的准备

准备电气原理图、电器布置和门板开孔图、电气安装接线图，在实施过程中填写工序流转卡，见表 3-21。

表 3-21 工序流转卡

产品名称	加热炉自动上料控制箱	型号		
工序	操作者	检验结果	检验员	检验日期
装配前准备				
领料和验收				
元器件装配				
元器件配线				

（2）领料和验收

填写元器件、布线器材和材料领用申请单，见表3-22，然后去库房领取，并验收合格。

表 3-22　元器件、布线器材和材料领用申请单

任务名称：　　设计与装调加热炉自动上料控制箱　　申请人：＿＿＿＿＿＿　日期：＿＿＿＿＿＿

序号	品　　名	型　　号	规　　格	数量	单位	备注
1	低压断路器					
2	低压断路器					
3	螺旋式熔断器					
4	交流接触器					
5	热过载继电器					
6	工作限位行程开关					
7	按钮（红色）					
8	按钮（绿色）					
9	指示灯（红色）					
10	指示灯（绿色）					
11	单相变压器					
12	三相笼型异步电动机					
13	辅助触点组					
14	端子排					
15	平导轨					
16	G形端子导轨					
17	走线槽和盖（灰色）					
18	编码套管（白色）					
19	尼龙扎带（白色）					
20	单股硬铜线（黄、绿、红、蓝、黑色）					
21	一头插孔、另一头叉形导线（黄、绿、红、黑色）					
22	一头O形、另一头叉形导线（黄绿色）					
23	双头插孔导线（黑色）					
24	塑料卡子					
25	不锈钢自攻螺钉					
用途					经办人	

（3）装配和布线

在装配和布线过程中遇到了哪些问题？是如何解决的？请记录在表3-23中。

表 3-23 装配和布线时遇到的问题、原因和处理方法

序号	所 遇 问 题	原 因 和 处 理 方 法
1		
2		
3		
完成时间		完成质量

5. 检查

（1）电路的绝缘电阻检查

1）检查主电路绝缘电阻。将绝缘电阻测量结果记录在表 3-24 中。

表 3-24 主电路绝缘电阻测量记录卡

名称	主电路绝缘电阻						测试日期			年 月 日	
仪表型号			电压	500 V	气温	℃	天气状况				
试验内容	相间			相对零			相对地			零对地	
线路编号	L1-L2	L2-L3	L3-L1	L1-N	L2-N	L3-N	L1-PE	L2-PE	L3-PE	N-PE	
绝缘电阻/MΩ											
试验结果											
测试人员			年 月 日		教师					年 月 日	

注：试验结果代号中，√为合格，○为整改后合格，×为不合格。

2）检查控制电路的绝缘电阻。将绝缘电阻测量结果记录在表 3-25 中。

表 3-25 控制电路绝缘电阻测量记录卡

名称	控制电路绝缘电阻		测试日期		年 月 日
仪表型号		电压	500 V	气温 ℃	天气状况
试验内容	控制电路对主电路	控制电路对零		控制电路对地	
绝缘电阻/MΩ					
试验结果					
测试人员		年 月 日	教师		年 月 日

注：试验结果代号中，√为合格，○为整改后合格，×为不合格。

（2）电路通电调试

旋转热过载继电器整定电流调整装置，将整定电流设定为 1.0 A（向右旋转为调大，向左旋转为调小）。通电负载试验，单手操作，观察结果。**切记严格遵守安全操作规程，确保人身安全。**

（3）电路故障检查及排除

通电试验过程中，若出现异常现象，应立即停车，按照检修的方法和步骤，将遇到的故障现象、故障原因和处理方法记录在表 3-26 中。

表 3-26 故障现象、故障原因和处理方法

序号	故 障 现 象	故 障 原 因	处 理 方 法	故障排除结果
1				
2				
3				

6. 评估

加热炉自动上料控制箱电路设计与装调的评估考核见表 3-27。

表 3-27 评估考核表

考评项目			自评	互评	师评
过程记录（18分）	自主学习（3分）	基本信息采集（表3-19）（1分）			
		计划安排表（表3-20）（1分）			
		工序流转卡（表3-21）（1分）			
	创新性训练（15分）	元器件、布线器材和材料领用申请单（表3-22）（3分）			
		装配时遇到的问题、原因和处理方法（表3-23）（3分）			
		主电路绝缘电阻测量记录卡（表3-24）（3分）			
		控制电路绝缘电阻测量记录卡（表3-25）（3分）			
		故障现象、故障原因和处理方法（表3-26）（3分）			

考评项目			考评要点	自评	互评	师评
工匠精神（82分）	敬业（12分）	职业理想（1分）	对所从事的职业和成就的向往和追求			
		立业意识（1分）	确立职业规划和实现目标的愿望			
		职业信念（1分）	对职业的敬重和热爱之心			
		从业态度（1分）	勤勉工作，脚踏实地			
		职业情感（3分） 职业认同感（1分）	对所从事职业的态度和体验。			
		职业荣誉感（1分）				
		职业敬业感（1分）				
		职业道德（5分）	爱岗敬业、诚实守信、办事公道、服务群众、奉献社会			
	精益（4分）		精益求精			
	专注（4分）		专心；全神贯注			
	创新（62分）	创新性学习			—	—
		创新性探索（30分） 电路设计思想（5分）（表3-19）	电动机工作运行方式，电路设计原则、控制方式			
		电气原理图（10分）（表3-19）	符合工艺要求，电路正确，布局合理，元器件符号正确、编号合规，线条粗细合规、布置正确、编号合规			
		电气安装接线图（15分）（表3-19）	元器件、端子排布局合理、合规，符号正确，元器件接线端符号和文字正确，线条编号与原理图相同，连接电源线、电动机线和接地线的端子排上的编号正确			
		创新性实践（32分） 工具使用（2分）	创新方法，不断实践			
		仪表使用（2分）				
		器材安装（5分）				
		电路配线（10分）				
		电路不通电检查（2分）				
		电路绝缘电阻测试（2分）				
		电路通电试验（4分）				
		电路故障检查和排除（5分）				
合计（100分）						
综合评价（100分）						
学生签名			年 月 日	教师签名		年 月 日

任务单 4.1　装配与调试星-三角起动箱

工作任务	装配与调试星-三角起动箱				学时	4
姓名		学号		班级	日期	
任务描述	以自动星-三角起动箱的装配与调试为任务，采用行动导向教学法，引导学生按照电气控制电路的实现过程（资讯、决策、计划、实施、检查、评估）完成任务。在此过程中，学习相关的理论知识，掌握自动星-三角起动箱电路的安装、布线、检验、排故和调试方法。					

1. 资讯

（1）基本信息采集

了解实训室的安全注意事项、电气工作人员职业道德行为规范、工程师的职业伦理规范、安装与布线工艺规程、安装与布线工艺过程、检验与调试规范，采集星-三角起动箱所用控制电器的种类、型号、规格、结构和原理的资料，记录星-三角起动箱电气安装方式、电气电路布线方式见表 4-1。

表 4-1　基本信息采集

电气安装方式	电气电路布线方式

（2）拓展信息采集

熟悉元器件领用流程及相关制度，查阅 GB 50171—2012《电气装置工程盘、柜及二次回路接线施工及验收规范》，查阅企业电气控制柜元器件安装接线配线的规范，查阅 GB/T 13869—2017《用电安全导则》，查阅 GB 19517—2009《国家电气设备安全技术规范》。

2. 方案

（1）制定安全措施

选择劳动保护用品，确定工具、量具的安全使用方法，确定安装、拆卸时的安全操作步骤。

（2）确定电器安装工艺、布线工艺

配电板上的电器应按其接线端上、下引线的方式安装，采用尼龙扎带或塑料线槽布线，导线采用铜芯单股硬线，线头采用裸端头套标记套管，按规范标注元器件的符号和每根导线的线号，配齐电气原理图、电器布置和门板开孔图、电气安装接线图，设置保护接地专用端子。

（3）确定电器检修方案、电路调试方案

安装前按电器的主要技术参数检验电气元器件，配齐电器元件规格型号清单，电路绝缘电阻不得小于 1 MΩ，按照控制电路实验操作：电动机空操作实验→电动机不带负载实验的步骤进行电路调试。

（4）确定工具

布线工具：电工刀、十字螺钉旋具、尖嘴钳、斜口钳、剥线钳、线号打印机。

检验仪器：电笔、万用表、500 V 绝缘电阻表。

（5）确定器材

电气元器件：根据实际需要确定，其中低压断路器用平导轨固定。

布线器材：单股硬铜线（黄、绿、红、黑、蓝色）、尼龙扎带或塑料线槽、端子排及 G 形导轨等。

辅助器材：一头插孔、另一头叉形导线（黄、绿、红、黑色），一头 O 形、另一头叉形导线（黄绿色），双头插孔导线（黑色）、抹布、螺杆、螺母和垫片等。

3. 计划

（1）装配与调试的时间规划

用 10 min 时间准备电气元器件、布线器材、辅助器材、安装工具和测量仪表，用 70 min 时间装配与调试星–三角起动箱。

（2）装配与调试的人员安排

① 在星–三角起动箱上实现装配与调试，每人 1 台。

② 如果星–三角起动箱数量有限，可将同学分成 3 名一组，设有任务组长、装调人员等角色，组内同学合作确定角色分工，由组长负责组内工作协调、进度安排、工作步骤等，并且记录在表 4-2 中。

表 4-2　计划安排表

人员分配	时间安排	工作步骤	工具和仪表的型号规格

4. 实施

（1）装配前的准备

准备电气原理图、电器布置和门板开孔图、电气安装接线图，在实施过程中填写工序流转卡，见表 4-3。

表 4-3　工序流转卡

产品名称	自动星–三角起动箱	型号		
工序	操作者	检验结果	检验员	检验日期
装配前准备				
领料和验收				
元器件装配				
元器件配线				

（2）领料和验收

填写元器件、布线器材和材料领用申请单，见表 4-4，然后去库房领取，并验收合格。

表 4-4　元器件、布线器材和材料领用申请单

任务名称：＿＿＿装配与调试星–三角起动箱＿＿＿　申请人：＿＿＿＿　日期：＿＿＿＿

序号	品　名	型　号	规　格	数量	单位	备注
1	低压断路器	DZ47-32-4P	10 A			
2	低压断路器	DZ47-32-1P	10 A			
3	螺旋式熔断器	RL1-15				配熔芯（3 A）
4	交流接触器	CJX2-910	线圈 AC 220 V			
5	热过载继电器	JRS1D-25	整定电流 0.63~1 A			配基座
6	时间继电器	JSZ3A-B	线圈 AC 220 V			配底座
7	按钮（红色）	LAY7-11BN	Φ22-C11，自动复位			
8	按钮（绿色）	LAY7-11BN	Φ22-A11，自动复位			
9	指示灯（红色）	LD11-22A21-T4	AC 6 V			
10	指示灯（黄色）	LD11-22A21-T5	AC 6 V			

序号	品 名	型 号	规 格	数量	单位	备注
11	指示灯（绿色）	LD11-22A21-T3	AC 6 V			
12	单相变压器		220 V/6.3 V			
13	三相笼型异步电动机	DQ20-1	$U_N=380$ V, $I_N=1.12$ A, $P_N=100$ W, $n_N=1430$ r/min			
14	辅助触点组	F4-11				
15	端子排	JF5-2.5/5	AC 660 V，25 A			
16	平导轨	C45	150 mm			
17	G形端子导轨		300 mm			
18	走线槽和盖（灰色）	PXC-3020YR-4				2 m/条
19	编码套管（白色）		G形，1.5 mm²			
20	尼龙扎带（白色）		3 mm×60 mm			
21	单股硬铜线（黄、绿、红、蓝、黑色）		BV，1 mm²			
22	一头插孔、另一头叉形导线（黄、绿、红、黑色）		800 mm			
23	一头O形、另一头叉形导线（黄绿色）		800 mm			
24	塑料卡子					定制
25	不锈钢自攻螺钉		ST2.9 mm×16 mm			GB/T 845—2017
用途				经办人		

（3）装配和布线

在装配和布线过程中遇到了哪些问题？是如何解决的？请记录在表4-5中。

表4-5　装配和布线时遇到的问题、原因和处理方法

序号	所 遇 问 题	原因和处理方法
1		
2		
3		
完成时间		完成质量

5. 检查

（1）星-三角起动箱电路的绝缘电阻检查

1）检查主电路绝缘电阻。将绝缘电阻测量结果记录在表4-6中。

表4-6　主电路绝缘电阻测量记录卡

名称	主电路绝缘电阻							测试日期		年　月　日	
仪表型号			电压	500 V	气温	℃	天气状况				
试验内容	相间			相对零			相对地			零对地	
线路编号	L1-L2	L2-L3	L3-L1	L1-N	L2-N	L3-N	L1-PE	L2-PE	L3-PE	N-PE	
绝缘电阻/MΩ											
试验结果											
测试人员				年　月　日		教师			年　月　日		

注：试验结果代号中，√为合格，○为整改后合格，×为不合格。

2）检查控制电路的绝缘电阻。将绝缘电阻测量结果记录在表4-7中。

表4-7 控制电路绝缘电阻测量记录卡

名称	控制电路绝缘电阻			测试日期		年 月 日	
仪表型号		电压	500 V	气温	℃	天气状况	
试验内容	控制电路对主电路		控制电路对零		控制电路对地		
绝缘电阻/MΩ							
试验结果							
测试人员			年 月 日	教师		年 月 日	

注：试验结果代号中，√为合格，○为整改后合格，×为不合格。

（2）电路通电调试

旋转热过载继电器整定电流调整装置，将整定电流设定为1.0 A（向右旋转为调大，向左旋转为调小）。通电负载试验，观察结果。**切记严格遵守安全操作规程，确保人身安全。**

（3）电路故障检查及排除

通电试验过程中，若出现异常现象，应立即停车，按照检修的方法和步骤，将遇到的故障现象、故障原因和处理方法记录在表4-8中。

表4-8 故障现象、故障原因和处理方法

序号	故 障 现 象	故 障 原 因	处 理 方 法	故障排除结果
1				
2				
3				

6. 评估

按表4-9对星-三角起动箱的装配和调试情况进行评价。

表4-9 评估考核表

考评项目			自评	互评	师评
过程记录（30分）	自主学习（3分）	基本信息采集（表4-1）（1分）			
		计划安排表（表4-2）（1分）			
		工序流转卡（表4-3）（1分）			
	工作训练（15分）	元器件、布线器材和材料领用申请单（表4-4）（3分）			
		装配时遇到的问题、原因和处理方法（表4-5）（3分）			
		主电路绝缘电阻测量记录卡（表4-6）（3分）			
		控制电路绝缘电阻测量记录卡（表4-7）（3分）			
		故障现象、故障原因和处理方法（表4-8）（3分）			
	互动（讨论）	探索题（12分）			

考评项目			自评	互评	师评
综合测评 （67分）	学力 （62分）	学习能力（自主学习）		—	—
		动手能力 （49分）	工具使用（2分）		
			仪表使用（2分）		
			器材安装（12分）		
			电路配线（20分）		
			电路不通电检查（2分）		
			电路绝缘电阻测试（2分）		
			电路通电试验（4分）		
			电路故障检查和排除（5分）		
		知识水平 （13分）	课前测验（3分）		
			课堂作业（4分）		
			自我评价（6分）		
	职业 伦理规范 （5分）	制度性 伦理规范 （2分）	首要责任原则（1分）		
			权利与责任（1分）		
		描述性 伦理规范 （3分）	诚实可靠（1分）		
			尽职尽责（1分）		
			忠实服务（1分）		
团队考评（3分）	团队合作（3分）				
合计（100分）					
综合评价（100分）					
学生签名		年　月　日	教师签名		年　月　日

任务单4.2 制作与调试自耦减压起动箱

工作任务	制作与调试自耦减压起动箱		学时	4
姓名		学号	班级	日期
任务描述	以自耦减压起动箱的制作与调试为任务，采用行动导向教学法，引导学生按照电气控制电路的实现过程（资讯、决策、计划、实施、检查、评估）完成任务。在此过程中，学习相关的理论知识，掌握自耦减压起动箱电路的绘制、安装、布线、检验、排故和调试方法。			

1. 资讯

（1）基本信息采集

了解实训室的安全注意事项、电气工作人员职业道德行为规范、工程师的职业伦理规范、安装与布线工艺规程、安装与布线工艺过程、检验与调试规范，收集自耦减压起动箱所用控制电器的种类、型号、规格、结构和原理的资料，记录自耦减压起动箱的电器布置和门板开孔图、电气安装接线图、电气安装方式、电气电路布线方式见表4-10。

表4-10 基本信息采集

电器位置布置和门板开孔图	电气安装接线图
电气安装方式	电气电路布线方式

（2）拓展信息采集

熟悉元器件领用流程及相关制度，查阅 GB 50171—2012《电气装置工程盘、柜及二次回路接线施工及验收规范》，查阅企业电气控制柜元器件安装接线配线的规范，查阅 GB/T 13869—2017《用电安全导则》，查阅 GB 19517—2009《国家电气设备安全技术规范》。

2. 方案

（1）制定安全措施

选择劳动保护用品，确定工具、量具的安全使用方法，确定安装、拆卸时的安全操作步骤。

（2）确定电器安装工艺、布线工艺

配电板上的电器应按其接线端上、下引线的方式安装，采用尼龙扎带或塑料线槽布线，导线采用铜芯单股硬线，线头采用裸端头套标记套管，按规范标注元器件的符号和每根导线的线号，配齐电气原理图、电器布置和门板开孔图、电气安装接线图，设置保护接地专用端子。

（3）确定电器检修方案、电路调试方案

安装前按电器的主要技术参数检验电气元器件，配齐电气元器件规格、型号清单，电路绝缘电阻不得小于 1 MΩ，按照控制电路实验操作：电动机空操作实验→电动机不带负载实验的步骤进行电路调试。

（4）确定工具

布线工具：电工刀、十字螺钉旋具、尖嘴钳、斜口钳、剥线钳、线号打印机。

检验仪器：电笔、万用表、500 V绝缘电阻表。

绘图工具：铅笔、直尺、三角尺、橡皮。

（5）确定器材

电器元件：根据实际需要确定，其中低压断路器用平导轨固定。

布线器材：单股硬铜线（黄、绿、红、黑、蓝色）、尼龙扎带或塑料线槽、端子排及G形导轨等。

辅助器材：一头插孔、另一头叉形导线（黄、绿、红、黑色），一头O形、另一头叉形导线（黄绿色），双头插孔导线（黑色）、抹布、螺杆、螺母和垫片等。

3. 计划

（1）装配与调试的时间规划

用10 min时间准备电气元器件、布线器材、辅助器材、安装工具和测量仪表，用70 min时间装配与调试自耦减压起动箱。

（2）装配与调试的人员安排

① 在自耦减压起动箱上实现装配与调试，每人1台。

② 如果自耦减压起动箱数量有限，可将同学分成3名同学一组，设有任务组长、装调人员等角色，组内同学合作确定角色分工，由组长负责组内工作协调、进度安排、工作步骤等，并且记录在表4-11中。

表4-11　计划安排表

人员分配	时间安排	工作步骤	工具和仪表的型号规格

4. 实施

（1）装配前的准备

准备电气原理图、电器布置和门板开孔图、电气安装接线图，在实施过程中填写工序流转卡，见表4-12。

表4-12　工序流转卡

产品名称	自耦减压起动箱	型号		
工序	操作者	检验结果	检验员	检验日期
装配前准备				
领料和验收				
元器件装配				
元器件配线				

（2）领料和验收

填写元器件、布线器材和材料领用申请单，见表4-13，然后去库房领取，并验收合格。

表 4-13 元器件、布线器材和材料领用申请单

任务名称：_____制作与调试自耦减压起动箱_____ 申请人：_____ 日期：_____

序号	品　名	型　号	规　格	数量	单位	备注
1	低压断路器	DZ47-32-4P	10 A			
2	低压断路器	DZ47-32-1P	10 A			
3	螺旋式熔断器	RL1-15				配熔芯（3 A）
4	交流接触器	CJX2-910	线圈 AC 220 V			
5	接触器式继电器	JZC4-22	线圈 AC 220 V			
6	时间继电器	JSZ3A-B	线圈 AC 220 V			配底座
7	三相自耦变压器		380 V/230 V 或 260 V			
8	单相变压器		220 V/6.3 V			
9	热过载继电器	JRS1D-25	整定电流 0.63~1 A			配基座
10	按钮（红色）	LAY7-11BN	Φ22-C11，自动复位			
11	按钮（绿色）	LAY7-11BN	Φ22-A11，自动复位			
12	指示灯（红色）	LD11-22A21-T4	AC 6 V			
13	指示灯（黄色）	LD11-22A21-T5	AC 6 V			
14	指示灯（绿色）	LD11-22A21-T3	AC 6 V			
15	三相笼型异步电动机	DQ20-1	$U_N = 380$ V，$I_N = 1.12$ A，$P_N = 100$ W，$n_N = 1430$ r/min			
16	辅助触点组	F4-22				
17	端子排	JF5-2.5/5	AC 660 V，25 A			
18	平导轨	C45	150 mm			
19	G 形端子导轨		300 mm			
20	走线槽和盖（灰色）	PXC-3020YR-4				2 m/条
21	编码套管（白色）		G 形，1.5 mm^2			
22	尼龙扎带（白色）		3 mm×60 mm			
23	单股硬铜线（黄、绿、红、蓝、黑色）		BV，1 mm^2			
24	一头插孔、另一头叉形导线（黄、绿、红、黑色）		800 mm			
25	一头 O 形、另一头叉形导线（黄绿色）		800 mm			
26	双头插孔导线（黑色）		300 mm			
27	塑料卡子					定制
28	不锈钢自攻螺钉		ST2.9 mm×16 mm			GB/T 845—2017
用途					经办人	

（3）装配和布线

在装配和布线过程中遇到了哪些问题？是如何解决的？请记录在表4-14中。

表4-14　装配和布线时遇到的问题、原因和处理方法

序号	所遇问题	原因和处理方法
1		
2		
3		
完成时间		完成质量

5. 检查

（1）电路的绝缘电阻检查

1）检查主电路绝缘电阻。将绝缘电阻测量结果记录在表4-15中。

表4-15　主电路绝缘电阻测量记录卡

名称	主电路绝缘电阻						测试日期		年　月　日	
仪表型号			电压	500 V	气温	℃	天气状况			
试验内容	相间			相对零			相对地			零对地
线路编号	L1–L2	L2–L3	L3–L1	L1–N	L2–N	L3–N	L1–PE	L2–PE	L3–PE	N–PE
绝缘电阻/MΩ										
试验结果										
测试人员		年　月　日		教师				年　月　日		

注：试验结果代号中，√为合格，○为整改后合格，×为不合格。

2）检查控制电路的绝缘电阻。将绝缘电阻测量结果记录在表4-16中。

表4-16　控制电路绝缘电阻测量记录卡

名称	控制电路绝缘电阻		测试日期	年　月　日
仪表型号		电压	500 V	气温	℃	天气状况	
试验内容	控制电路对主电路	控制电路对零	控制电路对地	
绝缘电阻/MΩ				
试验结果				
测试人员	年　月　日	教师		年　月　日

注：试验结果代号中，√为合格，○为整改后合格，×为不合格。

（2）电路通电调试

旋转热过载继电器整定电流调整装置，将整定电流设定为1.0 A（向右旋转为调大，向左旋转为调小）。通电负载试验，单手操作，观察结果。**切记严格遵守安全操作规程，确保人身安全。**

（3）电路故障检查及排除

通电试验过程中，若出现异常现象，应立即停车，按照检修的方法和步骤，将遇到的故障现象、故障原因和处理方法记录在表4-17中。

表4-17　故障现象、故障原因和处理方法

序号	故 障 现 象	故 障 原 因	处 理 方 法	故障排除结果
1				
2				
3				

6. 评估

自耦减压起动箱电路制作与调试的评估考核见表4-18。

表4-18　评估考核表

考 评 项 目			自评	互评	师评
过程记录（18分）	自主学习（3分）	基本信息采集（表4-10）(1分)			
		计划安排表（表4-11）(1分)			
		工序流转卡（表4-12）(1分)			
	应用训练（15分）	元器件、布线器材和材料领用申请单（表4-13）(3分)			
		装配时遇到的问题、原因和处理方法（表4-14）(3分)			
		主电路绝缘电阻测量记录卡（表4-15）(3分)			
		控制电路绝缘电阻测量记录卡（表4-16）(3分)			
		故障现象、故障原因和处理方法（表4-17）(3分)			
综合测评（79分）	学力（74分）	学习能力（自主学习）	—	—	—
		工具使用（2分）			
		仪表使用（2分）			
	动手能力（49分）	器材安装（12分）			
		电路配线（20分）			
		电路不通电检查（2分）			
		电路绝缘电阻测试（2分）			
		电路通电试验（4分）			
		电路故障检查和排除（5分）			
	知识水平（25分）	电器布置和门板开孔图（表4-10）(5分)			
		电气安装接线图（表4-10）(20分)			
	职业伦理规范（5分）	制度性伦理规范（2分） 首要责任原则（1分）			
		权利与责任（1分）			
		描述性伦理规范（3分） 诚实可靠（1分）			
		尽职尽责（1分）			
		忠实服务（1分）			
团队考评（3分）	团队合作（3分）				
合计（100分）					
综合评价（100分）					
学生签名		年　月　日	教师签名		年　月　日

任务单4.3 设计与装调数字式软起动/制动（一拖一）箱

工作任务	设计与装调数字式软起动/制动（一拖一）箱			学时	4
姓名		学号	班级	日期	
任务描述	以数字式软起动/制动（一拖一）箱的设计与装调为任务，采用行动导向教学法，引导学生按照电气控制电路的实现过程（资讯、决策、计划、实施、检查、评估）完成任务。在此过程中，学习相关的理论知识，掌握数字式软起动/制动（一拖一）箱电路的设计、安装、布线、检验、排故和调试方法。				

1. 资讯

（1）基本信息采集

了解实训室的安全注意事项、电气工作人员职业道德行为规范、工程师的职业伦理规范、安装与布线工艺规程、安装与布线工艺过程、检验与调试规程，采集数字式软起动/制动（一拖一）箱所用控制电器的种类、型号规格、结构和原理的资料，记录数字式软起动/制动（一拖一）箱的电路设计思想、电气原理图、电器布置和门板开孔图、电气安装接线图、电气安装方式、电气电路布线方式见表4-19。

表4-19 基本信息采集

电路设计思想	电气原理图
电器布置和门板开孔图	电气安装接线图
电气安装方式	电气电路布线方式

55

（2）拓展信息采集

熟悉元器件领用流程及相关制度，查阅 GB 50171—2012《电气装置工程盘、柜及二次回路接线施工及验收规范》，查阅企业电气控制柜元器件安装接线配线的规范，查阅 GB/T 13869—2017《用电安全导则》，查阅 GB 19517—2009《国家电气设备安全技术规范》。

2. 方案

（1）制定安全措施

选择劳动保护用品，确定工具、量具的安全使用方法，确定安装、拆卸时的安全操作步骤。

（2）确定电器安装工艺、布线工艺

配电板上的电器应按其接线端上下引线的方式安装，采用尼龙扎带或塑料线槽布线，导线采用铜芯单股硬线，线头采用裸端头套标记套管，按规范标注元器件的符号和每根导线的线号，配齐电气原理图、电器布置和门板开孔图、电气安装接线图，设置保护接地专用端子。

（3）确定电器检修方案、电路调试方案

安装前按电器的主要技术参数检验电气元器件，配齐电气元器件规格、型号清单，电路绝缘电阻不得小于 $1\,M\Omega$，按照控制电路实验操作：电动机空操作实验→电动机不带负载实验的步骤进行电路调试。

（4）确定工具

布线工具：电工刀、十字螺钉旋具、尖嘴钳、斜口钳、剥线钳、线号打印机。

检验仪器：电笔、万用表、500 V 绝缘电阻表。

绘图工具：铅笔、直尺、三角尺、橡皮。

（5）确定器材

电气元器件：根据实际需要确定，其中低压断路器用平导轨固定。

布线器材：单股硬铜线（黄、绿、红、黑、蓝色）、尼龙扎带或塑料线槽、端子排及 G 形导轨等。

辅助器材：一头插孔、另一头叉形导线（黄、绿、红、黑色），一头 O 形、另一头叉形导线（黄绿色），双头插孔导线（黑色）、抹布、螺杆、螺母和垫片等。

3. 计划

（1）装配与调试的时间规划

用 10 min 时间准备电气元器件、布线器材、辅助器材、安装工具和测量仪表，用 70 min 时间装配与调试数字式软起动/制动（一拖一）箱。

（2）装配与调试的人员安排

① 在数字式软起动/制动（一拖一）箱上实现装配与调试，每人 1 台。

② 如果数字式软起动/制动（一拖一）箱数量有限，将同学分成 3 名一组，设有任务组长、装调人员等角色，组内同学合作确定角色分工，由组长负责组内工作协调、进度安排、工作步骤等，并且记录在表 4-20 中。

表 4-20　计划安排表

人员分配	时间安排	工作步骤	设备、工具和仪表

4. 实施

（1）装配前准备

准备电气原理图、电器布置和门板开孔图、电气安装接线图，在实施过程中填写工序流转卡，见表4-21。

表4-21　工序流转卡

产品名称	数字式软起动/制动（一拖一）箱	型号		
工序	操作者	检验结果	检验员	检验日期
装配前准备				
领料和验收				
元器件装配				
元器件布线				

（2）领料和验收

填写元器件、布线器材和材料领用申请单，见表4-22，然后去库房领取，并验收合格。

表4-22　元器件、布线器材和材料领用申请单

任务名称：　设计与装调数字式软起动/制动（一拖一）箱　申请人：＿＿＿＿＿＿＿＿　日期：＿＿＿＿＿＿＿

序号	品　　名	型　　号	规　　格	数量	单位	备注
1	低压断路器					
2	螺旋式熔断器					
3	交流接触器					
4	接触器式继电器					
5	故障继电器					
6	软起动器					
7	单相电流互感器					
8	按钮（红色）					
9	按钮（绿色）					
10	三相笼型异步电动机					
11	运行指示灯（绿色）					
12	故障指示灯（黄色）					
13	停机指示灯（红色）					
14	交流电压表					
15	交流电流表					
16	辅助触头组					
17	端子排					
18	平导轨					
19	G形端子导轨					
20	走线槽和盖（灰色）					
21	编码套管（白色）					
22	尼龙扎带（白色）					
23	单股硬铜线（黄、绿、红、蓝、黑色）					

序号	品　名	型　号	规　格	数量	单位	备注
24	一头插孔、另一头叉形导线（黄、绿、红、黑色）					
25	一头 O 形、另一头叉形导线（黄绿色）					
26	双头插孔导线（黑色）					
27	塑料卡子					
28	不锈钢自攻螺钉					
用途				经办人		

（3）装配和布线

在装配和布线过程中遇到了哪些问题？是如何解决的？请记录在表 4-23 中。

表 4-23　装配和布线时遇到的问题、原因和处理方法

序号	所 遇 问 题	原因和处理方法
1		
2		
3		
完成时间		完成质量

5. 检查

（1）电路的绝缘电阻检查

1）检查主电路绝缘电阻。将绝缘电阻测量结果记录在表 4-24 中。

表 4-24　主电路绝缘电阻测量记录卡

名称	主电路绝缘电阻						测试日期		年　月　日	
仪表型号			电压	500 V	气温	℃	天气状况			
试验内容	相间			相对零			相对地			零对地
线路编号	L1-L2	L2-L3	L3-L1	L1-N	L2-N	L3-N	L1-PE	L2-PE	L3-PE	N-PE
绝缘电阻/MΩ										
试验结果										
测试人员		年　月　日	教师						年　月　日	

注：试验结果代号中，√为合格，○为整改后合格，×为不合格。

2）检查控制电路的绝缘电阻。将绝缘电阻测量结果记录在表 4-25 中。

表 4-25　控制电路绝缘电阻测量记录卡

名称	控制电路绝缘电阻		测试日期		年　月　日	
仪表型号		电压	500 V	气温	℃	天气状况
试验内容	控制电路对主电路		控制电路对零		控制电路对地	
绝缘电阻/MΩ						
试验结果						
测试人员		年　月　日	教师			年　月　日

注：试验结果代号中，√为合格，○为整改后合格，×为不合格。

（2）电路通电调试

通电负载试验，单手操作，观察结果。**切记严格遵守安全操作规程，确保人身安全。**

（3）电路故障检查及排除

通电试验过程中，若出现异常现象，应立即停车，按照检修的方法和步骤，将遇到的故障现象、故障原因和处理方法记录在表4-26中。

表4-26　故障现象、原因和处理方法

序号	故 障 现 象	故 障 原 因	处 理 方 法	故障排除结果
1				
2				
3				

6. 评估

数字式软起动/制动（一拖一）箱电路设计与装调评估考核见表4-27。

表4-27　评估考核表

考 评 项 目			自评	互评	师评
过程记录（18分）	自主学习（3分）	基本信息采集（表4-19）(1分)			
		计划安排表（表4-20）(1分)			
		工序流转卡（表4-21）(1分)			
	创新性训练（15分）	元器件、布线器材和材料领用申请单（表4-22）(3分)			
		装配时遇到的问题、原因和处理方法（表4-23）(3分)			
		主电路绝缘电阻测量记录卡（表4-24）(3分)			
		控制电路绝缘电阻测量记录卡（表4-25）(3分)			
		故障现象、原因和处理方法（表4-26）(3分)			

考 评 项 目			考 评 要 点	自评	互评	师评
工匠精神（82分）	敬业（12分）	职业理想（1分）	对所从事的职业和成就的向往和追求			
		立业意识（1分）	确立职业规划和实现目标的愿望			
		职业信念（1分）	对职业的敬重和热爱之心			
		从业态度（1分）	勤勉工作，脚踏实地			
		职业情感（3分） 职业认同感（1分）	对所从事职业的态度和体验。			
		职业荣誉感（1分）				
		职业敬业感（1分）				
		职业道德（5分）	爱岗敬业、诚实守信、办事公道、服务群众、奉献社会			
	精益（4分）		精益求精			
	专注（4分）		专心；全神贯注			

考评项目				考评要点	自评	互评	师评
工匠精神（82分）	创新（62分）	创新性学习			—	—	—
		创新性探索（30分）	电路设计思想（5分）（表4-19）	电动机工作运行方式，电路设计原则、控制方式			
			电气原理图（10分）（表4-19）	符合工艺要求，电路正确，布局合理，元器件符号正确、编号合规，线条粗细合规、布置正确、编号合规			
			电气安装接线图（15分）（表4-19）	元器件、端子排布局合理、合规，符号正确，元器件接线端符号和文字正确，线条编号与原理图相同，连接电源线、电动机线和接地线的端子排上的编号正确			
		创新性实践（32分）	工具使用（2分）	创新方法，不断实践			
			仪表使用（2分）				
			器材安装（5分）				
			电路配线（10分）				
			电路不通电检查（2分）				
			电路绝缘电阻测试（2分）				
			电路通电试验（4分）				
			电路故障检查和排除（5分）				
合计（100分）							
综合评价（100分）							
学生签名			年　月　日	教师签名			年　月　日

任务单5.1　装配与调试常用双速风机自动调速箱

工作任务	装配与调试常用双速风机自动调速箱			学时	4
姓名		学号	班级	日期	
任务描述	以装配与调试双速风机自动调速箱为任务，采用行动导向教学法，引导学生按照电气控制电路的实现过程（资讯、决策、计划、实施、检查、评估）完成任务。在此过程中，学习相关的理论知识，掌握装配与调试双速风机自动调速箱电路的装配、布线、检验、排故和调试方法。				

1. 资讯

（1）基本信息采集

了解实训室的安全注意事项、电气工作人员职业道德行为规范、工程师的职业伦理规范、安装与布线工艺规程、安装与布线工艺过程、检验与调试规范，采集双速风机自动调速箱所用控制电器的种类、型号、规格、结构和原理的资料，记录双速风机自动调速箱电气安装方式、电气电路布线方式如同5-1所示。

表5-1　基本信息采集

电气安装方式	电气电路布线方式

（2）拓展信息采集

熟悉元器件领用流程及相关制度，查阅GB 50171—2012《电气装置工程盘、柜及二次回路接线施工及验收规范》，查阅企业电气控制柜元器件安装接线配线的规范，查阅GB/T 13869—2017《用电安全导则》，查阅GB 19517—2009《国家电气设备安全技术规范》。

2. 方案

（1）制定安全措施

选择劳动保护用品，确定工具、量具的安全使用方法，确定安装、拆卸时的安全操作步骤。

（2）确定电器安装工艺、布线工艺

配电板上的电器应按其接线端上、下引线的方式安装，采用尼龙扎带或塑料线槽布线，导线采用铜芯单股硬线，线头采用裸端头套标记套管，按规范标注元器件的符号和每根导线的线号，配齐电气原理图、电器布置和门板开孔图、电气安装接线图，设置保护接地专用端子。

（3）确定电器检修方案、电路调试方案

安装前按电器的主要技术参数检验电气元器件，配齐电气元器件规格、型号清单，电路绝缘电阻不得小于1 MΩ，按照控制电路实验操作：电动机空操作实验→电动机不带负载实验的步骤进行电路调试。

（4）确定工具

布线工具：电工刀、十字螺钉旋具、尖嘴钳、斜口钳、剥线钳、线号打印机。

检验仪器：电笔、万用表、500 V绝缘电阻表。

（5）确定器材

电气元器件：根据实际需要确定，其中低压断路器用平导轨固定。

布线器材：单股硬铜线（黄、绿、红、黑、蓝色）、尼龙扎带或塑料线槽、端子排及G形导轨等。

辅助器材：一头插孔、另一头叉形导线（黄、绿、红、黑色）、一头O形、另一头叉形导线（黄绿色）、双头插孔导线（黑色）、抹布、螺杆、螺母和垫片等。

3. 计划

（1）装配与调试的时间规划

用 10 min 时间准备电气元器件、布线器材、辅助器材、安装工具和测量仪表，用 70 min 时间安装与调试双速风机自动调速箱。

（2）装配与调试的人员安排

① 在双速风机自动调速箱上实现装配与调试，每人 1 台。

② 如果双速风机自动调速箱数量有限，可将同学分成 3 名一组，设有任务组长、装调人员等角色，组内同学合作确定角色分工，由组长负责组内工作协调、进度安排、工作步骤等，并且记录在表 5-2 中。

表 5-2　计划安排表

人员分配	时间安排	工作步骤	工具和仪表的型号规格

4. 实施

（1）装配前的准备

准备电气原理图、电器布置和门板开孔图、电气安装接线图，在实施过程中填写工序流转卡，见表 5-3。

表 5-3　工序流转卡

产品名称	双速风机自动调速箱	型号		
工序	操作者	检验结果	检验员	检验日期
装配前准备				
领料和验收				
元器件装配				
元器件配线				

（2）领料和验收

填写元器件、布线器材和材料领用申请单，见表 5-4，然后去库房领取。

表 5-4　元器件、布线器材和材料领用申请单

任务名称：___装配与调试常用双速风机自动调速箱___　申请人：_____　日期：_____

序号	品名	型号	规格	数量	单位	备注
1	低压断路器	DZ47-32-4P	10 A			
2	低压断路器	DZ47-32-1P	10 A			
3	螺旋式熔断器	RL1-15				配熔芯（3 A）
4	交流接触器	CJX2-910	线圈 AC 220 V			
5	热过载继电器	JRS1D-25	整定电流 0.63～1 A			配基座
6	时间继电器	JSZ3A-B	线圈 AC 220 V			配底座
7	按钮（红色）	LAY7-11BN	Φ22-C11，自动复位			
8	按钮（绿色）	LAY7-11BN	Φ22-A11，自动复位			
9	指示灯（红色）	LD11-22A21-T4	AC 6 V			
10	指示灯（黄色）	LD11-22A21-T5	AC 6 V			

序号	品　　名	型　　号	规　　格	数量	单位	备注
11	指示灯（绿色）	LD11-22A21-T3	AC 6 V			
12	三相双速异步电动机	DQ18	$U_N = 380$ V，$I_N = 0.6/0.6$ A，$P_N = 120/90$ W，$n_N = 2820/1400$(r/min)			
13	辅助触点组	F4-13				
14	单相变压器		220 V/6.3 V			
15	端子排	JF5-2.5/5	AC 660 V，25 A			
16	平导轨	C45	150 mm			
17	G 形端子导轨		300 mm			
18	走线槽和盖（灰色）	PXC-3020YR-4				2 m/条
19	编码套管（白色）		G 形，1.5 mm²			
20	尼龙扎带（白色）		3 mm×60 mm			
21	单股硬铜线（黄、绿、红、蓝、黑色）		BV，1 mm²			
22	一头插孔、另一头叉形导线（黄、绿、红、黑色）		800 mm			
23	一头 O 形、另一头叉形导线（黄绿色）		800 mm			
24	双头插孔导线（黑色）		300 mm			
25	塑料卡子					定制
26	不锈钢自攻螺钉		ST2.9 mm×16 mm			GB/T 845—2017
用途				经办人		

（3）装配和布线

在装配和布线过程中遇到了哪些问题？是如何解决的？请记录在表 5-5 中。

表 5-5　装配和布线时遇到的问题、原因和处理方法

序号	所遇问题	原因和处理方法
1		
2		
3		
完成时间		完成质量

5. 检查

（1）绝缘电阻检查

1）检查主电路绝缘电阻。将绝缘电阻测量结果记录在表 5-6 中。

表 5-6　主电路绝缘电阻测量记录卡

名称	主电路绝缘电阻						测试日期		年　月　日
仪表型号			电压	500 V	气温	℃	天气状况		
试验内容	相间			相对零			相对地		零对地
线路编号	L1-L2	L2-L3	L3-L1	L1-N	L2-N	L3-N	L1-PE	L2-PE	L3-PE	N-PE
绝缘电阻/MΩ									
试验结果									
测试人员				年　月　日		教师			年　月　日

注：试验结果代号中，√为合格，○为整改后合格，×为不合格。

2) 检查控制电路的绝缘电阻。将绝缘电阻测量结果记录在表5-7中。

表5-7　控制电路绝缘电阻测量记录卡

名称		控制电路绝缘电阻			测试日期		年　月　日	
仪表型号			电压	500 V	气温	℃	天气状况	
试验内容		控制电路对主电路	控制电路对零		控制电路对地			
绝缘电阻/MΩ								
试验结果								
测试人员			年　月　日		教师		年　月　日	

（2）通电调试

旋转热过载继电器整定电流调整装置，将整定电流设定为1.0 A（向右旋转为调大，向左旋转为调小）。通电负载试验，单手操作，观察结果。**切记严格遵守安全操作规程，确保人身安全。**

（3）故障检查及排除

通电试验过程中，若出现异常现象，应立即停车，按照检修的方法和步骤进行检修，将遇到的故障现象、原因和处理方法记录在表5-8中。

表5-8　故障现象、原因和处理方法

序号	故障现象	故障原因	处理方法	故障排除结果
1				
2				
3				

6. 评估

按表5-9对双速风机自动调速箱的装配和调试情况进行评价。

表5-9　评估考核表

考评项目			自评	互评	师评
过程记录（30分）	自主学习（3分）	基本信息采集（表5-1）（1分）			
		计划安排表（表5-2）（1分）			
		工序流转卡（表5-3）（1分）			
	工作训练（15分）	元器件、布线器材和材料领用申请单（表5-4）（3分）			
		装配时遇到的问题、原因和处理方法（表5-5）（3分）			
		主电路绝缘电阻测量记录卡（表5-6）（1分）			
		控制电路绝缘电阻测量记录卡（表5-7）（3分）			
		故障现象、原因和处理方法（表5-8）（3分）			
	互动讨论	探索题（12分）			

考评项目				自评	互评	师评
综合测评（67分）	学力（62分）	学习能力（自主学习）		—	—	—
		动手能力（49分）	工具使用（2分）			
			仪表使用（2分）			
			器材安装（12分）			
			电路配线（20分）			
			电路不通电检查（2分）			
			电路绝缘电阻测试（2分）			
			电路通电试验（4分）			
			电路故障检查和排除（5分）			
		知识水平（13分）	课前测验（3分）			
			课堂作业（4分）			
			自我评价（6分）			
	职业伦理规范（5分）	制度性伦理规范（2分）	首要责任原则（1分）			
			权利与责任（1分）			
		描述性伦理规范（3分）	诚实可靠（1分）			
			尽职尽责（1分）			
			忠实服务（1分）			
团队考评（3分）	团队合作（3分）					
合计（100分）						
综合评价（100分）						
学生签名		年　月　日	教师签名			年　月　日

任务单5.2　制作与调试常用双速风机手动调速箱

工作任务	制作与调试常用双速风机手动调速箱					学时	4
姓名		学号		班级		日期	
任务描述	以双速风机手动调速箱的制作与调试为任务，采用行动导向教学法，引导学生按照电气控制电路的实现过程（资讯、决策、计划、实施、检查、评估）完成任务。在此过程中，学习相关的理论知识，掌握双速风机手动调速箱电路的绘制、装配、布线、检验、排故和调试方法。						

1. 资讯

（1）基本信息采集

了解实训室的安全注意事项、电气工作人员职业道德行为规范、工程师的职业伦理规范、安装与布线工艺规程、安装与布线工艺过程、检验与调试规范，采集双速风机手动调速箱所用控制电器的种类、型号、规格、结构和原理的资料，记录双速风机手动调速箱电器布置和门板开孔图、电气安装接线图、电气安装方式、电气电路布线方式如表5-10所示。

表5-10　基本信息采集

电器位置布置和门板开孔图	电气安装接线图
电气安装方式	电气电路布线方式

（2）拓展信息采集

熟悉元器件领用流程及相关制度，查阅GB 50171—2012《电气装置工程盘、柜及二次回路接线施工及验收规范》，查阅企业电气控制柜元器件安装接线配线的规范，查阅GB/T 13869—2017《用电安全导则》，查阅GB 19517—2009《国家电气设备安全技术规范》。

2. 方案

（1）确定安全措施

选择劳动保护用品，确定工具、量具的安全使用方法，确定安装、拆卸时的安全操作步骤。

（2）确定电器安装工艺、布线工艺

配电板上的电器应按其接线端上、下引线的方式安装，采用尼龙扎带或塑料线槽布线，导线采用铜芯单股硬线，线头采用裸端头套标记套管，按规范标注元器件的符号和每根导线的线号，配齐电气原理图、电器布置和门板开孔图、电气安装接线图，设置保护接地专用端子。

（3）确定电器检修方案、电路调试方案

安装前按电器的主要技术参数检验电气元器件，配齐电气元器件规格型号清单，电路绝缘电阻不得小于 1 MΩ，按照控制电路实验操作：电动机空操作实验→电动机不带负载实验的步骤进行电路调试。

（4）确定工具

布线工具：电工刀、十字螺钉旋具、尖嘴钳、斜口钳、剥线钳、线号打印机。

检验仪器：电笔、万用表、500 V 绝缘电阻表。

绘图工具：铅笔、直尺、三角尺、橡皮。

（5）确定器材

电器元件：根据实际需要确定，其中低压断路器用平导轨固定。

布线器材：单股硬铜线（黄、绿、红、黑、蓝色）、尼龙扎带或塑料线槽、端子排及 G 形导轨等。

辅助器材：一头插孔、另一头叉形导线（黄、绿、红、黑色），一头 O 形、另一头叉形导线（黄绿色），双头插孔导线（黑色）、抹布、螺杆、螺母和垫片等。

3. 计划

（1）装配与调试的时间规划

用 10 min 时间准备电气元器件、布线器材、辅助器材、安装工具和测量仪表，用 70 min 时间装配与调试双速风机手动调速箱。

（2）装配与调试的人员安排

① 在双速风机手动调速箱上实现装配与调试，每人 1 台。

② 如果双速风机手动调速箱数量有限，可将同学分成 3 名一组，设有任务组长、装调人员等角色，组内同学合作确定角色分工，由组长负责组内工作协调、进度安排、工作步骤等，并且记录在表 5-11 中。

表 5-11　计划安排表

人员分配	时间安排	工作步骤	工具和仪表的型号规格

4. 实施

（1）装配前准备

准备电气原理图、电器布置和门板开孔图、电气安装接线图，在实施过程中填写工序流转卡，见表 5-12。

表 5-12　工序流转卡

产品名称	双速风机手动调速箱	型号		
工序	操作者	检验结果	检验员	检验日期
装配前准备				
领料和验收				
元器件装配				
元器件配线				

（2）领料和验收

填写元器件、布线器材和材料领用申请单，见表 5-13，然后去库房领取，并验收合格。

表 5-13 元器件、布线器材和材料领用申请单

任务名称：__制作与调试常用双速风机手动调速箱__　申请人：_____　日期：_____

序号	品　名	型　号	规　格	数量	单位	备注
1	低压断路器	DZ47-32-4P	10 A			
2	低压断路器	DZ47-32-1P	10 A			
3	螺旋式熔断器	RL1-15				配熔芯（3 A）
4	交流接触器	CJX2-910	线圈 AC 220 V			
5	按钮（红色）	LAY7-11BN	Φ22-C11，自动复位			
6	按钮（绿色）	LAY7-11BN	Φ22-A11，自动复位			
7	指示灯（红色）	LD11-22A21-T4	AC 6 V			
8	指示灯（黄色）	LD11-22A21-T5	AC 6 V			
9	指示灯（绿色）	LD11-22A21-T3	AC 6 V			
10	热过载继电器	JRS1D-25	整定电流 0.63~1 A			配基座
11	三相双速异步电动机	DQ18	$U_N=380\,V$，$I_N=0.6/0.6\,A$，$P_N=120/90\,W$，$n_N=2820/1400\,r/min$			
12	辅助触点组	F4-22				
13	单相变压器		220 V/6.3 V			
14	端子排	JF5-2.5/5	AC 660 V，25 A			
15	平导轨	C45	150 mm			
16	G 形端子导轨		300 mm			
17	走线槽和盖（灰色）	PXC-3020YR-4				2 m/条
18	编码套管（白色）		G 形，1.5 mm²			
19	尼龙扎带（白色）		3 mm×60 mm			
20	单股硬铜线（黄、绿、红、蓝、黑色）		BV，1 mm²			
21	一头插孔、另一头叉形导线（黄、绿、红、黑色）		800 mm			
22	一头 O 形、另一头叉形导线（黄绿色）		800 mm			
23	双头插孔导线（黑色）		300 mm			
24	塑料卡子					定制
25	不锈钢自攻螺钉		ST2.9 mm×16 mm			GB/T 845—2017
用途				经办人		

（3）装配和布线

在装配和布线过程中遇到了哪些问题？是如何解决的？请记录在表 5-14 中。

表 5-14 装配和布线时遇到的问题、原因和处理方法

序号	所遇问题	原因和处理方法
1		
2		
3		
完成时间		完成质量

5. 检查

（1）绝缘电阻检查

1）检查主电路绝缘电阻。将绝缘电阻测量结果记录在表5-15中。

表5-15　主电路绝缘电阻测量记录卡

名称	主电路绝缘电阻								测试日期		年　月　日	
仪表型号				电压	500 V	气温		℃	天气状况			
试验内容	相间			相对零			相对地				零对地	
线路编号	L1-L2	L2-L3	L3-L1	L1-N	L2-N	L3-N	L1-PE		L2-PE	L3-PE	N-PE	
绝缘电阻/MΩ												
试验结果												
测试人员		年　月　日		教师							年　月　日	

注：试验结果代号中，√为合格，〇为整改后合格，×为不合格。

2）检查控制电路的绝缘电阻。将绝缘电阻测量结果记录在表5-16中。

表5-16　控制电路绝缘电阻测量记录卡

名称	控制电路绝缘电阻				测试日期	年　月　日
仪表型号			电压	500V	气温	℃　天气状况
试验内容	控制电路对主电路		控制电路对零		控制电路对地	
绝缘电阻/MΩ						
试验结果						
测试人员		年　月　日	教师			年　月　日

注：试验结果代号中，√为合格，〇为整改后合格，×为不合格。

（2）通电调试

旋转热过载继电器整定电流调整装置，将整定电流设定为1.0 A（向右旋转为调大，向左旋转为调小）。通电负载试验，单手操作，观察结果。**切记严格遵守安全操作规程，确保人身安全。**

（3）故障检查及排除

通电试验过程中，若出现异常现象，应立即停车，按照前面所学的方法和步骤进行检修，将遇到的故障现象、原因和处理方法记录在表5-17中。

表5-17　故障现象、原因和处理方法

序号	故障现象	故障原因	处理方法	故障排除结果
1				
2				
3				

6. 评估

制作与调试双速风机手动调速箱的评估考核见表5-18。

考 评 项 目			自评	互评	师评
过程记录（18分）	**自主学习（3分）**	基本信息采集（表5-10）（1分）			
		计划安排表（表5-11）（1分）			
		工序流转卡（表5-12）（1分）			
	应用训练（15分）	元器件、布线器材和材料领用申请单（表5-13）（3分）			
		装配时遇到的问题、原因和处理方法（表5-14）（3分）			
		主电路绝缘电阻测量记录卡（表5-15）（3分）			
		控制电路绝缘电阻测量记录卡（表5-16）（3分）			
		故障现象、原因和处理方法（表5-17）（3分）			
综合测评（79分）	**学力（74分）**	学习能力（自主学习）		—	—	—
		动手能力（49分）：工具使用（2分）			
		仪表使用（2分）			
		器材安装（12分）			
		电路配线（20分）			
		电路不通电检查（2分）			
		电路绝缘电阻测试（2分）			
		电路通电试验（4分）			
		电路故障检查和排除（5分）			
		知识水平（25分）：电器布置和门板开孔图（表5-10）（5分）			
		电气安装接线图（表5-10）（20分）			
	职业伦理规范（5分）	制度性伦理规范（2分）：首要责任原则（1分）			
		权利与责任（1分）			
		描述性伦理规范（3分）：诚实可靠（1分）			
		尽职尽责（1分）			
		忠实服务（1分）			
团队考评（3分）	团队合作（3分）				
合计（100分）					
综合评价（100分）					
学生签名		年 月 日	教师签名		年 月 日

表 5-18　评估考核表

任务单 5.3　设计与装调变频恒压供水控制箱

工作任务	设计与装调变频恒压供水控制箱				学时	4
姓名		学号		班级	日期	

任务描述	以设计与装调变频恒压供水控制箱为任务，采用行动导向教学法，引导学生按照电气控制电路的实现过程（资讯、决策、计划、实施、检查、评估）完成任务。在此过程中，学习相关的理论知识，掌握变频恒压供水控制箱的设计、安装、布线、检验、排故和调试方法。

1. 资讯

（1）基本信息采集

了解实训室的安全注意事项、电气工作人员职业道德行为规范、工程师的职业伦理规范、安装与布线工艺规程、安装与布线工艺过程、检验与调试规范，采集变频恒压供水控制箱所用控制电器的种类、型号、规格、结构和原理的资料，记录变频恒压供水控制箱的电路设计思想、电气原理图、电器布置和门板开孔图、电气安装接线图、电气安装方式、电气电路布线方式如同 5-19 所示。

表 5-19　基本信息采集

电路设计思想	电气原理图
电器布置和门板开孔图	**电气安装接线图**
电气安装方式	**电气电路布线方式**

（2）拓展信息采集

熟悉元器件领用流程及相关制度，查阅 GB 50171—2012《电气装置工程盘、柜及二次回路接线施工及验收规范》，查阅企业电气控制柜元器件安装接线配线的规范，查阅 GB/T 13869—2017《用电安全导则》，查阅 GB 19517—2009《国家电气设备安全技术规范》。

2. 方案

（1）制定安全措施

选择劳动保护用品，确定工具、量具的安全使用方法，确定安装、拆卸时的安全操作步骤。

（2）确定电器安装工艺、布线工艺

配电板上的电器应按其接线端上下引线的方式安装，采用尼龙扎带或塑料线槽布线，导线采用铜芯单股硬线，线头采用裸端头套标记套管，按规范标注元器件的符号和每根导线的线号，配齐电气原理图、电器布置和门板开孔图、电气安装接线图，设置保护接地专用端子。

（3）确定电器检修方案、电路调试方案

安装前按电器的主要技术参数检验电气元器件，配齐电气元器件规格、型号清单，电路绝缘电阻不得小于 $1\,M\Omega$，按照控制电路实验操作：电动机空操作实验→电动机不带负载实验的步骤进行电路调试。

（4）确定工具

布线工具：电工刀、十字螺钉旋具、尖嘴钳、斜口钳、剥线钳、线号打印机。

检验仪器：电笔、万用表、500 V 绝缘电阻表。

绘图工具：铅笔、直尺、三角尺、橡皮。

（5）确定器材

电器元件：根据实际需要确定，其中低压断路器用平导轨固定。

布线器材：单股硬铜线（黄、绿、红、黑、蓝色）、尼龙扎带或塑料线槽、端子排及G形导轨等。

辅助器材：一头插孔、另一头叉形导线（黄、绿、红、黑色）、一头 O 形、另一头叉形导线（黄绿色）、双头插孔导线（黑色）、抹布、螺杆、螺母和垫片等。

3. 计划

（1）装配与调试的时间规划

用 10 min 时间准备电气元器件、布线器材、辅助器材、安装工具和测量仪表，用 70 min 时间安装与调试变频恒压供水控制箱。

（2）装配与调试的人员安排

① 在变频恒压供水控制箱上实现装配与调试，每人1台。

② 如果变频恒压供水控制箱数量有限，可将同学分成 3 名一组，设有任务组长、装调人员等角色，组内同学合作确定角色分工，由组长负责组内工作协调、进度安排、工作步骤等，并且记录在表 5-20 中。

表5-20　计划安排表

人员分配	时间安排	工作步骤	工具和仪表的型号规格

4. 实施

（1）装配前的准备

准备电气原理图、电器布置和门板开孔图、电气安装接线图，在实施过程中填写工序流转卡，见表 5-21。

表5-21　工序流转卡

产品名称	变频恒压供水控制箱	型号		
工序	操作者	检验结果	检验员	检验日期
装配前准备				
领料和验收				
元器件装配				
元器件配线				

（2）领料和验收

填写元器件、布线器材和材料领用申请单，见表5-22，然后去库房领取，并验收合格。

表5-22　元器件、布线器材和材料领用申请单

任务名称：　　设计与装调变频恒压供水控制箱　　申请人：　　　　　　　　日期：　　　　　　

序号	品　名	型　号	规　格	数量	单位	备注
1	低压断路器					
2	低压断路器					
3	接触器式继电器					
4	按钮（红色）					
5	按钮（绿色）					
6	指示灯（红色）					
7	指示灯（黄色）					
8	指示灯（绿色）					
9	电流表					
10	压力表					
11	三相异步电动机					
12	辅助触点组					
13	端子排					
14	平导轨					
15	G形端子导轨					
16	走线槽和盖（灰色）					
17	编码套管（白色）					
18	尼龙扎带（白色）					
19	单股硬铜线（黄、绿、红、蓝、黑色）					
20	一头插孔、另一头叉形导线（黄、绿、红、黑色）					
21	一头O形、另一头叉形导线（黄绿色）					
22	双头插孔导线（黑色）					
23	塑料卡子					
24	不锈钢自攻螺钉					
用途				经办人		

（3）装配和布线

在装配和布线过程中遇到了哪些问题？是如何解决的？请记录在表5-23中。

表5-23　装配和布线时遇到的问题、原因和处理方法

序号	所遇问题	原因和处理方法
1		
2		
3		
完成时间		完成质量

5. 检查

（1）绝缘电阻检查

1）检查主电路绝缘电阻。将绝缘电阻测量结果记录在表5-24中。

表 5-24　主电路绝缘电阻测量记录卡

名称	主电路绝缘电阻									测试日期	年　月　日	
仪表型号				电压	500 V	气温	℃	天气状况				
试验内容	相间			相对零			相对地			零对地		
线路编号	L1-L2	L2-L3	L3-L1	L1-N	L2-N	L3-N	L1-PE	L2-PE	L3-PE	N-PE		
绝缘电阻/MΩ												
试验结果												
测试人员			年　月　日	教师					年　月　日			

注：试验结果代号中，√为合格，○为整改后合格，×为不合格。

2）检查控制电路的绝缘电阻。将绝缘电阻测量结果记录在表 5-25 中。

表 5-25　控制电路绝缘电阻测量记录卡

名称	控制电路绝缘电阻		测试日期	年　月　日
仪表型号		电压	500 V	气温	℃	天气状况	
试验内容	控制电路对主电路	控制电路对零	控制电路对地	
绝缘电阻/MΩ				
试验结果				
测试人员		年　月　日	教师	年　月　日

注：试验结果代号中，√为合格，○为整改后合格，×为不合格。

（2）通电调试

通电负载试验，单手操作，观察结果。**切记严格遵守安全操作规程，确保人身安全。**

（3）故障检查及排除

通电试验过程中，若出现异常现象，应立即停车，按照检修的方法和步骤，将遇到的故障现象、故障原因和处理方法记录在表 5-26 中。

表 5-26　故障现象、故障原因和处理方法

序号	故障现象	故障原因	处理方法	故障排除结果
1				
2				
3				

6. 评估

设计与装调变频恒压供水控制箱评估考核见表 5-27。

表 5-27　评估考核表

考评项目			自评	互评	师评
过程记录（18分）	自主学习（3分）	基本信息采集（表 5-19）（1分）			
		计划安排表（表 5-20）（1分）			
		工序流转卡（表 5-21）（1分）			
	创新性训练（15分）	元器件、布线器材和材料领用申请单（表 5-22）（3分）			
		装配时遇到的问题、原因和处理方法（表 5-23）（3分）			
		主电路绝缘电阻测量记录卡（表 5-24）（3分）			
		控制电路绝缘电阻测量记录卡（表 5-25）（3分）			
		故障现象、故障原因和处理方法（表 5-26）（3分）			

考评项目			考评要点	自评	互评	师评
工匠精神（82分）	敬业（12分）	职业理想（1分）	对所从事的职业和成就的向往和追求			
		立业意识（1分）	确立职业规划和实现目标的愿望			
		职业信念（1分）	对职业的敬重和热爱之心			
		从业态度（1分）	勤勉工作，脚踏实地			
		职业情感（3分） 职业认同感（1分）	对所从事职业的态度和体验			
		职业荣誉感（1分）				
		职业敬业感（1分）				
		职业道德（5分）	爱岗敬业、诚实守信、办事公道、服务群众、奉献社会			
	精益（4分）		精益求精			
	专注（4分）		专心；全神贯注			
	创新（62分）	创新性学习		—	—	—
		创新性探索（30分） 电路设计思想（5分）（表5-19）	电动机工作运行方式，电路设计原则、控制方式			
		电气原理图（10分）（表5-19）	符合工艺要求，电路正确，布局合理，元器件符号正确、编号合规、线条粗细合规、布置正确、编号合规			
		电气安装接线图（15分）（表5-19）	元器件、端子排布局合理、合规，符号正确，元器件接线端符号和文字正确，线条编号与原理图相同，连接电源线、电动机线和接地线的端子排上的编号正确			
	创新（62分）	创新性实践（32分） 工具使用（2分）	创新方法，不断实践			
		仪表使用（2分）				
		器材安装（5分）				
		电路配线（10分）				
		电路不通电检查（2分）				
		电路绝缘电阻测试（2分）				
		电路通电试验（4分）				
		电路故障检查和排除（5分）				
合计（100分）						
综合评价（100分）						
学生签名			年 月 日	教师签名		年 月 日

③ 连接线的表示方法。在电气图上，各种图形符号间的相互连线称为连接线。

● 连接线（或导线）的一般表示方法。一般的图线可以用单条导线表示。对于多条导线，可以分别画出，也可以只画一条图线，但需加标志。若导线少于 4 条，可用短画线数量代表条数；若多于 4 条，可在短画线旁边加数字表示，连接线的表示方法如图 2-3 所示。

表示导线特征的方法如下：

横线上面标出电流种类、配电系统、频率和电压等；在横线下面标出电路的导线数乘以每条导线截面积（mm²）。当导线的截面不同时，可用 "+" 将其分开，如图 2-4a 所示。

要表示导线的型号、截面积、安装方法等，可采用短画线指引线，加标导线属性和敷设方法，如图 2-4b 所示。

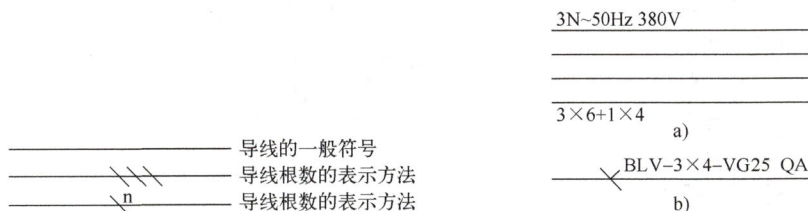

```
3N~50Hz 380V
─────────────
─────────────
─────────────
3×6+1×4
           a)
        ╱ BLV-3×4-VG25  QA
           b)
```

```
─────────────── 导线的一般符号
──────╱╱╱────── 导线根数的表示方法
────────n────── 导线根数的表示方法
```

图 2-3　连接线的表示方法　　　图 2-4　线路特征的表示方法

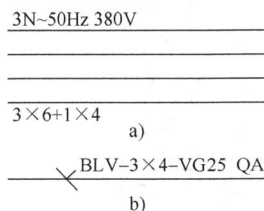

要表示电路相序的变换、极性的方向、导线的交换等，可采用交换符号表示。

● 连接线的粗细。电源主电路、一次电路、主信号电路等采用粗线，与之相关的其余部分用细线。

● 连接线的分组和标记。母线、总线、配电线束、多芯电线和电缆等可视为平行连接线。对多条平行连接线，应按功能分组，不能按功能分组的，可以任意分组，每组不多于 3 条，组间距大于线间距离。

连接线标记一般置于连接线上方，也可置于连接线的中断处，必要时，还可在连接线上标出信号特性的信息。

● 导线连接点的表示方法。

T 形连接点可加实心圆点（·）；对+形连接点必须加实心圆点（·）；对交叉而不连接的两条连接线，在交叉处不能加实心圆点，并应避免在交叉处改变方向，也应避免连接点穿过其他连接线。

5）电气图的布局。

电气图的布局应有利于对图的理解，布局突出图的本意，应布局合理、图面清晰、排列均匀、便于理解。

① 图线的布局。电气图的图线一般用于表示信号电路、连接线等，要求用直线表示，要横平竖直，尽可能减少交叉和弯折，电气图的布局方法有以下几种。

● 水平布局：元器件和设备按行布置，连接线处于水平布置。

● 垂直布局：元器件和设备按列布置，连接线处于垂直布置。本书电气原理图均采用垂直布局。

● 交叉布局：将相应的元器件连接成对称的布局，这种布局在电气原理图中应用较少。

② 元器件的布局。

● 功能布局法：是指元器件或其部分在图上的布置使它们所表示的功能关系易于理解的布局方法。

● 位置布局法：是指元器件在图上的位置反映其实际相对位置的布局方法。

2. 单速风机手动控制箱电气电路

（1）电气原理图

单速风机手动控制电路电气原理如图 2-5 所示。由主电路和控制电路两部分组成，主电路和控

笔记

制电路共用三相交流电源 L1、L2、L3、N。主电路是从三相交流电源经低压断路器 QF1、熔断器 FU1、接触器 KM 的主触点到异步电动机 M 的电路，它流过的电流较大。低压断路器 QF2、停止按钮 SB1、起动按钮 SB2、熔断器 FU2、指示灯 HW 和 HG、接触器 KM 的线圈和常开辅助触点组成控制电路，接在 U1 和 N 之间，流过的电流较小。

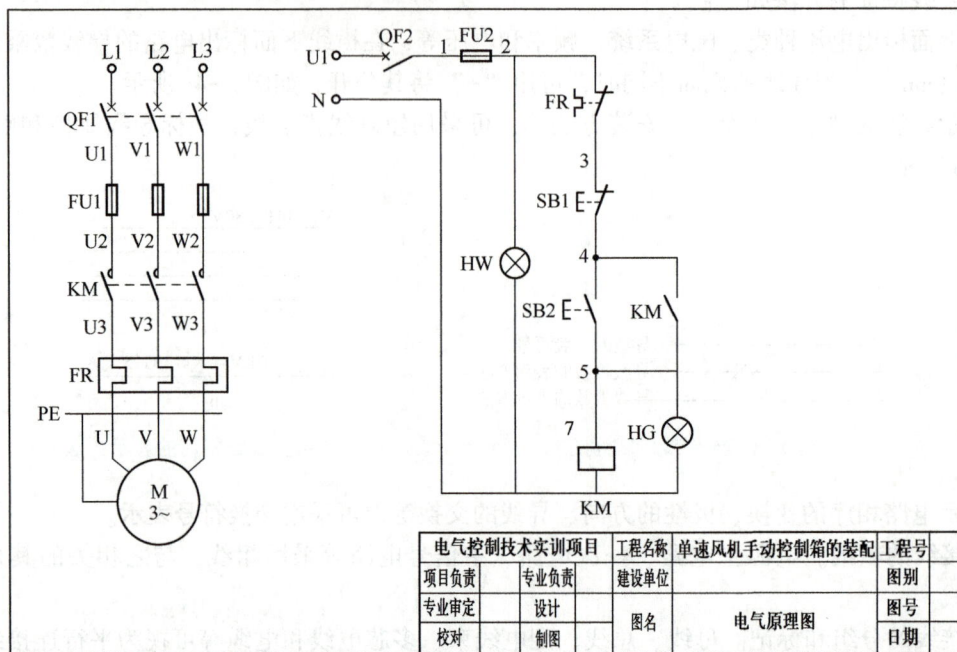

图 2-5 单速风机手动控制电路电气原理图

码 2-1
单速风机手
动控制电路
的分析

1）识读电路的组成。单速风机手动控制电路的组成及识读过程见表 2-2。

表 2-2 单速风机手动控制电路的组成及识读过程

序号	识读任务	元器件或导电部分	功　能	备　注
1	读主电路	QF1	电源开关	绘制在电路图的左侧
2		FU1	起到主电路短路保护作用	
3		KM 主触点	控制电动机的起动	
4		FR 热元件	感应主电路中电流的变化，配合常闭触点完成动作，从而起到过载保护的作用	
5		M	电动机	
6	读控制电路	QF2	电源开关	绘制在电路图的右侧
7		FU2	控制电路短路保护	
8		FR 常闭触点	当发生过载时触点断开，起到保护电路的作用	
9		SB1	停止按钮	
10		SB2	起动按钮	
11		HW 指示灯	电源指示	
12		HG 指示灯	运行指示	
13		KM 线圈	控制 KM 的吸合和释放	
14		KM 常开辅助触点	交流接触器的自锁触点，起到使 KM 线圈长时间通电的作用	

2）电路的工作过程。单速风机手动控制电路的操作及动作过程如下：

① 合上低压断路器 QF1、QF2，接通主电路和控制电路，指示灯 HW 亮。

② 按下起到按钮 SB2，接触器 KM 线圈得电，其常开主辅触点同时闭合，电动机 M 起动，指示灯 HG 亮。

③ 松开 SB2，电动机 M 继续运转。

④ 按下停止按钮 SB1，KM 线圈失电，其常开主辅触点同时断开，电动机 M 停转，指示灯 HG 灭。

⑤ 松开 SB1，电动机 M 继续停转。

⑥ 分断 QF2，指示灯 HW 灭。

由上述可见，当按下按钮 SB2 时，电动机 M 起动运行；松开按钮 SB2 时，电动机 M 继续运转。这是长动运行或连续运行，这种依靠接触器自身辅助触点而使其线圈保持通电的现象，称为自锁或自保持。起自锁作用的辅助触点，称为自锁触点，相应的电路叫"起保停"电路。

3）单速风机手动控制电路的保护环节。

① 短路保护。由熔断器 FU1 和 FU2 分别实现主电路、控制电路的短路保护。

② 欠电压与失电压保护。自锁电路具有欠电压与失电压保护的作用。欠电压保护是指当电动机电源电压降低到一定值时，能自动切断电动机电源的保护；失电压（或零电压）保护是指运行中的电动机电源断电而停转，而一旦恢复供电时，电动机不会在无人监视的情况下自行起动的保护。

在电动机运行中当电源电压下降时，控制电路电源电压也相应下降，接触器 KM 线圈电压下降，将引起接触器磁路磁通下降，电磁吸力减少，衔铁在反作用弹簧的作用下释放，自锁触点断开（解除自锁），同时主触点也断开，切断电动机电源，避免电动机因电源电压降低引起电动机电流增大而烧毁电动机。

在电动机运行中，电源断电则电动机停转。当恢复供电时，由于接触器线圈已断电，其主触点与自保持触点均已断开，主电路和控制电路都不构成通路，所以电动机不会自行起动。只有按下起动按钮 SB2，电动机才会再起动。

[课前测验]

1. 判断题

1）接触器自锁控制电路具有欠电压、失电压保护作用。　　　　　　　　（　　）

2）三相异步电动机只有笼型才可以采用直接起动控制。　　　　　　　　（　　）

3）接触器自锁触点的作用是确保松开起动按钮后接触器线圈仍能继续通电。（　　）

4）失电压保护的目的是防止电压恢复时电动机自起动。　　　　　　　　（　　）

2. 选择题

1）接触器的自锁触点是一对（　　　）。

　A. 常开辅助触点　　　　B. 常闭辅助触点　　　　C. 主触点　　　　D. 常闭触点

2）具有过载保护的接触器自锁控制电路中，实现过载保护的电器是（　　　）。

　A. 熔断器　　　　　　　B. 热过载继电器　　　　C. 接触器　　　　D. 电源开关

3）具有过载保护的接触器自锁控制电路中，实现欠电压和失电压保护的电器是（　　　）。

　A. 熔断器　　　　　　　B. 热过载继电器　　　　C. 接触器　　　　D. 电源开关

3. 填空题

1）自锁电路是利用＿＿＿＿来保持输出动作，又称"自保持电路"。

2）自锁控制的作用是＿＿＿＿。

3）自锁控制电路具有起动、＿＿＿＿和停止功能。

笔记

（2）电器布置和门板开孔图

图2-6为单速风机手动控制电路的电器布置和门板开孔图。

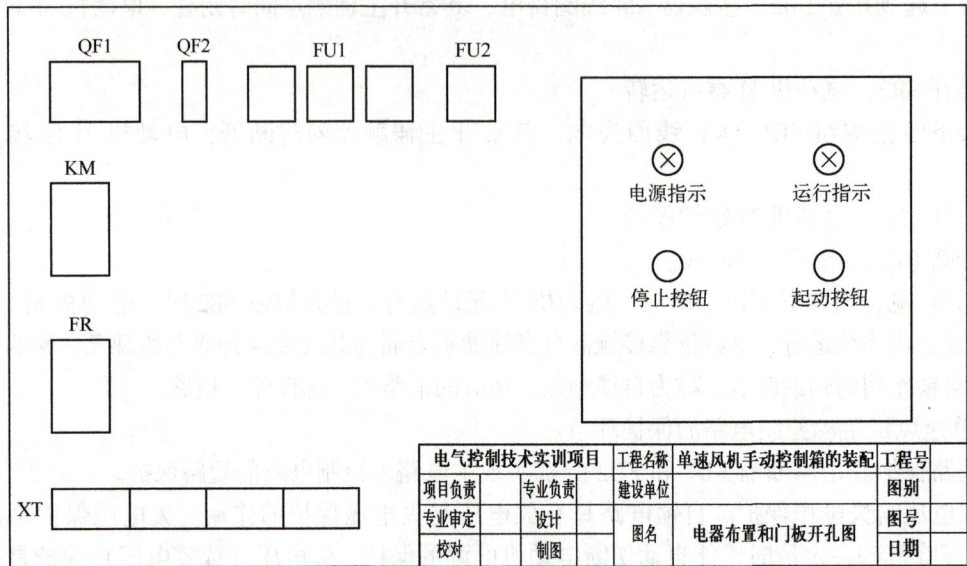

图 2-6　单速风机手动控制电路的电器布置和门板开孔图

（3）电气安装接线图

单速风机手动控制电路的电气安装接线如图2-7所示，电路组成及识读见表2-3。

表 2-3　单速风机手动控制电路的组成及识读

序号	识读任务		识读结果	备　注
1	读元器件位置		QF1、QF2、FU1、FU2、KM、FR、XT、SB1、SB2	控制板上的元器件均匀分布
2			SB1、SB2、HW、HG	控制箱门上的元器件
3			电动机 M	控制箱的外围元器件
4	读箱内元器件的布线	读主电路走线	L1、L2、L3：XT→QF1	集束布线，安装时使用BV-1.0mm²单芯线
5			U1、V1、W1：QF1→FU1	
6			U2、V2、W2：FU1→KM	
7			U3、V3、W3：KM→FR	
8			U、V、W：FR→XT	
9		读控制电路走线	U1 号线：QF1→QF2	集束布线，也有分支，安装时使用 BV-1.0 mm²单芯线
10			N 号线：KM→XT	
11			1 号线：QF2→FU2	
12			2 号线：FU2→FR→HW	
13			3 号线：FR→SB1	
14			4 号线：SB1→SB2→KM	
15			5 号线：SB2→KM→KM→HG	
16	读外围元器件的布线	读三相电源走线	L1、L2、L3、N：电源→XT	安装时使用一头为插孔另一头为叉形的导线（黄、绿、红、黑色）各1根
17		读电动机走线	U、V、W：XT→M	
			X、Y、Z：连接在一起	安装时使用2根插孔导线（黑色）
18		读电动机接地线	PE：电源→XT→M	安装时使用1根BV-1.0 mm²单芯线、1根一头为插孔另一头为叉形的导线（黄绿色）

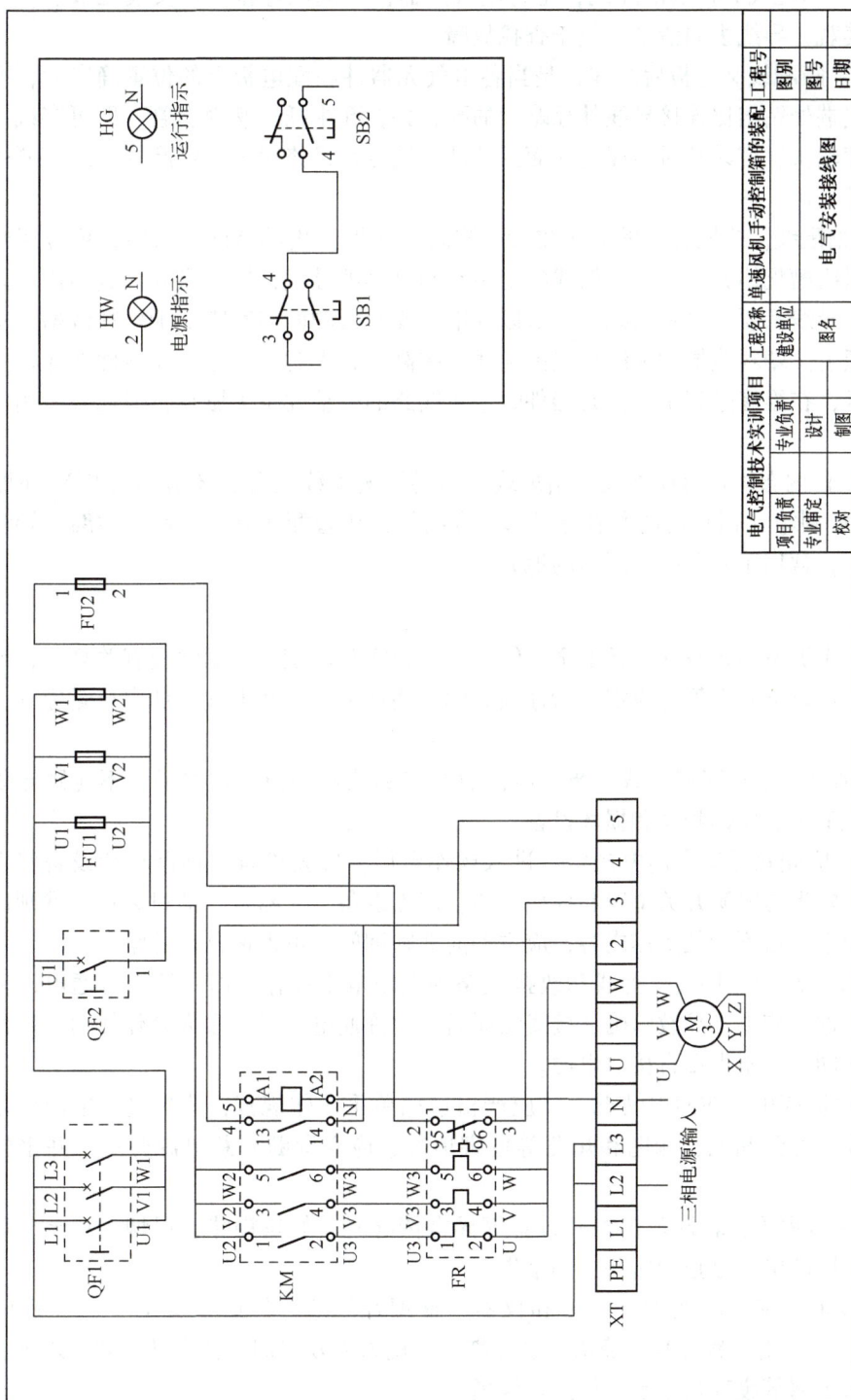

图 2-7　单速风机手动控制电路的电气安装接线图

3. 电气电路布线方式

在电气实训室里，电气安装方式有网孔板安装方式和控制箱（柜）安装方式两种。网孔板上布（配）线有明布（配）线、暗布（配）线和线槽布（配）线3种方式。

1）明配线。明配线又称板前配线，是将电气元器件之间的连接全部安装在板前。明配线的特点是线路整齐美观，导线去向清楚，便于查找故障。

2）暗配线。暗配线又称板后配线，是当各电气元器件在配电板上的位置确定后，在每一个电气元器件的接线端处钻出比连接导线外径略大的孔，并在孔中插进塑料套管，即可穿线。暗配线的优点是配线速度较快，容易长时间保持板面的整洁；缺点是维修时如导线磨损或线管脱落，查找和核对线号较困难。

3）塑料线槽配线。当网孔板的面积较大或控制箱（柜）内的空间较大时，可应用塑料线槽的配线方式。塑料线槽配线方式下，穿线线的槽中空间可容纳导线，缺口供导线进出用。因为电气元器件的所有连接导线都要通过塑料线槽，所以在电气安装板的四周都需要配塑料线槽。塑料线槽用螺钉固定在底板上。塑料线槽的配线特点是配线效率高，省工时，对电气元器件在底板上的排列方式没有特殊要求，在维修过程中更换元器件时，对线路的完整性也无影响，但配线所用的导线数量较多。

控制箱（柜）内布线也有明配线、暗配线和塑料线槽配线之分，还有箱（柜）外配线（线管配线）。对不在控制箱（柜）内的所有导线都应穿线管，线管配线具有耐潮、耐腐、导线不易遭受机械损伤的特点，常用于承受一定压力的地方。

4. 安全注意事项

为确保电气实训室的人身和设备安全，保持良好的实验环境，根据学校有关规定，结合电气体验的特点，特制定以下安全管理规定。请仔细阅读这些规定，并在电气实训中自觉遵守，确保体验安全。

① 进出实训室时禁止穿拖鞋或赤脚，应注意行走路线和留意周边物品，不应踩导线，不应拥挤和碰撞，以免滑倒、碰伤身体和损坏设备。

② 实训前，应先熟悉安全用电规定，进入操作台后，应先检查实训器材和设备状态，包括导线的绝缘情况，熟悉总电源开关位置和操作方法，清点设备、元器件、器材数量，发现问题应及时报告。实训操作中，若不清楚操作内容，应主动向老师询问，不得擅自盲目操作。

③ 电气接线训练中，接线、拆线和改接线路须在断电下操作，即先接线再通电，先断电再拆线。对于强电实训，应由指导教师确认接线无误后才允许通电。对于多人合作体验，应注意协调配合，未经其他人同意，不得私自接通电源。

④ 电气接线训练中，在通电情况下，应严格遵循单手操作规范，严禁接触电源或带电体，杜绝双手带电操作。遇到漏电、触电和短路等危害情况，应立即断开总电源开关，并报告指导教师处理。

⑤ 实训操作过程中，若发现仪器和设备等异常情况时，如焦糊味、冒烟，甚至出现明火或人员触电等，应立即断电，停止操作并立即报告。

⑥ 实训结束时，应主动摆放好设备和仪器，整理好导线。然后如实填写实训登记本的内容（含故障信息），并由指导教师签字确认。没有签字，视为无效实训。在离开实训室之前，请带好自己的物品，并将纸屑等废弃物带走，扔到垃圾桶里。

⑦ 未经许可不得擅自动用与实训无关的设备和器材，不得私自任意损坏实训设备和器材，并严禁用计算机或手机上网、聊天、游戏、下载无关信息以及更改计算机设置等。

⑧ 请将书包及食品、饮料等整齐摆放在指定的桌上，雨具一律放在实训室外的走廊上，不要带到实训台，以免影响体验。

⑨ 实训室内禁止吸烟、吐痰、喧哗、嬉戏打闹及其他不良行为。

⑩ 任何人未经实训室指导教师书面同意，办理借用手续之前，不得私自带走任何实训器材和工具，否则，将按《学生守则》规定处理。

5. 线路装调的安全措施

（1）低压电工劳动保护用品的选用

低压电工劳动保护用品有绝缘鞋、安全帽、工作服、安全带、眼镜、手套。在电气实训室安装与调试电气控制电路前，操作人员可以选用低压电工劳动保护用品。

（2）工具、量具的种类及其使用

1）拆装工具的种类及其使用。

拆装工具有十字螺钉旋具、一字螺钉旋具、钢丝钳、尖嘴钳、斜口钳、剥线钳、电工刀、电烙铁、线号打印机。

线号打印机又称线号印字机，简称线号机、打号机，如图2-8所示。使用方法如下：

① 安装号码管及色带。将色带以及对应的号码管安装到线号机上。

② 固定号码管。旋转固定旋钮，将号码管与色带固定到线号机上。

③ 盖上安全外壳。由于线号机运行时会有刀片运行，为了安全，需要将安全外壳盖上，否则线号机不工作。

④ 接通电源。将线号机接入电源，打开电源开关，预热大概30 s。

⑤ 更改参数。可以按照要求更改相应的参数，如字体的大小和切除半径等。

⑥ 调节参数。可以更改线号机的中英文设置以及删除等功能，还可以随时切换数据类型。

⑦ 打印号码。设置完参数就可以打印号码管了。

注意：号码机长期不用时需要断电，保存，防止灰尘进入。

2）测量工具的种类及其使用。

测量工具有试电笔、万用表、绝缘电阻表（兆欧表）。绝缘电阻表如图2-9所示，使用方法如下：

① 绝缘电阻表有3个测量端钮，其中一个是线路端钮（L），一个是接地端钮（E），一个是屏蔽端钮（G）。测量线路中对地的绝缘电阻时一般只用到线路端钮（L）和接地端钮（E）。

② 接线时线路端钮接在待测电路电线上，接地端钮E应可靠接地（如接在某一接地体上）。

③ 绝缘电阻表在使用前一定要进行校表，即使用前应进行一次开路和短路试验，以检验绝缘电阻表是否良好。开路是L和E端钮处于断开状态，摇动绝缘电阻表，指针指向∞；短路是L和E端钮处于短路状态，慢慢摇动绝缘电阻表，指针指向0。

④ 选用合适的电压等级，例如测量电路绝缘电阻时，选用500 V的电压等级。

图 2-8　线号打印机　　　　图 2-9　绝缘电阻表

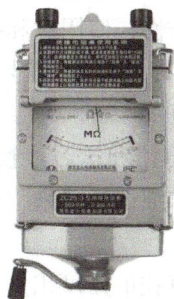

码 2-2
线号打印机
外形图

码 2-3
绝缘电阻表
外形图

6. 电气工作人员职业道德和行为规范

1）热爱职业，有事业心，有责任心。

2）对技术精益求精，一丝不苟，在实践中不断学习进步，积累丰富的实践经验，提高技术技

能，同时从理论上要不断提高自己，具备扎实的理论基础和分析问题的能力。

3）关注电气工程技术发展动态，积极参与科技成果转化及应用工作，推广新技术、新工艺、新材料、新设备。

4）勇于承担项目工程中的技术难题，练就一身过硬的技能，成为一把金钥匙，打开每一把技术难题之锁。

5）甘当设计师、施工人员、制造人员之间的桥梁，传递信息、破译信息，确保工程项目的质量、安全、工期、投资，成为工程项目的中流砥柱。

6）长期深入实践，虚心向他人学习、向书本学习、向实践学习，做到不耻下问，探索研究新工艺、新方法。

7）善于发现人才、重用人才、厚爱人才、推荐人才、培养人才。特别是尊重和重视工人队伍中的技术能手，并委以重任。

8）工作完毕后要清理现场，及时将遗留杂物清理干净，避免环境污染，杜绝妨碍他人或设备运行的事发生。

9）遵守安全操作规程，采取安全措施，确保设备、线路、人员的安全，时刻做到质量在手中，安全在心中。

10）工程项目的安装、研制、修理、保养的过程要做到"严"，即严格要求，严格执行操作规程、试验标准、作业标准、质量标准、管理制度等各种规程、规范、标准，严禁粗制滥造。做到自检、自验，不要等到质检人员检查出来才去改正、才去修复。

11）工程项目的运行维护必须做到"勤"，要防微杜渐，对电气设备、线路、元器件的每一部分、每一参数要勤检、勤测、勤校、勤查、勤扫和勤修，把事故、故障消灭在萌芽状态。科学合理制订巡检周期，确保系统安全运行。

12）工程项目的所有电气设备、元器件、材料及其他辅件，使用前应认真核实其使用说明书、合格证、生产制造许可证、试验报告，对可疑的关键、重要部件要进行检测。

13）对工程项目应建立相应的技术档案，记录相关数据和关键信息，记录相应的负责人，做到心中有数，并按周期进行回访，掌握工程项目的动态，及时修正调整相关参数，为后续工程项目奠定良好的基础。

14）对用户诚信为本、终身负责，通过回访或用户反馈意见，改进工作，提高技术水平。

15）践行指导节约用电技术和安全用电技术，制止用电当中的不当行为和错误做法。

16）要节约每一米导线、每一颗螺钉、每一个垫片、每一团胶布，杜绝铺张浪费。不得以任何形式将电气设备及其附件、材料、元器件、工具、电工配件送给他人或归为已有。

17）编制技术文件（有工程预算、物资计划、原材料清单、进度计划、施工组织和设计等）要切合实际，使其具有可操作性、使用性和指导性。

18）熟悉电气安全技术，并将其贯彻于设计、安装、研制、调试、运行、维修中去，对用户、设备、线路、系统的安全负责。

19）养成良好的工作习惯和学习习惯（包括实践的学习），惯于总结，善于分析。将工作中、生活中与专业有关的事物详细记录下来，进行分析总结，进一步提高和充实自己的技术技能和实践经验。

20）从对工程有利、有益的角度出发，杜绝一切对工程有害的行为和操作，能够及时纠正他人的违规操作、损害工程的行为。

21）在工作过程中，做到互相学习、互相帮助、精诚团结、目标一致，人人都是质检员，做到相互尊重、爱护、体谅、平等。

22）在实践中学习并提高技术水平，增加职业道德修养，力争做一名"德艺双馨"的电气工作人员。

电气工作人员职业道德和行为规范是衡量电气工作人员职业道德和行为的准则，是在长期的工作实践中，通过各种事态和反复思考、锤炼而渐渐形成的。

7. 工程师的职业伦理规范

公众的安全、健康、福祉是工程带给人类最大的善，这是工程师的职业伦理规范基本的价值准则，也是首要原则。工程师的职业伦理规范有3方面内容。

1）首要责任原则。安全和可持续发展是首要责任。

2）工程师的权利与责任。

① 权利。使用注册的职业名称、在规定范围内从事执业活动、在本人执业活动中形成的文件上签字并加盖执业印章、保管和使用本人注册证书和执业印章、对本人执业活动进行解释和辩护、接受继续教育、获得相应的劳动报酬、对侵犯本人权利的行为进行申述。

工程师最基本的权利基于专业良知，包含履行个人责任时行使专业判断的权利和以合乎伦理的行为执行这些判断，拒绝从事不合伦理的行为。

② 责任。责任包括义务责任、过失责任和角色责任。义务责任是指工程师遵守甚至超越职业标准的责任，过失责任是指伤害行为的责任，角色责任是指角色在规则下必须做事的责任，通常为遵守公司各项规则和制度的责任。

3）工程师的职业美德。工程师的职业美德包括诚实可靠、尽职尽责和忠诚服务。

8. 工程伦理准则

第一，以人为本的原则。就是以人为主体，以人为前提，以人为动力，以人为目的。以人为本是工程伦理观的核心，是工程师处理工程活动中各种伦理关系最基本的伦理原则。它体现的是工程师对人类利益的关心，对绝大多数社会成员的关爱和尊重之心。以人为本的工程伦理原则意味着工程建设要有利于人的福利，提高人民的生活水平，改善人的生活质量。

第二，关爱生命的原则。要求工程师必须尊重人的生命权，意味着要始终将保护人的生命摆在重要位置，意味着不支持以毁灭生命为目标的项目的研发，不从事危害人健康的工程设计、开发。这是对工程师最基本的道德要求，也是所有工程伦理的根本。尊重人的生命权而不是剥夺人的生命权，是人类最基本的道德要求。

第三，安全可靠原则。在工程设计和实施中以对生命高度负责的态度充分考虑产品的安全性能和劳动保护措施，即要求工程师在进行工程技术活动时必须从安全可靠角度考虑，确保对人类无害。

第四，关爱自然的原则。工程技术人员在工程活动中要坚持生态伦理原则，不从事和开发可能破坏生态环境或对生态环境有害的工程，工程师进行的工程活动要有利于自然界的生命和生态系统的健全发展，提高环境质量。要在开发中保护，在保护中开发。在工程活动中要善待和敬畏自然，保护生态环境，建立人与自然的友好关系，实现生态的可持续发展。

第五，公平正义原则。正义与无私相关，包含着平等的含义。公平正义原则要求工程技术人员的伦理行为要有利于他人和社会，尤其是面对利益冲突时要坚决按照该原则行动。公平正义原则还要求工程师不把工程活动视为名誉、地位、声望的敲门砖，反对用不正当手段在竞争中抬高自己。在工程活动中尊重并保障每个人合法的生存权、发展权、财产权、隐私权等个人权益，处处树立并维护公众权利的意识，不损害个人利益，对不能避免的或已经造成的利益损害给予合理的经济补偿。

以上只是一些普遍性的原则，在一些具体的工程技术领域，工程伦理准则会更为具体。

9. 材料领用和检验规范

根据 GB 7251.1~7251.7—2006~2017 和 GB 50171—2012，并结合实际情况编制。

① 接图样后，熟悉图样，按照元器件明细表填写领用申请单，并根据使用的材料、元件、器

笔记

材到电气元器件库房领取，并认真核对规格型号，电流、电压和电阻表，电流、电压和时间继电器必须送检验员，检定合格方可安装，不合格品退回库房。

② 所有电气元器件、附件在安装前必须检查有无出厂合格证和厂家生产许可证，型号、规格应符号设计要求。并进行外观检查，外观应完好，且附件齐全，排列整齐，固定牢固，密封良好，如有破损、影响电气和机械性能的、无出厂合格证者，严禁使用。

③ 熔断器的熔断体规格、低压断路器选择性保护特性、热过载继电器的整定值、线圈的电压等级应符合设计要求。

④ 领取并检查工具是否完好。

10. 装配前的准备

1）熟悉电气原理图、电器布置和门板开孔图、电气安装接线图，确定安装工序，填写工序流转卡⊖。

2）柜箱壳体的检查。参照以下标准检查柜（箱）壳体是否合格。

① 壳体焊接应牢固，焊缝应光洁均匀，不应有焊穿、裂缝、咬边、溅渣、气孔等现象，焊药皮应清除干净。

② 壳体表面处理后，漆膜表面应厚度均匀、色彩鲜明、色泽均匀、平整光滑，用肉眼看不到刷痕、皱痕、针孔、起泡、伤痕、斑痕、手印、修整痕迹、露底及粘附的机械杂质等缺陷。

③ 产品上所有电镀件的镀层（包括元器件及紧固件的电镀件的镀层）不得有起皮、脱落、发黑、生锈等现象。

④ 检查接收柜（箱）壳体、柜内结构件、安装板、安装梁等部件尺寸及开孔等是否与图样相符合。

⑤ 门应能在大于90°范围内灵活转动，门在转动过程中不应损坏漆膜，不应使电气元器件受到冲击，门锁上后不应有明显的晃动。手执门锁轻轻推拉，移动量不超过1.5mm。

11. 安装与布线工艺规程

（1）电器的安装工艺

1）元器件的安装。

各元器件的位置应排列整齐、均匀，间距合理，便于更换。紧固时要用力均匀，紧固程度适当，防止用力过猛而损坏元器件。

① 仔细安装低压断路器。一般都是导轨式安装，将低压断路器底部斜向上卡在导轨下边沿，用力上提后前压，将低压断路器卡在导轨上。拆卸时，先断开低压断路器前级总电源开关，拆除低压断路器上的接线并妥善安置，开关下部有一个拉片，插上螺钉旋具向下扳一下就能从导轨上取下。

② 仔细安装交流接触器。接触器一般应安装在垂直面上，倾斜度不得超过5°。对有散热孔的接触器，散热孔应放在上下位置，以利于散热。

③ 仔细安装熔断器。中心片接电源进线，螺口接电源出线，简称"低进高出"。

④ 仔细安装按钮。安装时，按钮盒的进线孔应朝下，便于接线。

2）电气间隙、爬电距离。

对低压开关设备内电气元器件的导电部件之间、导电部件（如母线、金属架或金属体）与另一导电部件之间的电气间隙和爬电距离一般不小于20mm，因元器件端子间距小于20mm时，则连接端子上的分支线的电气间隙和爬电距离允许为端子间的间距，但不得低于表2-4的规定。

⊖ 工序流转卡是随产品一起，在线上流通的，记录产品生产信息的标示卡片。

表 2-4　电气间隙和爬电距离规定

额定电压/V	电气间隙/mm		爬电距离/mm	
	额定工作电流		额定工作电流	
	≤63 A	>63 A	≤63 A	>63 A
≤60	3.0	5.0	3.0	5.0
60<U≤300	5.0	6.0	6.0	8.0
300<U≤500	8.0	10.0	10.0	12.0

注：若仍达不到表中的规定时，应采取包扎绝缘材料来增加绝缘强度。

3）端子排的安装。

① 端子排应无损坏，固定牢固，绝缘良好。

② 端子应有序号，端子排应便于更换且接线方便；离地高度宜大于 350 mm。

③ 回路电压超过 400 V 者，端子板应确保足够的绝缘并加入电源标志。

④ 强、弱电端子宜分开布置；当有困难时，应有明显标志并设置空端子隔开或设置加强绝缘的隔板。

⑤ 正、负电源之间，经常带电的正电源与合闸（或跳闸）回路之间，宜以一个空端子隔开。

⑥ 电流回路应经过试验端子，其他需断开的回路宜经过特殊端子或试验端子。试验端子应接触良好。

⑦ 潮湿环境宜采用防潮端子。

⑧ 接线端子应与导线截面匹配，不应使用小截面端子配大截面导线。

4）保护接地。

保护接地端子采用图形符号≐或文字符号 PE 加以标识，接至保护接地端子上的接地线必须为黄绿双色线。接地螺钉的尺寸不应小于表 2-5 的规定，保护接地端子只能作保护接地用，不得兼作其他之用。

表 2-5　接地螺钉的尺寸

设备约定发热电流/A	接地螺钉最小尺寸/mm
≤20	M4
20~200	M6
200~630	M8
630~1000	M10
1000 以上	M12

5）元器件代号的标识。

① 元器件正确安装完后，对设备上的所有元器件应根据电气原理或接线图正确地加装元器件符号牌，以正确标识元器件在电气图中的位置。

② 符号牌的规格应为统一定制，牌上的字迹应清晰，张贴位置应明显，排列应整齐美观。

③ 正确安装结束后再给控制柜贴安装标识，注明使用单位和安装时间、安装人。

6）铭牌的安装。

所有开关柜必须装有铭牌，以标识产品。铭牌必须标明产品名称、型号、额定电压、回路电流、出厂编号、出厂日期、厂名。上述内容可用钢字码打在铭牌上，要求字迹清晰、准确。将铭牌装于图样或其他工艺要求指定位置。

（2）电器的配线工艺

1）板前配线的安装。

板前配线时应遵循以接触器为中心，由里向外，由低至高，先正确安装控制电路（贴底板走），再正确安装主电路（架空）的原则，工艺要求如下：

① 必须按图施工，根据接线图布线。

② 布线的通道应尽可能少，同路并行导线按主电路、控制电路分类集中，单层密排，紧贴安装板。

③ 布线应横平竖直，分布均匀，改变走向时应垂直改变。

④ 同一平面的导线应高低一致和前后一致，不能交叉。对于非交叉不可的导线，应在接线端子引出时，就水平架空跨越，但必须合理走线。

⑤ 导线与接线端子连接时，不压绝缘层、不反圈、不露铜过长。

⑥ 应在剥去绝缘层的每根导线上套号码管，且同一个接线端子只套一个号码管。编号应顺着号码管的方向自下而上编写，其文字方向由左向右。

⑦ 导线与熔断器接线端子连接时应先做成羊眼圈，导线应全部固定在垫圈之下，不能出现小股铜线分叉在接线端子之外的现象。

板前配线用的电气元器件较少、电气电路比较简单的设备，其导线的走向比较清晰，对于安全维修和故障的检查较为方便。配线时应注意以下几点。

① 连接导线一般应选用 BV 型的单股塑料硬线。

② 导线和接线端子应保证可靠的电气连接，线端应该压上冷压端子。对不同截面积的导线在同一接线端子连接时，大截面积在下，小截面积在上，且每个接线端子原则上不超过两根导线。

③ 线路应整齐美观，成束的导线用线束固定。导线的辐射不影响电气元器件的拆卸。

2）板后配线的安装。

板后配线安装方式的特点是板面整齐美观且配线速度快。采用这种配线方式应注意以下几个方面。

① 配电盘固定时，应使安装电气元器件的一面朝向控制柜的门，便于检查和维修。安装板与安装面应留有一定的余地。

② 板前与电气元器件的连接线应接触可靠，穿板的导线应与板面垂直。

③ 电气元器件的安装孔、导线的穿线孔的位置应准确，孔的大小应合适。

3）塑料线槽配线的安装。

① 塑料线槽。

塑料线槽由槽底板、槽盖板和附件组成，其两侧留有导线的进出口，槽中容纳导线，视线槽的长短用相应螺钉固定在板上，其外形如图 2-10 所示。它是由阻燃型硬聚氯乙烯工程塑料挤压成型，严禁使用非阻燃型材料加工。选用塑料线槽时，应根据设计要求选择型号、规格相应的定型产品。

图 2-10　塑料线槽

- 线槽平整、无扭曲变形，内壁无毛刺，接缝处紧密平直，各种附件齐全。
- 线槽连接口处应平整，接缝处紧密平直，槽盖装上后应平整，无翘角，出线口位置正确。
- 线槽应相应连接和跨接，使之成为一个整体，并做好整体连接。

② 槽内放线。

放线前，应先用布清除槽内的污物，使线槽内外清洁。放线时，从始端到终端（先干线后支线）边放边整理，导线应顺直，不得有挤压、背扣、打结和受损现象。绑扎导线时应采用尼龙绑扎带，不允许采用金属丝进行绑扎。接线盒处的导线预留长度不应超过 150 mm，线槽内不允许出现接头，导线接头应放在接线盒内，如图 2-11 所示。

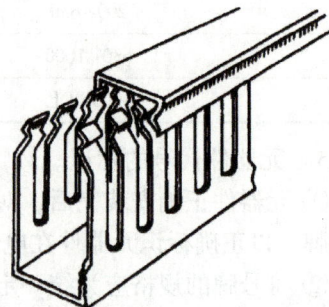

塑料线槽配线综合了明配线和暗配线的优点。适用于电气线路较复杂、电气元器件较多的设备，不仅安装、检查维修方便且整个板面整齐美观，是目前使用较广的一种接线方式。采用这种配线方式应注意以下几个方面。

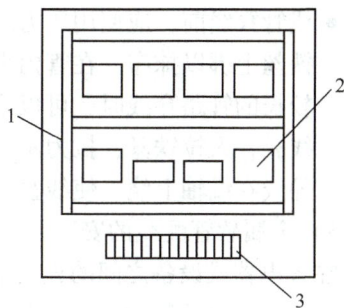

图 2-11　线槽配线示意图
1—线槽　2—电气元器件　3—接线端子排

- 用线槽配线时，线槽装线不得超过线槽容积的 70%。以便安装和维修。
- 线槽外部的配线，对装在可拆卸门上的电气接线必须采用互联端子板或连接器，它们必须牢固固定在框架、控制箱或门上。

对于内部配线而言，从外部控制电路、信号线路进入控制箱内的导线超过 10 根时，必须用端子板或连接器件过渡，但动力电路和测量线路的导线可以直接接到电气的端子上。

4）铁管配线的安装。

① 根据使用场合、导线截面及导线根数选择铁管类型及管径，所穿导线截面积应比管内径截面积小 40%。

② 尽量取最短距离敷设铁管，并且管路应尽可能少转角或弯曲（一般不多于 3 个），管路引出地面时，离地面高度不得小于 0.2 m。

③ 铁管弯曲时，弯曲半径不小于管径的 4~6 倍，且弯曲后不可有裂缝和凹陷现象，管口不能有毛刺。

④ 铁管敷设前，应先清除管内杂物和水分，管口塞上木塞；对明设的铁管采用管卡支持，并使管路做到横平竖直。

⑤ 不同电压、不同回路的导线不得穿在一根管内，除直流回路导线和接地线外，铁管内不允许穿单根导线。

⑥ 铁管内导线不准有接头，也不能穿入绝缘破损后又经包缠绝缘的导线。

⑦ 穿管导线的绝缘强度应不低于 500 V；导线最小截面积规定：铜芯线为 1.5 mm²，铝芯线为 2.5 mm²。

⑧ 铁管穿线时，选用直径 1.2 mm 的钢丝做引线。当铁管较短且弯头较少时，可把钢丝引线由管子一端送向另一端，这时一人送线一人拉线。若管路较长或弯头较多时，在引线端弯成小钩，从管子的两端同时穿入引线。当钢丝引线在管中相遇时，转动引线使其钩在一起，然后从一端把引线拉出，即可将导线牵引入管。穿线时需在管口加护圈并保证穿管引线的长度大于所穿管路的总长度。

⑨ 铁管应可靠地保护接地。

注意：

- 尽量取最短距离敷设线管，管路尽量少弯曲。若不得不弯曲，其弯曲半径不应小于线管外径的 6 倍。若只有一个弯曲时，可减至 4 倍。敷设在混凝土内的线管，弯曲半径不应小于外径的 10 倍，弯曲度不应小于 90°，椭圆度不应大于 10%。
- 明敷线管时，布置应横平竖直、排列整齐美观。线管的弯曲处及长管路，一般每隔 0.8~1 m 用管夹固定。多排线管弯曲度应保持一致。埋设的线管与明设的线管的连接处，应装设接线盒。
- 根据使用的场合、导线截面积和导线根数选择线管类型和管径，且管内应留有 40% 的余地。
- 线管埋入混凝土内敷设时，管子外径不应超过混凝土厚度 1/2，管子与混凝土模板间应有 20 mm 间距。并列敷设在混凝土内的管子，应保证管子外皮相互间有 20 mm 以上的间距。

- 线管穿线前，应使用压力约为 0.25 Pa 的压缩空气，将管内的残余水分和杂质吹净，也可在铁丝上绑以抹布，在管内来回拉动，使杂质和积水清除干净，也可向管内吹入滑石粉；对于较长的管路穿线时，可以采用直径 1.2 mm 的钢丝作引线，送线时需两人配合送线，一人送线，一人拉铁丝，拉力不可过大，以保证顺利过线，放线时应量好长度，用手或放线架逆着导线在线轴上绕，使线盘旋转，将导线放开。应防止导线扭转、打扣或互相缠绕。

5）金属软管配线的安装。

在各电器或设备之间的连接常采用金属软管配线，在使用金属软管配线时，应根据穿管导线的总截面选择金属软管的规格；对有脱节、凹陷的金属软管不能使用；金属软管两头应有接头连接，中间部分用管卡固定；对移动的金属软管应采用合适的固定方式且有足够的余量。

① 金属软管只适用于电气设备与铁管之间的连接或铁管施工中有困难的个别线段，金属软管的两端应配置管线头，每隔 0.5 m 处应有弧形管夹固定，而中间有引线时要采用分线盒。

② 金属关口不得有毛刺，在导线与关口接触处，应套上橡胶或塑料管套，以防止导线绝缘损伤，管中导线不得有接头，并不得承受拉力。

6）导线连接。

导线连接时应使连接处的接触电阻最小，机械强度不降低，并恢复其原有的绝缘强度。连接时，应正确区分相线、中性线、保护地线。检查正确方可连接。

① 导线连接应具备的条件：
- 导线接头不能增加电阻值；
- 受力导线不能降低原有的机械强度；
- 不能降低原有的绝缘强度。

为了满足上述要求，在导线用作电气连接时，必须在接线后加焊、包缠绝缘层。

② 剥削绝缘层的工具及方法：

由于各种导线截面、绝缘层厚薄程度、分层多少等不同，使用的剥削工具也不同，常用的工具有电工刀、克丝钳和剥线钳，一般 4 mm² 以下的导线原则上使用剥线钳，使用电工刀时，不允许用刀在导线周围转圈剥削，以免在线芯上留下连续伤口。

剥削绝缘层的方法有如下 2 种。
- 单层剥法：用剥线钳剥线。
- 斜削法：用电工刀以 45°角切入绝缘层，当切进线芯时停止用力，改变刀面的角度，沿着线芯表面向线头端推出，然后把残存的绝缘层剥离线芯。

（3）外围设备配线的安装

外围设备与板上元器件的连接必须通过接线端子 XT。

1）正确安装电动机连接线。连接电动机连接线及金属外壳接地线，编好号后按照导线号分别与接线端子 XT 的下端对接。

2）正确安装三相电源插头线。将三相电源线的两端分别编号，一端与三相电源插孔相连，另一端按导线号分别与接线端子 XT 的下端相连。连接三相电源插孔时，要注意接地线必须接接地端子，同时接地线不能与相线对调，否则会出现安全事故。

3）正确安装电动机接地线。将电动机的地脚板用接地螺栓和螺母把接地线（黄绿色）固定，接地线的另一端连接到端子排 XT 的下端。

（4）外形和安装尺寸要求

单速风机手动控制箱外形和安装尺寸如图 2-12 所示，控制箱内底板为网孔板，控制箱和底板的材料为铝铜合金。

12. 安装与布线工艺过程

按照表 2-6 认真安装电气元器件并仔细配线。

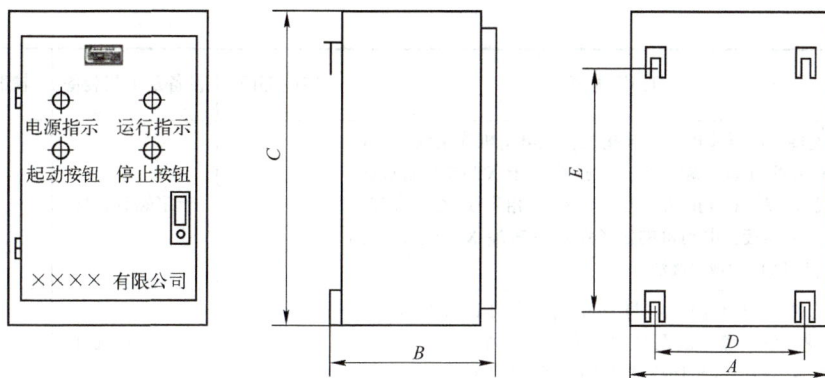

图 2-12　单速风机手动控制箱外形和安装尺寸图

A—500 mm　*B*—270 mm　*C*—730 mm　*D*—425 mm　*E*—635 mm

表 2-6　电气装配工艺过程卡片⊖

编号：1

××职业学院	电气装配工艺过程卡片		产品型号		部件图号		共　页
			产品名称	单速风机手动控制箱	部件名称		第　页
工序	工序名称	工 序 内 容		装配部门	设备及工艺装备	辅助材料	学时/min
1	准备	准备电气原理图、电器布置和门板开孔图、电气安装接线图、工序流转卡。					
		检验：图、卡是否齐全。					
2	领料	填写领料单，去仓库领取所需电气元器件、布线器材、辅助器材和安装工具。					
		检验：电气元器件、布线器材、辅助器材和安装工具是否完好。			万用表		
3	装配	① 用塑料卡子和自攻螺钉在网孔板上安装平导轨、G 形端子导轨。		电气实训室	三相交流电源		
		② 在平导轨上扣装低压断路器（4P 和 1P），在 G 形端子导轨上扣装 3 个端子排。			十字螺钉旋具		
		③ 在导线密集位置用塑料卡子和自攻螺钉安装走线槽。			电工刀		
		④ 用塑料卡子和自攻螺钉安装 4 个螺旋式熔断器，注意：中心片接电源进线，螺口接电源出线。					
		⑤ 用塑料卡子和自攻螺钉安装交流接触器、热过载继电器。注意：元器件之间上下、左右对齐和爬电间距合适。					
		⑥ 按钮、电源指示灯和运行指示灯安装在箱门上。					
		检验：安装是否符合工艺规程。					
4	布线	① 控制电路配线：U1、1、2、3、4、5 号控制线（蓝色）和 N 零线（黑色）配长，两端剥线后套上标记套管再放线，器件之间用导线连接，连接在螺旋式熔断器 FU2 上的线头向顺时针方向弯曲成羊眼圈后才能接线。先接黑色线，再接蓝色线。			斜口钳剥线钳线号打印机十字螺钉旋具尖嘴钳		
		② 主电路布线：将 L1、U1、U2、U3、U 号导线（黄色）和 L2、V1、V2、V3、V 号导线（绿色）以及 L3、W1、W2、W3、W 号导线（红色）配长，两端剥线后套上标记套管再放线，元器件之间用导线连接，布线时将导线整齐地放入走线槽内，盖上走线槽盖。			斜口钳剥线钳线号打印机十字螺钉旋具		

⊖　为保持与实际工艺过程卡一致，表中保留了每行的横线。

（续）

工序	工序名称	工序内容	装配部门	设备及工艺装备	辅助材料	学时/min
4	布线	③ 连接三相异步电动机连接线：把电动机连接线 U、V、W 用叉形线（黄、绿、红）与接线端子 XT 的下端对接，叉形线另一端（插孔端）与电动机三相定子绕组的首端 U、V、W 连接，电动机的定子绕组的末端 X、Y、Z 用插孔线（黑色）形成丫接法。		十字螺钉旋具		
		④ 连接三相电源线：将三相电源线 L1、L2、L3、N（黄、绿、红、黑）的两端用叉形线的一端与三相电源插孔端相连，另一端与接线端子 XT 的下端相连。		十字螺钉旋具		
		⑤ 安装接地线：电动机的接地端与端子排下端之间用 O 形线（黄绿）连接，再在端子排下端与三相电源的地线之间用叉形线（黄绿）连接。		十字螺钉旋具尖嘴钳		
		检验：布线是否符合工艺规程。				
			设计（日期）	审核（日期）	标准化（日期）	会签（日期）
标记	处数	更改文件号　　签字　　日期				

注：实际工作中电气装配工艺过程通常由几张卡片组成，本书限于篇幅将其放在一张卡片上。

13. 检验与调试规范

（1）电路绝缘电阻的测试

电路绝缘电阻应等于或大于一般允许的数值，各种电器的具体规定不一样，对于低压设备，绝缘电阻最低限值为 0.5 MΩ。

① 现场新装的低压电路和大修后的用电设备的绝缘电阻应不小于 0.5 MΩ。

② 运行中线路的绝缘要求可降至不小于 1000 Ω/V，即 1 MΩ/kV。

③ 三相笼型异步电动机的绝缘电阻不得小于 0.5 MΩ。

④ 变压器一、二次绕组之间及对铁心的绝缘电阻值应大于 2 MΩ。

（2）电路不通电的检查

单速风机手动控制箱电路安装好后，首先清理控制箱内杂物，进行自查。

① 各个元器件的代号、标记是否与原理图上的一致和齐全。

② 各种安全保护措施是否可靠。

③ 控制电路是否满足原理图所要求的各种功能。

④ 各个电气元器件安装是否正确和牢靠。

⑤ 各个接线端子是否连接牢固。

⑥ 布线是否符合要求、整齐。

⑦ 各个按钮、信号灯罩和各种电路绝缘导线的颜色是否符合要求。

⑧ 电动机的安装是否符合要求。

⑨ 保护电路导线连接是否正确、牢固可靠。

（3）电路绝缘电阻的检查

1）主电路绝缘电阻的测量。

主电路绝缘电阻在测试中可以得到相对相、相对零、相对地、零对地 10 组数据。首先切断电源，分次接好电路，按顺时针方向转动绝缘电阻表的发电机摇把，使发电机转子发出的电压供测量使用。摇把的转速应由慢至快，待调速器发生滑动时，要保证转速均匀稳定，不要时快时慢，以免测量不准确。一般绝缘电阻表转速达 120 r/min 左右时，发电机就达到额定输出电压。

当发电机转速稳定后，表盘上的指针也稳定下来，这时指针读数即为所测得的绝缘电阻值。测量电缆的绝缘电阻时，为了消除线芯绝缘层表面漏电所引起的测量误差，其接线方式除了使用 "L" 和 "E" 接线柱外，还需用屏蔽接线柱 "G"。将 "G" 接线柱接至电缆绝缘纸上。

2）主电路、控制电路之间的绝缘电阻的测量。

短接主电路、控制电路，用 500 V 绝缘电阻表测量与保护电路导线之间的绝缘电阻不得小于 0.5 MΩ。当控制电路不与主电路连接时，应测量控制电路对主电路、控制电路对零、控制电路对地之间的绝缘电阻。

（4）电路短路排查

1）检查元器件所有连接点与控制板是否发生短路情况。

2）检查主电路从电源端到电动机端是否三相短路。用万用表笔分别测量低压断路器（4P）下端 U1-V1、V1-W1、W1-U1 之间的电阻，结果均应为断路（$R \to \infty$）。如某次测量结果为短路（$R \to 0$），则说明所测两相之间的接线有短路问题，应仔细逐线检查排除。

3）检查控制电路与电源之间是否短路。如按下 SB2 测得结果为短路，则重点检查不同线号导线是否错接到同一端子上。如按钮 SB2 的常开触点、KM 常开触点和 HG 的出线端的引出线错接到 KM 线圈出线端的 N 端上，则控制电路电源不经 KM 线圈直接连通，只要按下 SB2 就会造成短路故障。

（5）电路通电调试

1）空操作试验。空操作试验是指不接电动机，只检查控制电路的试验方法。在试验时拆下电动机接线，合上低压断路器 QF1、QF2，指示灯 HW 亮。按下起动按钮 SB2，接触器 KM 应立即动作，HG 指示灯亮；松开 SB2，接触器 KM 能保持吸合状态。若按下停止按钮 SB1，KM 应立即释放，指示灯 HG 灭。在操作过程中注意听 KM 触点分合动作的声音是否正常。反复做几次试验，检查线路动作的可靠性。

2）负载试验。切断电源后，接上电动机连线，接通主电路即可进行。合上 QF1、QF2，按下 SB2，电动机 M 应立即得电起动后进入运行，松开 SB2，电动机继续运转，按下 SB1 时电动机停车。验证时，如有异常情况，必须立即切断电源查明原因。

注：这里的负载是指电动机作为电气控制电路的负载。

试验中如发现接触器振动或有噪声、主触点燃弧严重、电动机嗡嗡响、不能起动等现象，应立即停车断电。重新检查接线和电源电压，必要时拆开接触器检查电磁机构，排除故障后重新试验。

（6）拆卸电路

试验完毕后，首先正确切断电源，确保在断电的情况下，仔细拆除导线、电源线、电动机线、接地线、电气元器件、布线器材、电动机，认真清点电气元器件、电动机和布线器材，轻轻放入储物柜，储存入库房，认真清点工具、仪表，并轻轻放入工具箱内，导线整齐排放到导线架上，仔细做好打扫卫生工作，再由指导老师检查。

【任务实施】

安装与调试任务单见随附的 "任务单" 部分。

[课堂作业]

1）线圈电压为 220 V 的交流接触器，误接到交流 380 V 电源上会发生什么问题？为什么？

2）若电路中交流接触器的主触点损坏，试分析线路会出现何种故障现象？

3）既然在电动机的主电路中装有熔断器，为什么还要装热继电器？装有热继电器是否可以不装熔断器？

4）如果长动控制电路中接触器上的 U 线拆掉，会出现什么故障，并分析出现此故障的原因，并提出检查和排除故障的方法。

[互动讨论]

1）在长动控制电路中，合上低压断路器（未按下起动按钮），接触器立即得电动作；按下停止按钮，则接触器释放，松开停止按钮时，接触器又得电动作。

2）在长动控制电路中，合上低压断路器，未按下起动按钮，接触器剧烈振动（振动频率低，约 10~20 Hz），主触点严重起弧，电动机轴时转时停。按下停止按钮，则接触器立即释放；松开停止按钮，接触器又剧烈振动。

3）在长动控制电路试车时，按下起动按钮 SB2 时接触器不动作，而同时按下停止按钮 SB1 时接触器动作，松开停止按钮 SB1 则接触器释放。

4）在长动控制电路试车时，按下起动按钮后接触器不动作，检查接线时无错接处；检查电源，三相电压均正常，线路无接触不良处。

试分析产生故障的原因，并提出排除故障的方法。

[自我评价]

1）收获与总结。

2）存在的主要问题。

3）今后改进、提高的措施。

任务2.2 应用训练：制作与调试单台排水泵手动控制箱

【任务导入】

单台排水泵手动控制箱是按照国家常用水泵控制电路图设计图集（16D303-3）的标准生产的，适用于一台水泵按钮控制，常用于操作比较频繁的小型水泵。

【任务描述】

本任务是对单台排水泵手动控制箱设计、识读和绘制电气图，装配和接线、调试。要求单台排水泵手动控制箱线路具有两地控制功能，即可以两地手动控制单台排水泵的起停，线路应具有必要的保护，并在控制箱门板上显示单台排水泵的起停状态。

【自学知识】

1. 技术资料

（1）电气原理图

单台排水泵手动控制箱的电气原理图如图 2-13 所示。其中 SB1、SB3 分别为甲地（现场）停止、起动按钮；SB2、SB4 分别为乙地（远方）停止、起动按钮，安装在按钮盒内，按钮盒在控制箱之外；HG 为停泵指示灯，HR 为运行指示灯。

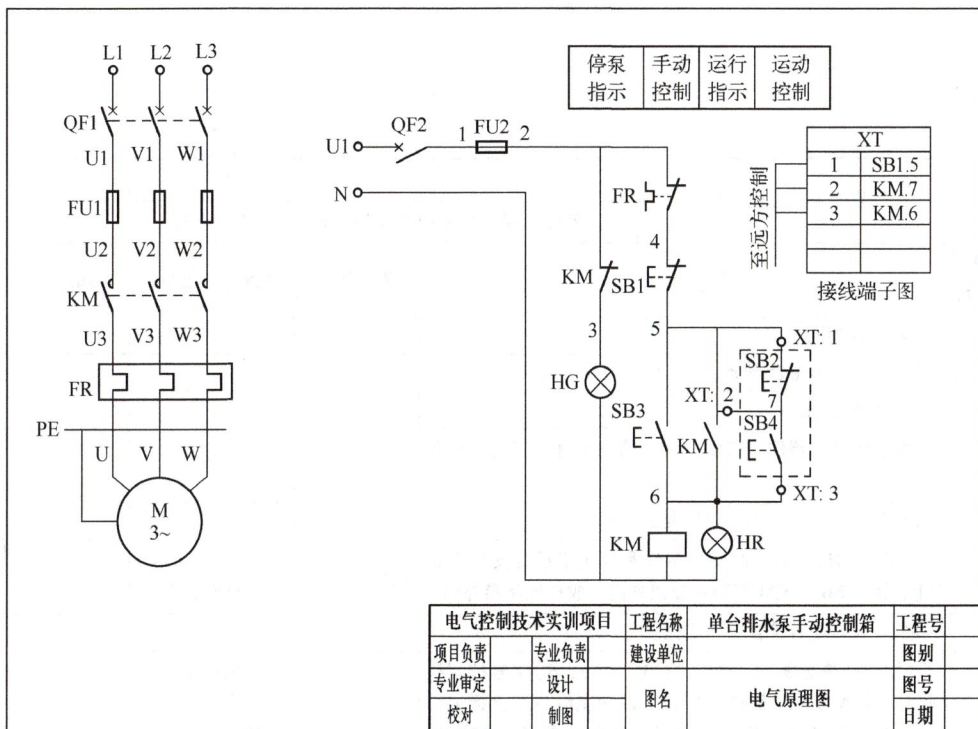

图 2-13　单台排水泵手动控制箱的电气原理图

该电路工作情况如下：

① 合上低压断路器 QF1、QF2。

② 各起动按钮是并联的，当任一处按下起动按钮 SB3 或 SB4 后，接触器线圈 KM 都能通电并自锁；各停止按钮是串联的，即当任一处按下停止按钮 SB1 或 SB2 后，都能使接触器线圈断电，电动机 M 停转。

结论：欲使几个元器件都能控制甲地接触器通电，则几个元器件的常开触点应并联到甲地接触器的线圈电路中；欲使几个元器件都能控制甲地接触器断电，则几个元器件的常闭触点应串联接到甲地接触器的线圈电路中。

（2）外形和安装尺寸要求

单台排水泵手动控制箱外形和安装尺寸如图 2-14 所示，控制箱内底板为网孔板，控制箱和底板材料为铝铜合金。

（3）安装与布线工艺过程

参考表 2-6 认真安装单台排水泵手动控制器电气元器件并仔细配线，见表 2-7。

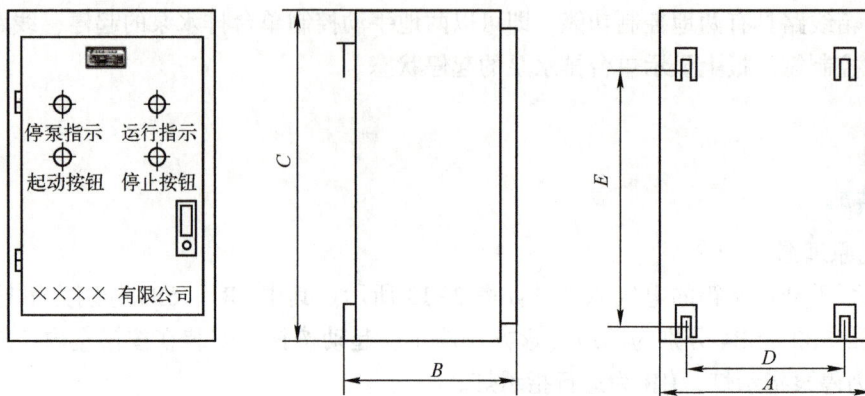

图 2-14　单台排水泵手动控制箱外形和安装尺寸图

A—500 mm　B—270 mm　C—730 mm　D—425 mm　E—635 mm

表 2-7　电气装配工艺过程卡片

编号：1

××职业学院	电气装配工艺过程卡片		产品型号		部件图号		共　页
			产品名称	单台排水泵手动控制箱	部件名称		第　页
工序	工序名称	工序内容	装配部门	设备及工艺装备	辅助材料		学时/min
1	准备	与表 2-6 相同。					
		检验：图、卡是否齐全。					
2	领料	与表 2-6 相同。		万用表			
		检验：电气元器件、布线器材、辅助器材和安装工具是否完好。					
3	装配	步骤①、②、③、④、⑤与表 2-6 相同。	电气实训室	三相交流电源十字螺钉旋具			
		⑥ 按钮 SB1、SB3、起动指示灯和停止指示灯安装在箱门上，按钮 SB2、SB4 安装在按钮盒内，放在控制箱外面。					
		检验：安装是否符合工艺规程。					
4	布线	① 控制电路配线：U1、1、2、3、4、5、6、7 号控制线（蓝色）和 N 零线（黑色）配长，两端剥线后套上标记套管再放线，器件之间用导线连接，连接在螺旋式熔断器 FU2 上的线头向顺时针方向弯曲成羊眼圈后才能接线。先接黑色线，再接蓝色线。		斜口钳剥线钳线号打印机十字螺钉旋具尖嘴钳			
		步骤②③④⑤与表 2-6 相同。		同上			
		检验：布线是否符合工艺规程。					
			设计（日期）	审核（日期）	标准化（日期）		会签（日期）
标记	处数	更改文件号	签字	日期			

2. 检验与调试

单台排水泵手动控制箱检验与调试与单速风机手动控制箱检验与调试基本相同，但电路短路排查和通电调试有如下不同。

（1）电路短路排查

1）检查元器件所有连接点与控制板是否发生短路情况。

2）检查主电路从电源端到电动机端是否三相短路。用万用表笔分别测量低压断路器（4P）下端 U1-V1、V1-W1、W1-U1 之间的电阻，结果均应为断路（$R \to \infty$）。如某次测量结果为短路（$R \to 0$），则说明所测两相之间的接线有短路问题，应仔细逐线检查排除。

3）检查控制电路与电源之间是否短路。如按下 SB3 或 SB4 测得结果为短路，则重点检查不同线号导线是否错接到同一端子上。

（2）电路通电调试

1）空操作试验。在试验时拆下电动机接线，合上低压断路器 QF1、QF2，HG 灯亮。按下起动按钮 SB3 或 SB4，接触器 KM 应立即动作，HG 灯灭，HR 灯亮；松开 SB3 或 SB4，接触器 KM 能保持吸合状态。按下停止按钮 SB1 或 SB2，KM2 应立即释放，HR 灯灭，HG 灯亮。在操作过程中注意倾听 KM 触点分合动作的声音是否正常。反复做几次试验，检查电路动作的可靠性。

2）负载试验。切断电源后，接上电动机连线，接通主电路即可进行。合上 QF1、QF2，按下 SB3 或 SB4，电动机 M 应立即通电运行；松开 SB3 或 SB4，电动机继续运转。按下 SB1 或 SB2 时，电动机停车。验证时，如有异常情况，必须立即切断电源查明原因。

【任务实施】

制作与调试任务单见随附的"任务单"部分。

任务 2.3　创新训练：设计与装调带式输送机控制箱

【任务导入】

带式输送机是一种以摩擦驱动方式连续运输物料的机械，它既可以进行碎散物料的输送，也可以进行成件物品的输送，还可以与各工业企业生产流程中的工艺过程的要求相配合，形成有节奏的流水作业运输线，具有输送能力强、输送距离远、结构简单、易于维护等优点，在家电、电子、电器、机械、烟草、注塑、邮电、印刷、食品等行业得到广泛的应用。

在物料输送过程中，为防止货物堆积，带式输送机起动时必须先起动第 1 台带式输送机，第 2 台带式输送机才能起动；停止时必须先停止第 2 台带式输送机，才能停止第 1 台带式输送机。

【任务描述】

本任务是对带式输送机控制箱设计、识读和绘制电气图，安装、接线与调试。要求带式输送机的控制实际是两台三相异步电动机具有顺序起动、逆序停止功能，即起动时，第 1 台电动机先起动，第 2 台电动机后起动；停止时，第 2 台电动机先停止，第 1 台电动机后停止。电路应具有必要的保护。

【任务实施】

设计与装调任务单见随附的"任务单"部分。

阅读资料 2.4　电气控制系统设计的内容

1. 电气控制系统设计的一般原则

在电气控制系统设计过程中，通常应遵循以下几个原则。

1）设计方案合理。

设计的电气控制系统应能满足生产机械和生产工艺对电气控制系统的要求，具有安全、可靠、维护方便的特点。在满足控制要求的前提下，设计方案应力求简单、经济、便于操作和维修，不要盲目追求高指标和自动化。所设计的电气控制系统要求一般人员经过短期培训就能掌握和操作，能进行维修。

2）有工程实践观。

设计出的电气控制系统所采用的电气元器件应为标准化、系列化的产品，不用或少用非标准化、非系列化产品。若采用非标准化、非系列化产品，应是结构简单、设计和制造较容易的元器件。此外，所用元器件应便于安装和调整，还应注意经济性。正确、合理地选用电气元器件，严禁使用国家已禁止和淘汰的产品，应优先选用技术先进的新产品，确保使用安全。

尽量缩短连接导线的数量和长度。设计控制电路时，应考虑各个元器件之间的实际接线，特别注意控制柜、操作台和按钮、限位开关等元器件之间的连接线，如按钮一般均安装在控制柜或操作台上，而接触器则安装在控制柜内。

3）机械设计与电气设计应相互配合。

一项电气控制系统的设计，应根据机电一体化工程项目提出的技术要求、工艺要求，拟订总体技术方案，并与机械结构协调设计。设计的先进性和实用性，是由机电设备的结构、性能及其电气自动化程度共同决定的。

4）确保控制系统安全可靠地工作。

5）设计时，应以行业规范或国家标准为依据。

2. 设计内容

电气控制系统设计包括电气原理图设计与电气工艺设计两方面的内容。电气原理图设计是为满足生产机械及其工艺要求而进行的电气部分设计；电气工艺设计是为满足电气控制装置本身的制造、使用、运行及维修需要而进行的生产工艺设计，包括箱（柜）体设计、布线工艺设计、保护环节设计、人体工学设计、操作和维修工艺设计等。

电气原理图设计的质量决定着一台（套）设备的实用性、先进性和自动化程度，是电气控制系统设计的核心。电气工艺设计决定着电气控制设备的制造、使用、维修等的可行性，直接影响电气原理图设计的性能目标及经济指标。因此，电气原理图设计和电气工艺设计都很重要。

3. 电气控制系统设计的一般流程

电气控制系统设计的一般流程如下。

（1）设计任务书

电气设计任务书或技术建议书（或项目合同中的"标的"条款）是整个系统设计的依据，同时又是后期设备竣工和验收的依据。在很多情况下，设计任务下达部门（或合同中的甲方）对系统的功能要求、技术指标只能给出一个粗糙的轮廓，设计应达到的各种具体的技术指标及其他各项要求实际上是由技术部门、设备使用部门及技术设计部门（或合同中的乙方）等几个方面共同协商，最后以技术协议形式予以确定的。电气设计任务书中，除简要说明所设计系统的用途、工艺过程、动作要求、传动系统的参数、工作条件外，还应说明以下主要技术经济指标及要求：

① 电气传动基本特性要求、自动化程度要求及控制精度。

② 所采用的执行元件、其他器件的品牌，目标成本与经费限额。

③ 控制方式、设备布局、安装要求、控制柜（箱）、操作台布置、照明、信号指示、报警方式等。

④ 工期、验收标准及验收方式。

（2）电气原理图设计

电气原理图设计是在总体方案确定后需要具体设计的核心内容。电气控制系统的各项性能指标、功能是通过电气控制原理图来实现的，同时它又是电气工艺设计和编制各种技术资料的依据。电气原理图设计完成后，就可选择所需电气元器件、编制元器件目录清单。

当机械设备的电力拖动方案已经确定后，就可以进行电气控制电路的设计。电气控制电路的设计是电力拖动方案和控制方案的具体化，一般在设计时应该遵循以下原则。

① 最大限度地实现生产机械和工艺对电气控制电路的要求。

② 控制电路是为整个设备和工艺过程服务的。因此，在设计之前，要调查清楚生产要求，对机械设备的工作性能、结构特点和实际加工情况要有充分的了解。电气设计人员要深入现场对同类产品进行调查，收集资料，加以分析和综合，并在此基础上考虑控制方式、起动、反向、制动、调速的要求，设置各种联锁及保护装置，最大限度地实现生产机械和工艺对电气控制电路的要求。

③ 在满足生产要求的前提下，力求使控制电路简单、经济，并保证控制电路工作的可靠性和安全性。

（3）电气施工图设计

工程项目的电气原理图设计完成后，下一步是进行电气施工图设计，这是具体实现设计目标的重要步骤。包括总装配图、部件装配图、箱柜配线工艺图、箱柜安装图、现场布线图和电缆走线施工图、电缆桥架施工图等，并以此为根据编制各种材料定额清单。

（4）电气工艺设计

为了满足电气控制设备的制造和使用要求，必须进行合理的电气工艺设计。电气工艺设计主要包括控制箱（柜）、控制屏和控制台、布线等的设计。基本要求是柜、屏、台和设备的机械结构（包括造型、色彩、布局等）先进、合理，符合人体工程学要求。

所用的材料应环保，无公害。有些机柜和机箱结构不仅要求防尘、防水、防腐蚀，还要具有耐高温、耐低温、耐潮湿、耐冲击的防护，以及在太阳辐射、大气污染、电磁屏蔽、抗破坏等特殊环境的防护。

（5）编写设计说明书

设计说明书应包括对设计的文字叙述、设计计算和必要的简图，以及有关计算结果和简短结论。

4. 电气控制电路设计的基本方法

（1）经验设计法

经验设计法就是根据生产工艺要求直接设计出控制电路。通常有两种做法：一种是根据生产机械的工艺要求，选用现有的典型环节，将它们有机地组合起来，综合成所需要的控制电路；另一种是根据工艺要求自行设计，随时增加所需的电气元器件和触点，以满足给定的工作条件。

1）经验设计法的基本步骤。

一般的生产机械电气控制电路设计包括主电路和辅助电路等的设计。

① 主电路设计。主要考虑电动机的起动、点动、正反转、制动及多速电动机的调速，另外还考虑短路、过载、欠电压等各种保护环节以及联锁、照明和信号等环节。

② 辅助电路设计。主要考虑如何满足电动机的各种运转功能及生产工艺要求。设计步骤是：根据生产机械对电气控制电路的要求，首先设计出各个独立环节的控制电路，然后根据各个控制环节之间的相互制约关系，进一步进行联锁控制电路等辅助电路的设计，最后根据电路的简单、经济和安全、可靠原则，修改电路。

③ 反复审核电路是否满足设计原则。在条件允许的情况下，进行模拟试验，逐步完善整个电气控制电路的设计，直至电路动作准确无误。

2）经验设计法的特点。

① 易于掌握，使用很广，但一般不易获得最佳设计方案。

② 要求设计者具有一定的实践经验，在设计过程中往往会因考虑不周发生差错，影响电路的可靠性。

③ 当电路达不到要求时，多用增加触点或电器数量的方法来加以解决，所以设计出的电路常常不是最简单、经济的。

④ 需要反复修改草图，一般需要进行模拟试验，设计速度慢。

笔记

笔记

（2）逻辑分析设计法

逻辑分析设计法是根据生产工艺的要求，利用逻辑代数来分析、化简、设计电路的方法。这种设计方法是将控制电路中的继电器、接触器线圈的通、断，触点的断开、闭合等看成逻辑变量，并根据控制要求将它们之间的关系用逻辑函数关系式来表达，然后运用逻辑函数基本公式和运算规律进行简化，根据最简式画出相应的电路结构图，最后作进一步的检查和完善，即能获得需要的控制电路。

逻辑分析设计法较为科学，能够用必需的、最少的中间记忆元器件（中间继电器）实现一个自动控制电路，以达到使逻辑电路最简单的目的，设计的电路比较简单、合理。但是当设计的控制系统比较复杂时，这种方法就显得十分烦琐，工作量也大。

因此，如果将一个较大的、功能较为复杂的控制系统分成若干个互相联系的控制单元，用逻辑分析设计方法先完成每个单元控制电路的设计，然后用经验设计法把这些单元电路组合起来，各取所长，也是一种简捷的设计方法。

1）为保证电气控制电路逻辑关系的一致性，特做以下规定：

① 接触器、继电器、电磁阀等元器件的线圈，得电状态为"1"，失电状态为"0"。

② 各电气元器件的触点，闭合状态为"1"，断开状态为"0"。

③ 接触器、继电器的线圈和触点用同一字符表示。

④ 常开触点用原变量形式表示，常闭触点用反变量形式表示。

2）逻辑分析设计方法的一般步骤如下。

① 将电气控制系统的工作过程及控制要求用文字的形式叙述出来，或以图形的方式示意清楚。

② 根据电气控制系统的工作过程及控制要求绘制逻辑关系图。

③ 写出各运算元件和执行元件的逻辑表达式。

④ 根据各运算元件和执行元件的逻辑表达式绘制电气控制电路图。

⑤ 检查并进一步完善设计电路。

（3）电路设计需要注意的问题

为了使设计的电气控制电路既要简单又能保证工作的安全和可靠，在设计时要注意以下问题。

① 线圈的连接。在交流控制电路中，不能串联接入两个电器线圈。如图 2-15a 和图 2-15b 所示。即使外加电压是两个线圈额定电压之和，也是不允许的。因为每个线圈上所分配到的电压与线圈阻抗成正比，两个电器动作总有先后，先吸合的电器，磁路先闭合，其阻抗比没吸合电器大，电感不能显著增加，线圈上的电压也相应增大，故没吸合电器的线圈的电压达不到吸合值，同时电路电流将增加，有可能烧毁线圈。因此两个电器需要同时动作时，线圈应并联连接。

② 电器触点的连接。图 2-16 的两图中电路的电气原理是相同的，使用了同一个限位开关 SQ 的常开触点和常闭触点，但是在图 2-16a 中，两触点不是等电位，如果触点断开时产生电弧，则很可能在两触点之间形成飞弧而造成电源短路（图中虚线所示）。而在图 2-16b 中，触点置于线圈的同一侧，即使发生飞弧，由于电压降元件线圈的存在，也不会发生短路事故。

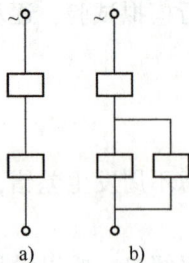

图 2-15　线圈的连接
a）两线圈串联　b）两线圈并联

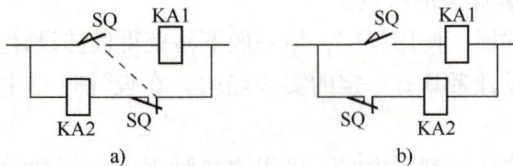

图 2-16　触点的连接
a）两触点非等电位　b）两触点等电位

③ 电路中应尽量减少依靠多个电气元器件依次动作才能接通的元器件。如图 2-17 所示，在图 2-17a 中，线圈 KA4 的接通需要 KA1、KA2 和 KA3 3 对常开触点闭合。而在图 2-17b 中，则线圈 KA3 的通电只需经过一对触点控制，提高了工作的可靠性，而电器之间的控制关系并没有改变。

④ 应考虑电器触点的接通和分断能力，若容量不够，可在电路中增加中间继电器，或增加电路中触点数目；增加接通能力用多触点并联连接，增加分断能力用多触点串联连接。

⑤ 应考虑电气元器件触点"竞争"问题。同一继电器的常开触点和常闭触点有"先断后合"和"先合后断"型。

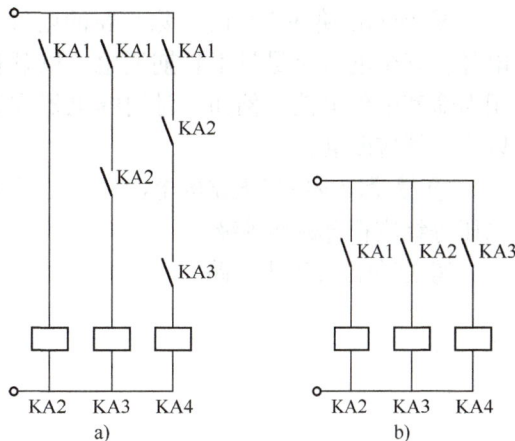

图 2-17   电路的可靠性

图 2-18a 所示电路的功能是电动机 M1 先起动，延时时间到后，电动机 M1 停止，而 M2 起动运转。实际使用时，出现有时能实现功能，有时却不能正常工作的现象，原因在于电路存在临界竞争现象。

图 2-18a 所示电路中使用了通电延时型时间继电器，其设计意图是：当延时时间到时，延时常闭触点先断开，KM1 线圈断电，电动机 M1 停止；延时常开触点闭合，KM2 线圈得电，电动机 M2 起动。

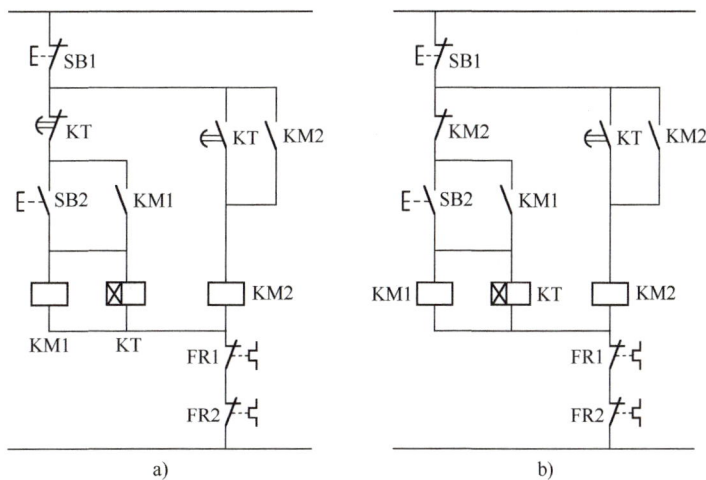

图 2-18   临界竞争

a）典型的临界竞争电路   b）改造后的电路

然而，延时常闭触点的断开会使 KT 线圈断电，KT 线圈断电使其延时常开触点立即断开。但是由于磁场不能突变为零和衔铁复位需要时间，如果延时常开触点来得及闭合，KM2 线圈可以得电，电路则可以工作；反之，KT 延时常开触点不能闭合，KM2 不能得电，M2 则不能起动，这种情况就是临界竞争和冒险现象。存在临界竞争和冒险现象的电路不能保证电路稳定工作。对图 2-18a 电路进行图 2-18b 的改进，将 KT 延时常闭触点换成 KM2 常闭触点，就不存在这样的问题。

⑥ 在设计实际的控制电路中，要尽量减少元器件和触点的数目，所用的电器和触点越少越经济，出故障的机会也越少。图 2-19 中的两个 KA1 触点可以合并使用一个触点。

⑦ 尽量减少连接导线，将电气元器件触点的位置合理安排，可减少导线根数和缩短导线长度，以简化接线，起动按钮和停止按钮放置在操作台上，而接触器放置在电气柜内。

⑧ 控制电路在工作时，除必要的电气元器件必须长期通电外，其余电器应尽量不长期通电，以延长电气元器件的使用寿命和节约电能。例如，时间继电器在完成延时控制功能以后，就应断电。

⑨ 尽量减少电气电路的电源种类，尽量采用同一类电源，电压等级应符合标准等级。

⑩ 避免出现寄生电路。

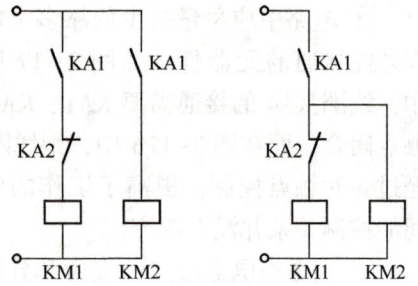

图 2-19　减少触点数量

项目 3 | 装配与调试三相异步电动机可逆运转控制箱

任务 3.1 装配与调试可逆运转手动控制箱

【任务导入】

各种生产机械常常要求具有相反方向的运动，这就要求电动机能够正反向运转。例如：通过电动机的正反转来控制机床主轴的正反转，由此满足生产加工的要求。电动机的正反转控制也称为可逆运转控制，该控制分为手动控制和自动控制两种。在实际生产过程中，为了提高劳动生产率，减少辅助工时，常要求能够直接实现正、反向转换。

【任务描述】

本任务是装配与调试可逆运转手动控制箱。要求电路具有可逆运转手动控制功能，即按下正转起动按钮，电动机正转；按下反转起动按钮，电动机就反转。在电动机正转时，按下反转起动按钮，就使其反转；反之，在电动机反转时，按下正转起动按钮，就使其正转。电路应具有必要的保护。

【自学知识】

电动机的正反转控制可以使用专用的起动装置——电磁起动器。电磁起动器是将接触器和热过载继电器组装在一起的起动装置，用作控制三相笼型电动机，使其直接起动、停止和正反向运转，有热过载继电器的电磁起动器能对电动机的过载或断相起保护作用。图 3-1 所示是 RDQ20 系列的一种电磁起动器，起动器采用金属外壳防护式结构，其防护等级为 IP40，内部由 CJX1 系列交流接触器和 JR36 系列热过载继电器组合而成。有不可逆、不可逆带按钮、可逆 3 种结构，适用于不同的控制要求。

码 3-1
可逆电磁起动器的外形图

1. 可逆运转手动控制箱电气电路

（1）电路设计思想

电动机可逆运转控制电路，实质上是两个方向相反的单向运行电路的组合。为此，采用两台接触器分别给电动机定子绕组送入 U、V、W 相序和 W、V、U 相序的电源，电动机就能实现可逆运行。为了避免误操作而引起的电源短路，需在这两个方向相反的单向运行电路中加设必要的联锁。

图 3-1　RDQ20 系列电磁起动器

（2）电气原理图

利用复合按钮和触点联锁可组成直接实现正、反向可逆运转手动控制电路，如图 3-2 所示。图中 KM1 为正转接触器，KM2 为反转接触器，SB2 为正转起动按钮，SB3 为反转起动按钮，SB1 为停止按钮。

1）电路元器件组成和功能。可逆运转手动控制箱电气电路的组成、功能及识读过程见表 3-1。

笔记

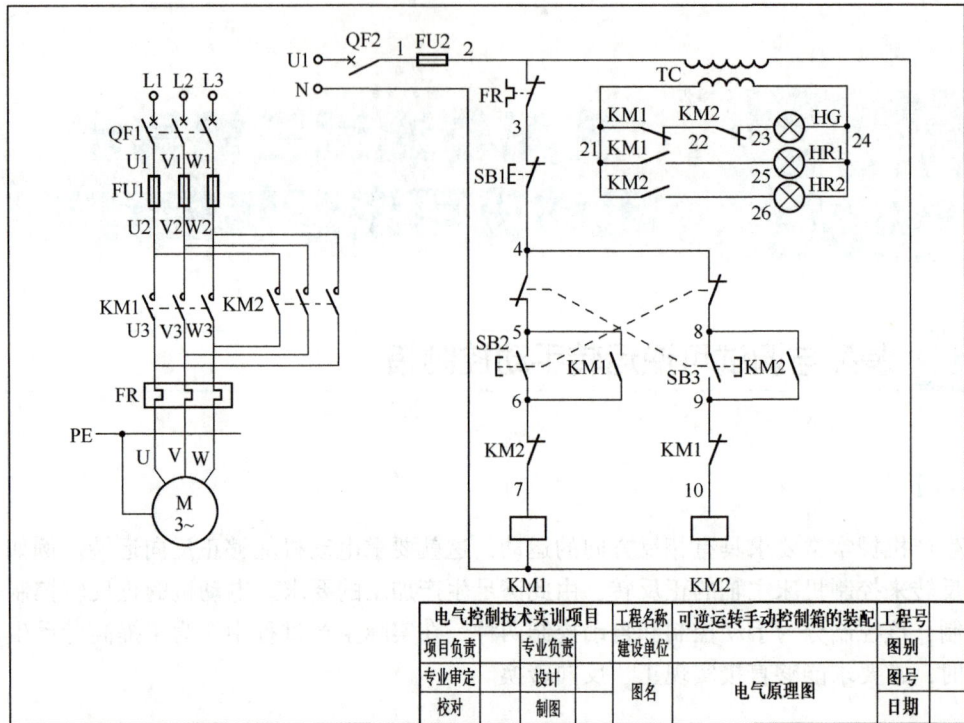

图 3-2　可逆运转手动控制箱电气电路图

表 3-1　可逆运转手动控制箱电气电路的组成、功能及识读过程

序号	识读任务	元器件或导电部分	功　能	备　注
1		QF1	电源开关	
2		FU1	主电路短路保护作用	
3		KM1 主触点	控制电动机的正转	
4	读主电路	KM2 主触点	控制电动机的反转	绘制在电路图的左侧
5		FR 热元件	感应主电路中电流的变化，配合常闭触点完成动作，从而起到过载保护作用	
6		M	电动机	
7		QF2	电源开关	
8		FU2	控制电路短路保护作用	
9		FR 常闭触点	当发生过载时触点断开，起到保护电路的作用	
10		SB1	停止按钮	
11		SB2	正转起动按钮	
12		SB3	反转起动按钮	
13	读控制电路	TC	单相变压器减压来为指示灯提供电源	绘制在电路图的右侧
14		KM1 线圈	控制 KM1 的吸合和释放	
15		KM1（21-22）常闭辅助触点	控制 HG 电源指示灯	
16		KM1（21-25）常开辅助触点	控制 HR1 指示灯	
17		KM1（5-6）常开辅助触点	交流接触器的自锁触点，起到使 KM1 线圈长时通电的作用	
18		KM1（9-10）常闭辅助触点	交流接触器的互锁触点，起到使 KM2 线圈失电的作用	
19		KM2 线圈	控制 KM2 的吸合和释放	

（续）

序号	识读任务	元器件或导电部分	功　能	备　注
20	读控制电路	KM2（22-23）常闭辅助触点	控制 HG 电源指示灯	绘制在电路图的右侧
21		KM2（21-26）常开辅助触点	控制 HR2 指示灯	
22		KM2（8-9）常开辅助触点	交流接触器的自锁触点，起到使 KM2 线圈长时通电的作用	
23		KM2（6-7）常闭辅助触点	交流接触器的互锁触点，起到使 KM1 线圈失电的作用	
24		HG 电源指示灯	显示可逆运转控制箱上电	
25		HR1 正转运行指示灯	显示电动机正转运行	
26		HR2 反转运行指示灯	显示电动机反转运行	

2）电路工作情况。

① 合上 QF1、QF2，电源指示灯 HG 亮。

② 按下正转起动按钮 SB2，常闭触点先断开，常开触点后闭合，正转接触器 KM1 线圈通电并自锁，主触点闭合，常闭辅助触点（21-22）断开，HG 灯灭，常开辅助触点（21-25）闭合，HR1 灯亮，电动机正转。同时，KM1 的常闭辅助触点（9-10）断开了 KM2 的线圈回路，这样，即使按下反转起动按钮 SB2，也不会使 KM2 的线圈通电。

③ 按下反转起动按钮 SB3，常闭触点先断开，KM1 的线圈失电并解除自锁，常开辅助触点（21-25）断开，HR1 灯灭，主触点断开，同时常闭辅助触点（9-10、21-22）闭合，SB3 常闭触点后闭合，KM2 线圈得电并自锁，主触点闭合，常闭辅助触点（22-23）断开，常开辅助触点（21-26）闭合，HR2 亮，电动机反转。这样，在 KM2 的线圈通电后，也保证了 KM1 的线圈不能通电。

④ 按下停止按钮 SB1，KM2 的线圈断电并解除自锁，主触点断开，常开辅助触点断开，HR2 灯灭，常闭辅助触点恢复闭合状态，电源指示灯 HG 亮，电动机停转。

3）互锁（联锁）保护。

① 电气联锁。电动机可逆运行控制电路中在同一时间里两个接触器只允许一个工作的控制称为互锁或联锁。在正、反两个接触器线圈回路中互串一个对方的常闭辅助触点以实现互锁，这种利用接触器常闭辅助触点实现的互锁也称为电气互锁，这对常闭辅助触点称为互锁触点或联锁触点。

由以上的分析可以得出如下的规律：

● 如果要求甲接触器工作时，乙接触器就不能工作，应在乙接触器的线圈电路中串入甲接触器的常闭辅助触点。

● 如果要求甲接触器工作时乙接触器不能工作，而乙接触器工作时甲接触器不能工作，应在两个接触器的线圈电路中互串对方的常闭辅助触点。

② 机械联锁。甲复合按钮的常闭触点串联在乙复合按钮的常开触点，乙复合按钮的常闭触点串联在甲复合按钮的常开触点，称为机械联锁或机械互锁。这里需注意，复合按钮不能代替联锁触点的作用。例如，当主电路中正转接触器 KM1 的主触点发生熔焊（即静触点和动触点烧蚀在一起）现象时，由于相同的机械联接（接触器的主触点、常开辅助触点和常闭辅助触点在同一个传动机构上），KM1 的触点在线圈断电时不复位，KM1 的常闭辅助触点处于断开状态，可防止反转接触器 KM2 通电使主触点闭合而造成电源短路故障，这种保护作用仅采用复合按钮是做不到的。所以机械联锁不能单独使用。

③ 复合联锁。把电气联锁和机械联锁结合在一起，就构成复合联锁。复合联锁的正反转控制线路既能实现电动机直接正、反转的要求，又保证了电路可靠地工作，常用在电力拖动控制系统中。

（3）电器布置和门板开孔图

将低压断路器 QF1、QF2、螺旋式熔断器 FU1、FU2 在上方水平一字排开，低压断路器 QF1、接触器 KM1 和热过载继电器 FR 按上、中、下排列，接触器 KM1、KM2 水平一字排列，热过载继电器

码 3-2
可逆运转手动控制电路的分析

笔记

FR 和单相变压器 TC 一字排开，端子排 XT 在左侧；按钮 SB1、SB2、SB3 和指示灯 HG、HR1、HR2 安装在可逆运转手动控制器的门板上。图 3-3 为可逆运转手动控制器的电器布置和门板开孔图。

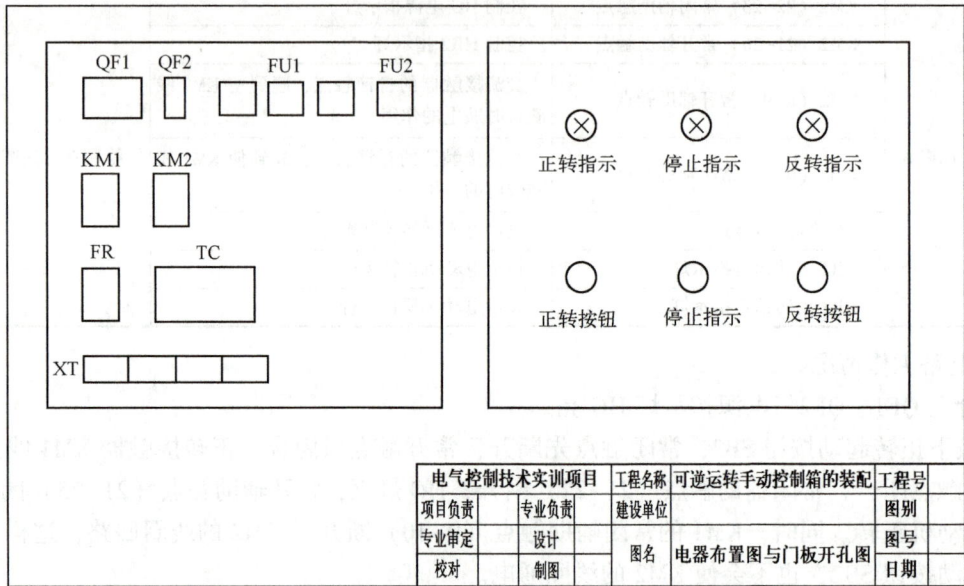

图 3-3　可逆运转手动控制箱电路的电器布置和门板开孔图

（4）电气安装接线图

可逆运转手动控制箱电气电路的电气安装接线图如图 3-4 所示，其识读过程见表 3-2。

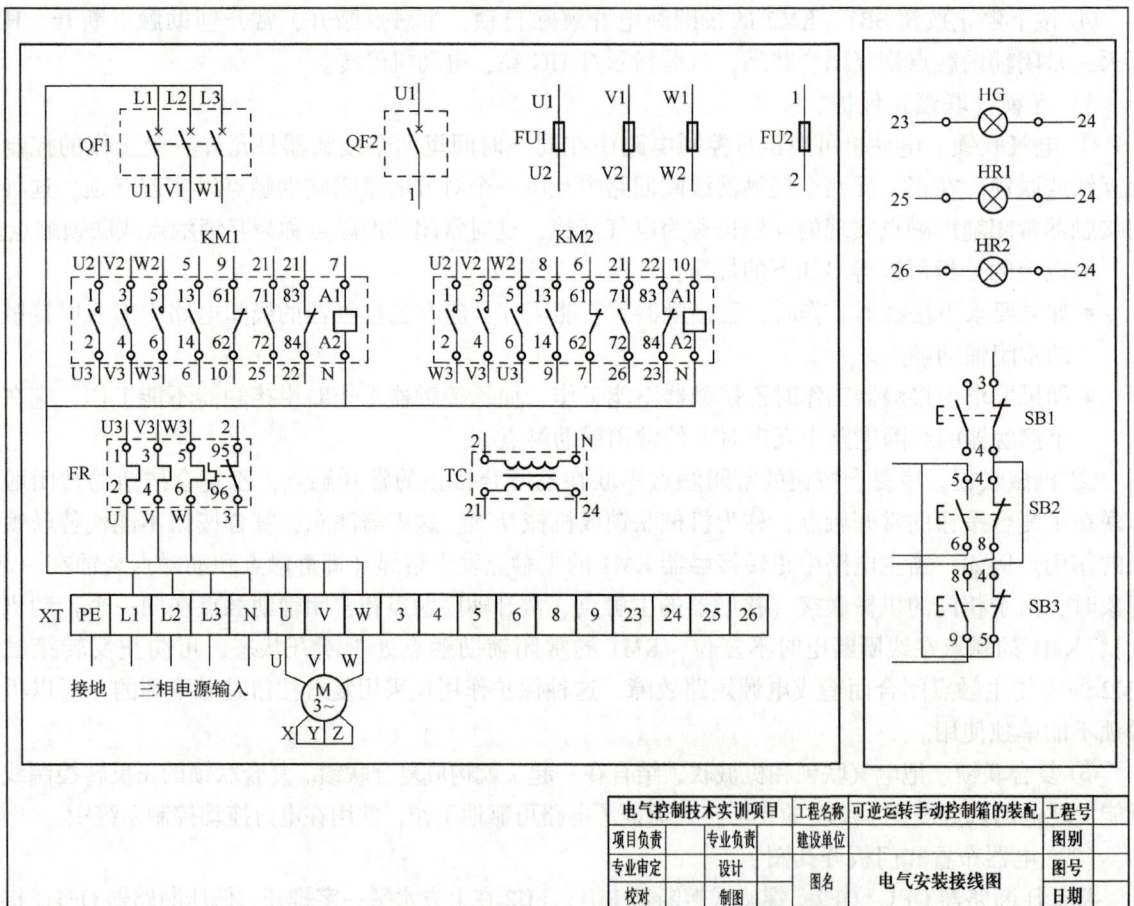

图 3-4　可逆运转手动控制箱的电气安装接线图

74

（5）外形和安装尺寸要求

可逆运转手动控制箱的外形和安装尺寸如图 3-5 所示，控制箱内底板为网孔板，控制箱和底板材料为铝铜合金。

表 3-2　可逆运转手动控制箱电气安装接线图的识读过程

序号	识读任务		识 读 结 果	备　注
1	读元器件位置		QF1、QF2、FU1、FU2、KM1、KM2、FR、TC、XT	控制板上的元器件均匀分布
2			SB1、SB2、SB3、HG、HR1、HR2	控制箱门上的元器件
3			电动机 M	控制箱的外围元器件
4	读箱内元器件的布线	读主电路走线	L1、L2、L3：XT→QF1	集束布线，安装时使用 BV-1.0 mm² 单芯线
5			U1、V1、W1：QF1→FU1	
6			U2、V2、W2：FU1→KM1→KM2	
7			U3、V3、W3：KM1→KM2→FR	
8			U、V、W：FR→XT	
9		读控制电路走线	U1 号线：QF1→QF2	集束布线，也有分支，安装时使用 BV-1.0 mm²单芯线
10			N 号线：KM1→KM2→TC 的一次绕组→XT	
11			1 号线：QF2→FU2	
12			2 号线：FU2→FR→TC 的一次绕组	
13			3 号线：FR→SB1	
14			4 号线：SB1→SB2→SB3	
15			5 号线：SB2→SB3→KM1	
16			6 号线：SB2→KM1→KM2	
17			7 号线：KM1→KM2	
18			8 号线：SB2→SB3→KM2	
19			9 号线：SB3→KM1→KM2	
20			10 号线：KM1→KM2	
21			21 号线：KM1→KM1→KM2→TC 的二次绕组	
22			22 号线：KM1→KM2	
23			23 号线：KM2→HG	
24			24 号线：HG→HR1→HR2→TC 的二次绕组	
25			25 号线：KM1→HR1	
26			26 号线：KM2→HR2	
27	读外围元器件的布线	读三相电源走线	L1、L2、L3、N：电源→XT	一头插孔，另一头叉形导线（黄、绿、红、黑色）
28		读电动机走线	U、V、W：XT→M	
			X、Y、Z：连接在一起	插孔导线（黑色，2 根）
29		读电动机接地线	PE：电源→XT→M	安装时使用 1 根 BV-1.0 mm²单芯线，和 1 根一头插孔、另一头 O 形的导线（黄绿色）

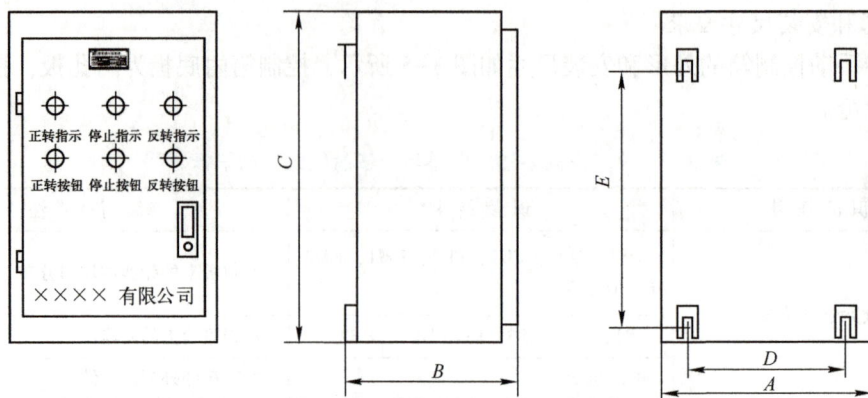

图 3-5 可逆运转手动控制箱的外形和安装尺寸图

A—340 mm   *B*—240 mm   *C*—430 mm   *D*—250 mm   *E*—260 mm

[课前测验]

1. 判断题

1）在接触器联锁的正、反转控制线路中，正、反转接触器有时可以同时闭合。　　　（　　）

2）为了保证三相异步电动机实现反转，正、反转接触器的主触点必须按相同的顺序并接后串联到主电路中。　　　（　　）

3）三相异步电动机正、反转控制电路，采用接触器联锁最可靠。　　　（　　）

2. 选择题

1）在接触器联锁的正、反转控制电路中，其联锁触点应是对方接触器的（　　）。

A. 主触点　　　B. 常开辅助触点　　C. 常闭辅助触点　　D. 常开或常闭辅助触点

2）为了避免正、反转接触器同时得电动作，电路采取了（　　）。

A. 自锁控制　　　B. 联锁控制　　　C. 位置控制　　　D. 时间控制

3）在操作接触器联锁正、反转控制电路时，要使电动机从正转变为反转，正确的操作方法是（　　）。

A. 可直接按下正转、反转起动按钮

B. 必须先按下停止按钮，再按下反转起动按钮

C. 可直接按下正转起动按钮

D. 必须先按下停止按钮，再按下正转起动按钮

4）在操作按钮联锁或按钮、接触器双重联锁正、反转控制电路时，要使电动机从正转变为反转，正确的操作方法是（　　）。

A. 可直接按下正转、反转起动按钮

B. 必须先按下停止按钮，再按下反转起动按钮

C. 可直接按下正转起动按钮

D. 必须先按下停止按钮，再按下正转起动按钮

3. 填空题

1）生产机械运动部件需要在正、反两个方向运动时，一般要求电动机能实现_____控制。

2）要使三相异步电动机反转，就必须改变通入电动机定子绕组的_____，即只要把接入电动机三相电源进线中的任意_____相对调接线即可。

2. 安装和布线工艺过程

按照表 3-3 认真装配可逆运转手动控制箱电气元器件并仔细配线。

表 3-3　电气装配工艺过程卡片

笔记

编号：1

××职业学院	电气装配工艺过程卡片		产品型号		部件图号		共　页
			产品名称	可逆运转手动控制箱	部件名称		第　页
工序	工序名称	工序内容		装配部门	设备及工艺装备	辅助材料	学时/min
1	准备	准备电气原理图、电器布置和门板开孔图、电气安装接线图、工序流转卡。					
		检验：图、卡是否齐全。					
2	领料	填写领料单，去仓库领取所需电气元器件、布线器材和安装工具。					
		检验：电气元器件、布线器材、辅助器材和安装工具是否完好。				万用表	
3	安装	① 用塑料卡子和自攻螺钉在网孔板上安装平导轨、G 形端子导轨。		电气实训室	三相交流电源		
		② 在平导轨上扣装低压断路器（4P 和 1P），在 G 形端子导轨上扣装 4 个端子排。			十字螺钉旋具		
		③ 在导线密集位置用塑料卡子和自攻螺钉安装走线槽。					
		④ 用塑料卡子和自攻螺钉安装 4 个螺旋式熔断器，注意：中心片接电源进线，螺口接电源出线。					
		⑤ 用塑料卡子和自攻螺钉安装交流接触器、热过载继电器及其底座、单相变压器。注意：元器件之间上下、左右对齐和爬电间距合适。					
		⑥ 按钮和指示灯安装在箱门板上。					
		检验：安装是否符合工艺规程。					
4	布线	① 控制电路配线：U1、1、2、3、4、5、6、7、8、9、10、21、22、23、24、25、26 号控制线（蓝色）和 N 零线（黑色）配长，两端剥线后套上标记套管再放线，器件之间用导线连接，连接在螺旋式熔断器 FU2 上的线头向顺时针方向弯曲成羊眼圈后才能接线。先接黑色线，再接蓝色线。			斜口钳 剥线钳 线号打印机 十字螺钉旋具 尖嘴钳		
		② 主电路布线：将 L1、U1、U2、U3、U 号导线（黄色）和 L2、V1、V2、V3、V 号导线（绿色）以及 L3、W1、W2、W3、W 号导线（红色）配长，两端剥线后套上标记套管再放线，器件之间用导线连接，连接在螺旋式熔断器 FU1 上的线头向顺时针方向弯曲成羊眼圈后才能接线。布线时将导线整齐地放入走线槽内，盖上走线槽盖。			斜口钳 剥线钳 线号打印机 十字螺钉旋具 尖嘴钳		
		③ 连接三相异步电动机连接线：把电动机连接线 U、V、W 用叉形线（黄、绿、红）与接线端子 XT 的下端对接，叉形线另一端（插孔端）与电动机三相定子绕组的首端 U、V、W 连接，电动机的定子绕组的末端 X、Y、Z 用插孔线（黑色）形成丫形联结。			十字螺钉旋具		
		④ 连接三相电源线：将三相电源线 L1、L2、L3、N（黄、绿、红、黑）的两端用叉形线的一端与三相电源插孔端相连，另一端与接线端子 XT 的下端相连。			十字螺钉旋具		
		⑤ 安装接地线：电动机的接地端与端子排下端之间用 O 形线（黄绿）连接，再在端子排下端与三相电源的地线之间用叉形线（黄绿）连接。			十字螺钉旋具 尖嘴钳		
		检验：布线是否符合工艺规程。					
				设计 （日期）	审核 （日期）	标准化 （日期）	会签 （日期）
标记	处数	更改文件号	签字	日期			

笔记

3. 检查与调试规范

（1）电路不通电的检查

可逆运转手动控制箱电路安装好后，首先清理可逆运转手动控制箱内杂物，进行自查。

① 各个元器件的代号、标记是否与原理图上的一致和齐全。

② 各种安全保护措施是否可靠。

③ 控制电路是否满足原理图所要求的各种功能。

④ 各个电器元器件安装是否正确和牢靠。

⑤ 各个接线端子是否连接牢固。

⑥ 布线是否符合要求、整齐。

⑦ 各个按钮、信号灯罩和各种电路绝缘导线的颜色是否符合要求。

⑧ 电动机的安装是否符合要求。

⑨ 保护电路导线连接是否正确、牢固可靠。

（2）绝缘电阻的检查

主电路绝缘电阻测量、主电路和控制电路之间的绝缘电阻测量。

（3）电路短路的排查

1）检查元器件所有连接点与控制板是否发生短路情况。

2）检查主电路从电源端到电动机端是否三相短路。用万用表笔分别测量低压断路器（4P）下端 U1-V1、V1-W1、W1-U1 之间的电阻，结果均应为断路（$R \rightarrow \infty$）。如某次测量结果为短路（$R \rightarrow 0$），则说明所测两相之间的接线有短路问题，应仔细逐线检查排除。

3）检查控制电路与电源之间是否短路。如按下 SB2 或 SB3 测得结果为短路，则重点检查不同线号导线是否错接到同一端子上。如按钮 SB2 或 SB3 的常开触点、KM1 或 KM2 常开或常闭触点的出线端的引出线错接到 KM1 或 KM2 线圈出线端的 N 端上，则控制电路电源不经 KM1 或 KM2 线圈直接连通，只要按下 SB2 或 SB3 就会造成短路故障。

（4）电路通电调试

1）空操作试验。在试验时拆下电动机接线，合上低压断路器 QF1、QF2，按下正转起动按钮 SB2，接触器 KM1 应立即动作；松开 SB2，接触器 KM1 能保持吸合状态。按下反转起动按钮 SB3，接触器 KM1 应立即释放，接触器 KM2 应立即动作；松开 SB3，接触器 KM2 能保持吸合状态。若按下停止按钮 SB1，KM2 应立即释放。在操作过程中注意倾听 KM1 和 KM2 触点分合动作的声音是否正常。反复做几次试验，检查电路动作的可靠性。

2）负载试验。切断电源后，接上电动机连线，接通主电路即可进行。合上 QF1、QF2，按下 SB2，电动机 M 应立即通电并正转运行；松开 SB2，电动机继续正转运转。按下 SB3，电动机 M 应立即通电并反转运行；松开 SB2，电动机继续反转运行。按下 SB1 时电动机停车。验证时，如有异常情况，必须立即切断电源查明原因。

注：这里的负载是指电动机作为电气控制电路的负载。

试验中如发现接触器振动或发出噪声、主触点燃弧严重、电动机嗡嗡响或不能起动等现象，应立即停车断电。重新检查接线和电源电压，必要时拆开接触器检查电磁机构，排除故障后重新试验。

（5）拆卸电路

试验完毕后，首先正确切断电源，确保在断电的情况下，仔细拆除导线、电源线、电动机线、接地线、电气元器件、布线器材、电动机，认真清点电气元器件、电动机和布线器材，轻轻放入储物柜，储存入库房，认真清点工具、仪表，并轻轻放入工具箱内，导线整齐排放到导线架上，仔细做好打扫卫生工作，再由指导老师检查。

【任务实施】

4. 安装与调试任务单见随附的"任务单"内容。

[课堂作业]

1）如何实现三相笼型异步电动机的正、反转控制？
2）在电动机正反转控制电路中为什么要有联锁控制？联锁控制有哪几种方式？
3）按钮与接触器双重联锁的控制电路中，为什么不要过于频繁进行正反向直接换接？
4）主电路一相熔丝熔断，会发生什么现象？

[互动讨论]

1）如果出现了只能反向运转、不能正向起动的故障，需要如何诊断与检修？故障原因有哪些？
2）在图 3-2 所示电路中，若正、反转控制电路都不工作，试分析可能的故障及原因。
3）实际工作中通常会发生电动机在正转时不能反转或者反转时不能正转的故障现象，试分析可能的原因。
4）在图 3-2 中，按下 SB2，KM1 动作，但松开该按钮时接触器释放；按下 SB3，KM2 动作，松开该按钮，KM2 释放。试分析可能的原因。
5）在图 3-2 中，按下 SB2，接触器 KM1 剧烈振动，主触点严重起弧，电动机时转时停；松开 SB2 则 KM1 释放。按下 SB3 时 KM2 的现象与 KM1 相同。试分析可能的原因。
6）如图 3-2 所示的电动机"正-反-停"可逆运转手动控制线路，根据下列故障现象，拟定检查步骤，确定故障部位，并提出故障处理方法。
① 接触器 KM1 不动作。
② 接触器 KM1 动作，但电动机不转动。
③ 接触器 KM1 动作，电动机转动，但一松开按钮 SB2，接触器复原，电动机停转。

[自我评价]

1）收获与总结。

2）存在的主要问题。

3）今后改进、提高的措施。

任务3.2　应用训练：制作与调试工作台自动往返控制箱

【任务导入】

有些机械的工作需要自动往返运动，例如钻床的刀架、万能铣床的工作台、高炉的加料设备、起重机起吊重物的上升与下放、以及电梯的升降等。为了实现对这些机械的自动控制，就要确定运动过程中的变化参量，一般情况下为行程和时间，常用的是行程控制。

【任务描述】

本任务是制作与调试工作台自动往返控制箱。要求电路具有电动机可逆运行自动控制功能，即根据需要确定运动部件的运动方向，然后按相应的按钮。若按正转起动按钮，电动机正转，运动部件开始前进运动，到达终点后自动返回，再开始下一个往返运动；若按反转起动按钮，电动机反转，运动部件开始后退运动，到达起点后自动前进，再开始下一个往返运动。电路应具有必要的保护。

【自学知识】

1. 工作台自动往返运动控制电路

（1）电路设计思想

工作台自动往返运动控制电路可按行程控制原理来设计。实质上就是利用行程开关来检测运动部件往复运动的位置，自动发出控制信号，进而控制电动机的正反转，使运动部件往复运动。

（2）行程开关

依据生产机械的行程发出命令以控制其运动方向（或行程长短）及限位保护的主令电器，称为行程开关。若将行程开关安装在生产机械行程终点处，以限制其行程，则称为限位开关或终点开关。行程开关广泛应用于各类机床和起重机械中以控制这些机械的行程控制、运动方向或速度的变换、终端的限位保护。行程开关符合 GB/T 14048.5—2017、IEC 60947-5-1-2016 标准。

1）行程开关的结构。

行程开关按触点的性质可以分为有触点和无触点行程开关。有触点行程开关按其结构可分为直动式、滚轮式、微动式和组合式等，其中滚轮式又有单滚轮自动复位式和双滚轮非自动复位式两种，如图3-6所示。

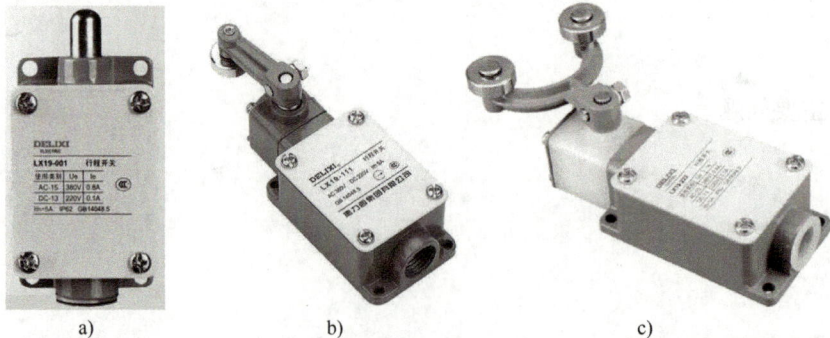

图3-6　不同结构的行程开关
a）直动式　b）单滚轮　c）双滚轮

虽然行程开关结构形式多样，但是基本结构主要由操作机构（滚轮或推杆）、触点系统（微动开关）、传动部分和外壳等组成。操作机构是开关的感测部分，它接收机械部件发来的动作信号，并将此信号传递给触点系统，由触点系统执行，控制相应的控制电路，实现控制目的。

码3-3
行程开关的
外形图

码3-4
行程开关的
结构与原理

2) 行程开关的工作原理。

直动式行程开关的工作原理与控制按钮相类似，所不同的是：一个是手动，另一个则由运动部件的挡铁碰撞。当运动部件上的挡铁碰压行程开关使其触点动作，当运动部件离开后，在弹簧作用下，其触点自动复位。

图 3-7 所示为 LX19-001 型行程开关，它用运动部件上的挡铁来碰撞行程开关的推杆。其触点系统是双断点直动式，为瞬动型触点，瞬动操作是靠挡铁推动推杆 1 达到一定行程后，触桥中心点过死点 O''，使触点弹簧 4 的弹力改变方向，由原来向下的力变为向上的力，因此动触点 5 向上跳，与静触点 6 分开，与静触点 3 接触，即动断触点断开，动合静触点闭合，快速完成接触状态转换。闭合与分断速度不取决于推杆行进速度，而由触点弹簧刚度和结构决定。当挡铁离开推杆时，推杆在恢复弹簧 7 作用下，动触点 5 又向下跳，触点恢复原位。

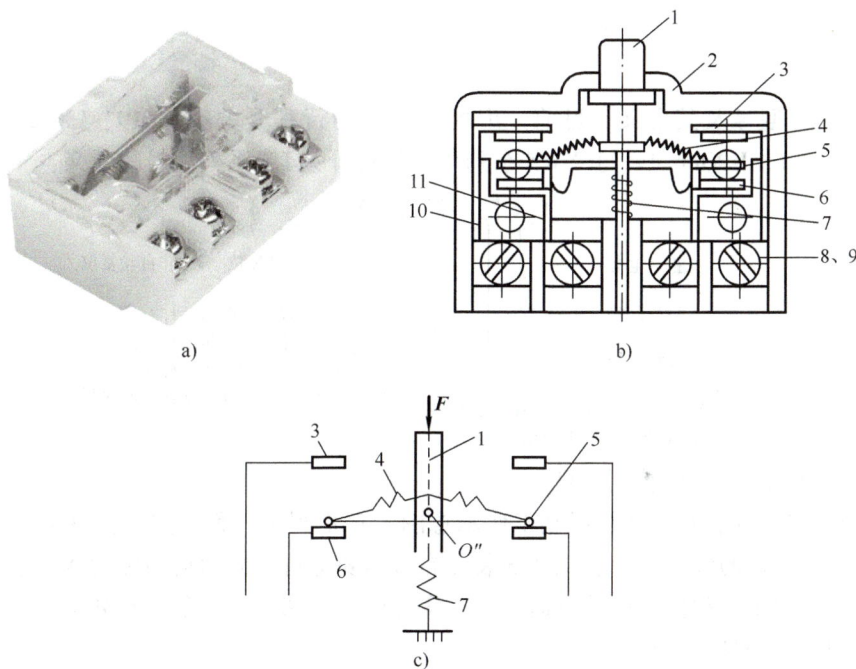

图 3-7　LX19-001 型行程开关结构

a) 触点实物图　b) 触点结构图　c) 触点结构示意图

1—推杆　2—外壳　3、6—静触点　4—触点弹簧　5—动触点　7—恢复弹簧　8、9—螺钉和压板　10—动合静触点　11—动断静触点

图 3-6b 所示为 LX19-111 型单滚轮旋转式行程开关，其结构如图 3-8 所示。当运动机械的挡铁压到行程开关的滚轮 1 上时，杠杆 2 连同转轴 3 一起转动，使凸轮 4 推动撞块 5，当撞块被压到一定位置时，推动微动开关 7 快速动作，使其动断触点分断，动合触点闭合；滚轮上的挡铁移开后，复位弹簧 8 使行程开关各部分恢复原始位置，实现自动复位。

滚轮式行程开关也有不能自动复位的，如图 3-6c 所示的 LX19-222 型双滚轮式行程开关则不能自动复位，当挡铁碰压其中一个滚轮时，摆杆便转动一定角度，使触点瞬时切换，挡铁离开滚轮后，摆杆不会自动复位，触点也不动，当部件返回时，挡铁碰动另一只滚轮，摆杆才回到原来的位置，触点又再次切换。因此，双滚轮式行程开关具有两个稳态位置，有"记忆"作用，在某些

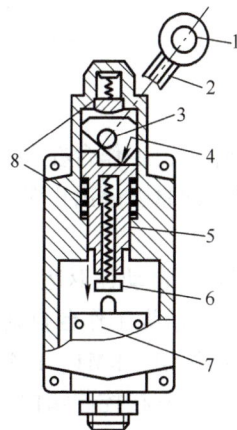

图 3-8　LX19-111 型单滚轮
旋转式行程开关的结构

1—滚轮　2—杠杆　3—转轴　4—凸轮　5—撞块
6—调节螺钉　7—微动开关　8—复位弹簧

81

情况下可以用来简化电路。

3）触点接触形式。行程开关的触点接触形式如图 3-9 所示。

4）行程开关的符号与型号。

① 行程开关的图形符号与文字符号如图 3-10 所示。

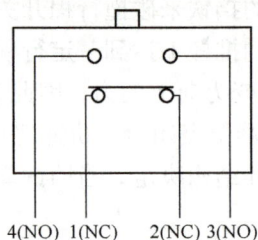

图 3-9　行程开关的触点接触形式

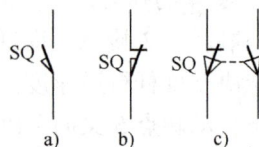

图 3-10　行程开关的图形符号与文字符号
a）常开触点　b）常闭触点　c）复合触点

② 行程开关的型号及其含义。目前，市场上常用的行程开关有 LX19、LX22、LX32、LX33、JLXL1 以及 LXW-11、JLXK1-11、JLXW5 系列等。行程开关 LX 系列型号的含义：

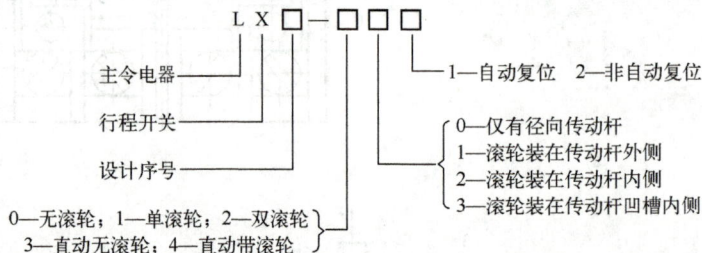

```
L X □ - □ □ □
```

主令电器
行程开关
设计序号

0—无滚轮；1—单滚轮；2—双滚轮
3—直动无滚轮；4—直动带滚轮

1—自动复位　2—非自动复位

0—仅有径向传动杆
1—滚轮装在传动杆外侧
2—滚轮装在传动杆内侧
3—滚轮装在传动杆凹槽内侧

（3）工作台自动往返运动控制原理

图 3-11 所示是工作台自动往返运动工作示意图，它是利用行程开关来实现的。将 SQ1 安装在左端需要进行反向运动的位置 B 上，SQ2 安装在右端需要进行反向运动的位置 A 上，机械挡铁安装在工作台上，工作台由电动机拖动进行运动。在实际的生产机械中，往往还需在 A、B 位置的外侧再装设两个行程开关 SQ4、SQ3。

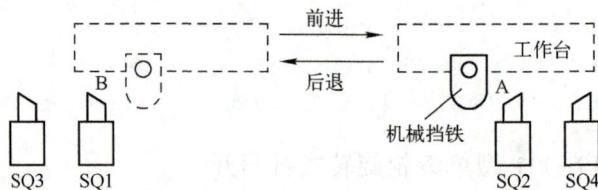

图 3-11　工作台自动往返运动工作示意图

正常工作时，工作台在 SQ1 与 SQ2 之间往复运动，因此 SQ1 和 SQ2 称为工作限位行程开关；当工作台因某种原因超出正常工作区域时，SQ3 或 SQ4 动作使电动机停止，所以 SQ3 和 SQ4 称为极限保护行程开关。

（4）工作台自动往返运动控制箱电气原理图

图 3-12 所示为工作台自动往返运动控制箱电气原理图，SB1 为停止按钮，SB2、SB3 为电动机正、反转起动按钮，KM1、KM2 分别为电动机正、反转接触器。注意：SQ1、SQ2、SQ3、SQ4 安装在工作机械上，不在控制箱内。

假设开始时运动部件需要向右运动，其操作后的动作过程如下。

① 合上低压断路器 QF1、QF2。

② 按下正转按钮 SB2，其常闭触点断开（机械互锁），SB2 常开触点闭合，KM1 线圈通电，其常闭辅助触点断开（电气互锁），常开辅助触点闭合（自锁），主触点闭合，电动机正转，带动运动

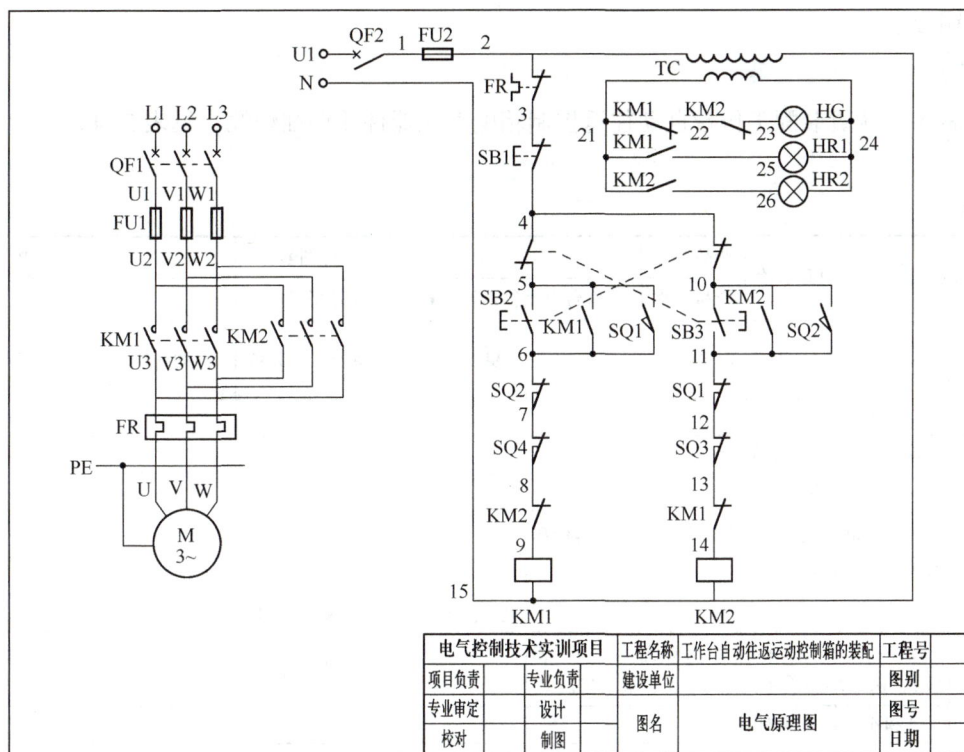

图 3-12　工作台自动往返控制箱电气原理图

部件向右运动（前进）。当运动部件运动到右端的位置 A 时，机械挡铁碰到 SQ2，其常闭触点断开，常开触点闭合，KM1 线圈断电，其常开辅助触点断开（解除自锁），主触点断开，常闭辅助触点闭合，电动机断电，KM2 线圈通电，其常闭辅助触点断开（电气互锁），常开辅助触点闭合（自锁），主触点闭合，电动机进行反接制动，转速迅速下降，然后反向起动，带动运动部件向左运动（后退），机械挡铁松开 SQ2，其常开触点断开，常闭触点闭合。

当运动部件运动到左端的位置 B 时，机械挡铁碰到 SQ1，其常闭触点断开，常开触点闭合，KM2 线圈断电，其常开辅助触点断开（解除自锁），主触点断开，常闭辅助触点闭合，电动机断电，KM1 线圈通电，其常闭辅助触点断开（电气互锁），常开辅助触点闭合（自锁），主触点闭合，电动机进行正接制动，转速迅速下降，然后正向起动，带动运动部件向右运动（前进）。这样，运动部件自动进行往复运动。

③ 按下停止按钮 SB1 时，电动机停车，运动部件停在 A 与 B 之间的任意一个位置。

若开始时运动部件需要向左运动，则合上低压断路器 QF1 和 QF2 后，按下 SB3。其操作后的动作过程与上述类似，这里不再重复。

若运动部件向右运动碰到 SQ2 时 SQ2 不发生作用，则运动部件将超出工作范围。此时运动部件会继续向右运动碰到 SQ4，使 SQ4 的常闭触点断开，接触器 KM1 的线圈断电。其主触点断开，电动机断电停止。若运动部件向左运动碰到 SQ1 时 SQ1 不发生作用，则会继续向左运动碰到 SQ3，使 SQ3 的常闭触点断开，接触器 KM2 的线圈断电，其主触点断开，电动机断电停止。所以行程开关 SQ3、SQ4 实现了运动部件的极限保护。

由上述工作过程可见，运动部件每往复一次，电动机就要经受两次反接制动过程，将出现较大的反接制动电流和机械冲击力。因此，这种电路只适用于循环周期较长的生产机械。在选择接触器容量时，应比一般情况下选择的容量大些。

（5）外形和安装尺寸要求

工作台自动往返控制箱外形和安装尺寸与图 3-5 相同，控制箱内底板为网孔板，控制箱和底板材料为铝铜合金。

2. 安装和布线工艺过程

参考表 3-3 认真装配工作台自动往返控制箱电气元器件并仔细配线，见表 3-4。

表 3-4　电气装配工艺过程卡片

编号：1

××职业学院	电气装配工艺过程卡片		产品型号		部件图号		共　页
			产品名称	工作台自动往返控制箱	部件名称		第　页
工序	工序名称	工序内容		装配部门	设备及工艺装备	辅助材料	学时/min
1	准备	与表 3-3 相同。					
		检验：图、卡是否齐全。					
2	领料	与表 3-3 相同。					
		检验：电气元器件、布线器材、辅助器材和安装工具是否完好。			万用表		
3	安装	① 与表 3-3 相同。		电气实训室	三相交流电源		
		② 在平导轨上扣装低压断路器（4P 和 1P），在 G 形端子导轨上扣装 5 个端子排。			十字螺钉旋具		
		③和④ 与表 3-3 相同。					
		⑤ 用塑料卡子和自攻螺钉安装交流接触器、热过载继电器及其底座、单相变压器。注意：元器件之间上下、左右对齐和爬电间距合适。					
		⑥ 按钮和指示灯安装在门板上。工作限位行程开关和极限保护行程开关安装在工作台上。					
		检验：安装是否符合工艺规程。					
4	布线	① 控制电路配线：U1、1、2、3、4、5、6、7、8、9、10、11、12、13、14、21、22、23、24、25、26 号控制线（蓝色）和 N 零线（黑色）配长，两端剥线后套上标记套管再放线，元器件之间用导线连接，连接在螺旋式熔断器 FU2 上的线头向顺时针方向弯曲成羊眼圈后才能接线。先接黑色线，再接蓝色线。			斜口钳 剥线钳 线号打印机 十字螺钉旋具 尖嘴钳		
		②、③、④、⑤与表 3-3 相同。			同上		
		检验：布线是否符合工艺规程。					
				设计 （日期）	审核 （日期）	标准化 （日期）	会签 （日期）
标记	处数	更改文件号	签字	日期			

3. 检查与调试规范

工作台自动往返控制箱的检查与调试与可逆运转手动控制箱的检查与调试基本相似，但通电调试有如下不同：

1）空操作试验。在试验时拆下电动机接线，合上低压断路器 QF1、QF2，灯 HG 亮。按下正转起动按钮 SB2，接触器 KM1 应立即动作，灯 HG 灭，灯 HR1 亮；松开 SB2，接触器 KM1 能保持吸合状态，电动机正转，工作台前进。

当工作台碰撞工作限位行程开关 SQ2 的操动头，KM2 应立即动作，灯 HR1 灭，灯 HR2 亮，电动机反转，工作台退回。当工作台碰撞工作限位行程开关 SQ1 的操动头，KM1 应立即动作，灯 HR2 灭，灯 HR1 亮，电动机正转，工作台前进，如此不断往复。按下 SB1 时电动机停车，灯 HG

亮。在操作过程中注意倾听 KM1 和 KM2 触点分合动作的声音是否正常。反复做几次试验，检查线路动作的可靠性。

2）负载试验。切断电源后，接上电动机连线，接通主电路即可进行。合上 QF1、QF2，按下 SB2，电动机正转，工作台前进；当工作台碰撞工作限位行程开关 SQ2 的操动头，电动机反转，工作台倒退。当工作台碰撞工作限位行程开关 SQ1 的操动头，电动机正转，工作台前进，如此不断往复。按下 SB1 时电动机停车。验证时，如有异常情况，必须立即切断电源查明原因。

【任务实施】

制作与调试任务单见随附的"任务单"部分。

任务3.3　创新训练：设计与装调加热炉自动上料控制箱

【任务导入】

加热炉自动上料控制箱中，控制推料机在生产轨道上的动作，生产轨道上设有行程开关，可以让推料机自动发出信号，控制炉门的开闭，同时推料机前进、后退都可以自动实现，其工作示意图如图 3-13 所示。

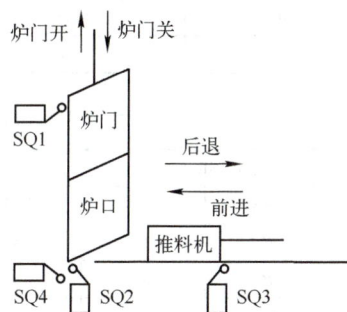

图 3-13　加料机自动上料工作示意图

【任务描述】

本任务是设计与装调加热炉自动上料控制箱。要求电路具有加热炉门自动打开与闭合、炉门的开到位和关到位、送料机到达和退出到预定位置的控制功能，电路应具有必要的保护。

【自学知识】

测量是通过对电路进行带电或断电时有关参数（如电压、电阻、电流等）的测量，来判断电气元器件的好坏、设备的绝缘情况以及线路的通断情况。常用的测试工具和仪表有校验灯、测电笔、万用表、钳形电流表、绝缘电阻表等，测量法是确定故障点的一种行之有效的检查方法。

电气故障的检修有电阻测量法和电压测量法两种。

（1）电阻测量法

电阻测量法是一种使用万用表的电阻档测量电路电阻的简单、常用的方法。测量时，首先切断电源，然后把万用表的转换开关置于倍率适当的电阻档，逐段测量电路中相邻点之间的电阻，通过电阻值来判断电路的通断情况。

以图 3-14a 所示控制电路为例，分别测量点 1-2、2-3、3-4、4-0 的电阻，如果测得某两点间电阻值很大（∞），即说明该两点间存在接触不良或断路现象，具体分析见表 3-5。测量时也可以按图 3-14b 所示进行测量，以一个节点为参考点，测量其他点到参考点的电阻值，测量时节点的选择可以根据实际情况跨接几个元器件，以提高效率，故障点的分析见表3-6。

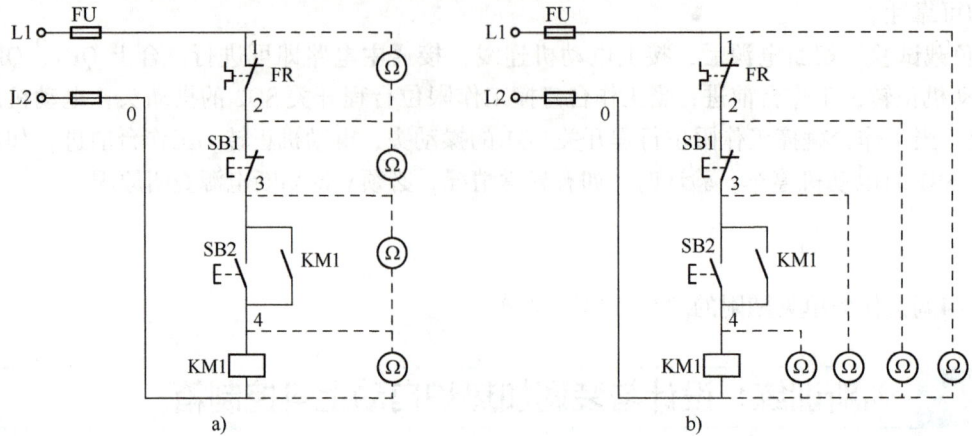

图3-14　电阻测量法

a）测量触点或线圈的电阻　b）以一个节点为参考点测电阻

表3-5　图3-14a中电阻测量法的电阻值和故障点

故障现象	测量点	电阻值（故障值）	故障点
按下SB2时KM1不吸合	1-2	∞	FR常闭触点接触不良
	2-3	∞	SB1触点接触不良
	3-4（按下SB2时）	∞	SB2触点接触不良
	4-0	∞	KM1线圈断路

表3-6　图3-14b中电阻测量法的电阻值和故障点

测试状态	测量点				故障点
	0-4	0-3	0-2	0-1	
在按下SB2的状态测量	R	R	R	∞	FR常闭触点接触不良
	R	R	∞		SB1触点接触不良
	R	∞			SB2触点接触不良
	∞				KM1线圈断路

电阻测量法的优点是安全，缺点是测量电阻值不准确时，易造成判断错误，测量时应注意以下几点：

① 用电阻测量法检查故障时，一定要先切断电源。

② 所测量电路若与其他电路并联，必须将电路与其他电路断开，否则所测量电阻不准确。

③ 测量高电阻电气元器件时，要将万用表的电阻档转换到适当档位。

（2）电压测量法

电压测量法是根据电压值来判断电气元器件和电路的故障位置的方法。操作时可以采用分段测量、分阶测量和对地测量三种方法。下面以图3-15所示电动机控制电路不通的故障点为例进行说明。

1）分段测量。对图3-15所示电动机控制电路进行测量时，首先把万用表的转换开关置于交流电压500 V的档位上，按下按钮SB2，保持按钮处于通路状态，然后分别测量点1-2、2-3、3-4、4-5、5-0间的电压，根据测量结果判断故障点，其故障点的分析见表3-7。

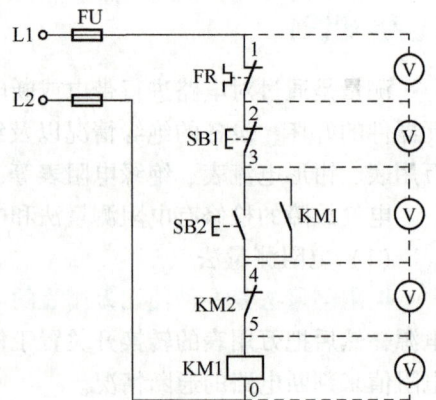

图3-15　电压分段测量法

表3-7　电压分段测量法故障点分析

测试状态	测量点间的电压/V					故　障　点
	1-2	2-3	3-4	4-5	5-0	
接通电源，按住SB2不放	380	0	0	0	0	FR常闭触点接触不良，电路虚接
	0	380	0	0	0	SB1常闭触点接触不良，电路连接不好
	0	0	380	0	0	SB2常开触点接触不良，电路连接不好
	0	0	0	380	0	KM2常闭辅助触点接触不良，电路连接不好
	0	0	0	0	380	KM1线圈断路

2）分阶测量。测量时也可按图3-16所示，以"0"点为参考点，保持表笔不动，测量其他点到参考点的电压。电路正常时，电压均应为380V。如果测0-5点间无电压，说明有断路故障，可将5点的表笔前移，当移到3点时电压正常，说明3-5点间是故障范围。这种测量方法好像上台阶，所以又叫分阶测量法。

3）对地测量。对于实际生产设备，通常有公共接地点，这时可以测量各点对地电压来检查线路的电气故障，如图3-17所示。

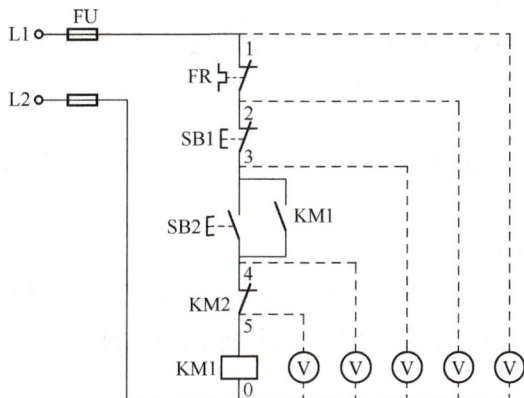

图3-16　电压分阶测量法　　　　　　　　图3-17　对地测量

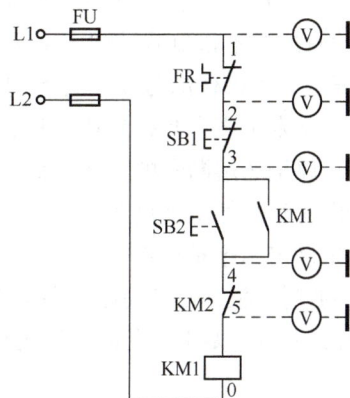

4）注意事项。由于电压测量法测量时是带电操作，保证安全十分重要，测量时应注意以下几点。

① 用万用表进行测量前要根据电路性质选择合适档位和量程，直流电压用直流电压档，交流电压用交流电压档。

② 测量时不能接触电路中端子及绝缘裸露的地方，不能接触表笔测量端，以免触电。

③ 要保证电路的通断状态。如果电路有起动按钮，需要在按下起动按钮的情况下进行测量。如果有接触器的常开触点，可以用绝缘工具按下触点架，使电路处在接通状态。

④ 电压法只能用于断路故障点的检测。

（3）电路故障的检查过程

1）观察故障现象，调查故障情况。

当电气设备发生故障后，首先要像中医问诊那样通过"望、闻、问、切"，对故障情况进行认真调查，询问故障发生过程、以往维修情况，查看现场和故障部位等，尽可能全面掌握故障发生前后的情况，以便根据故障现象判断出故障发生的原因和部位，切忌盲目动手检修。

试验法是在不扩大故障范围、不损坏电气设备和机械设备的前提下，对电路进行通电试验，通过观察电气设备和电气元器件的动作，看其是否工作正常、各控制环节的动作程序是否符合要求，找出故障发生部位或回路的方法。

2）判断故障范围。

根据故障现象分析判断故障发生的原因，确定可能发生故障的范围。如果电路较复杂，需要结合电气图通过逻辑分析判断，确定故障可能发生的单元，再进一步通过检测进行诊断；如果系统有信号灯，则可借助信号灯的工作情况分析故障的范围。当故障的可疑范围较大时，不必按部就班地逐级进行检查，可从故障范围内的中间环节开始检查，初步判断故障发生在哪一部分，从而缩小故障范围，提高检修速度。

逻辑分析法是根据电气控制电路的工作原理、控制环节的动作程序以及它们之间的联系，结合故障现象作具体分析，迅速缩小故障范围，从而判断出故障所在的方法。这种方法是一种以准为前提、以快为目的的检查方法，特别适用于复杂电路的故障检查。

3）用测量法查找故障点。

测量法是利用电工工具和仪表（如验电笔、万用表、钳形电流表、绝缘电阻表等）对电路进行带电或断电测量，是查找故障点的有效方法。查找到的故障点必须在已确定的故障范围内，否则，对故障范围可能判断有误。

查找故障点时，为了安全起见，应首先进行断电检查，检查熔断器、继电器、接触器等器件的固定螺钉和接线螺钉是否松动，有无断线的地方、线圈烧坏或触点熔焊等现象，电器的活动机构是否灵活等，如果找不到故障原因，则需要进行通电检查。

通电检查应在不带负载的状态下进行，以免发生事故。注意不要随意触动带电电器，以防发生意外，要养成单手操作的习惯。有下列情况时不能通电检查：

① 通电会发生飞车和打坏传动机构等事故。

② 因短路烧坏熔断器的熔丝，而未查明短路原因时。

③ 通电时会烧坏电器设备。

④ 尚未确定相序是否正确，通电会造成新的事故。

通电检查时应根据设备动作顺序来检查线路。观察线路中有关继电器和接触器是否按要求顺序进行工作，如果不符合要求，则说明与之有关的电路有故障，再进一步检查故障的原因。

【任务实施】

设计与装调任务单见随附的"任务单"部分。

阅读资料 3.4 无触点开关

1. 接近开关

接近开关是一种无接触式物体检测装置，也就是某一物体接近某一信号机构时，信号机构发出"动作"信号的开关。接近开关又称为无触点行程开关，当检测物体接近它的工作面并达到一定距离时，不论检测体是运动的还是静止的，接近开关都会自动地发出因物体接近而"动作"的信号，而不像机械式行程开关那样需施以机械力。

接近开关是一种开关型传感器，它既有行程开关、微动开关的特性，又具有传感器的性能，且动作可靠、性能稳定、频率响应快、使用寿命长、抗干扰能力强，而且具有防水、防振、耐蚀等特点。它不但有行程控制方式，而且根据其特点，还可以用于计数、测速、零件尺寸检测、金属和非金属的探测、无触点按钮和液面控制等电量与非电量的检测等自动化系统中，还可以同微机、逻辑元件配合使用，组成无触点控制系统。

接近开关的种类很多，但不论何种类型的接近开关，其基本组成都是由信号发生机构（感测机构）、振荡器、检波器、鉴幅器和输出电路组成。感测机构的作用是将物理量变换成电量，实现非电量向电量的转换。

接近开关的图形符号与文字符号如图 3-18 所示。

目前市场上接近开关的产品很多，例如，LXJ0 型、LJ-1 型、LJ-2 型、LJ-3 型、CJK 型、JKDX 型、JKS 型晶体管无触点接近开关以及 J 系列接近开关等，但其功能基本相同，外形分为 M6～M34 圆柱形、方形和槽形，还有普通型、分离型等。

J 系列接近开关型号的含义如下：

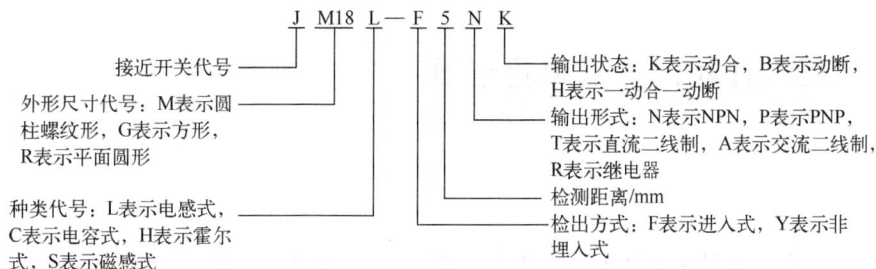

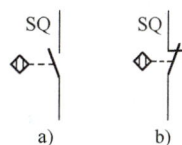

图 3-18　接近开关的图形符号与文字符号
a）动合触点　b）动断触点

```
  J  M18  L — F  5  N  K
```

接近开关代号——J
外形尺寸代号：M表示圆柱螺纹形，G表示方形，R表示平面圆形
种类代号：L表示电感式，C表示电容式，H表示霍尔式，S表示磁感式
检出方式：F表示进入式，Y表示非埋入式
检测距离/mm
输出形式：N表示NPN，P表示PNP，T表示直流二线制，A表示交流二线制，R表示继电器
输出状态：K表示动合，B表示动断，H表示一动合一动断

2. 光电开关

光电开关又称为无接触检测和控制开关。它是利用物质对光束的遮蔽、吸收或反射等作用，对物体的位置、形状、标志、符号等进行检测。

光电开关能非接触、无损伤地检测各种固体、液体、透明体、烟雾等。它具有体积小、功能多、寿命长、功耗低、精度高、相应速度快、检测距离远、抗光/电/磁干扰性能好等优点。它广泛应用于各种生产设备中作为物体检测、液位检测、行程检测、产品计数、速度监测、产品精度检测、尺寸检测、宽度鉴别、色斑与标识识别、人体接近检测和防盗检测等，成为自动控制系统和生产线中不可缺少的重要器件。

光电开关是一种新兴的控制开关。在光电开关中最重要的是光电器件，它是把光照强弱的变化转换为电信号的传感器件。光电器件主要有发光二极管、光敏电阻、光电晶体管、光电耦合器等，它们构成了光电开关的传感系统。

光电开关的电路一般是由投光器和受光器组成，根据需要，有的是投光器和受光器相互分离；也有的是投光器和受光器组成一体。投光器的光源有的用白炽灯，而现在普遍采用以磷化镓为材料的发光二极管作为光源。受光器中的光电器件既可用光电晶体管也可用光电二极管。

目前市场上的光电开关型号很多，例如 G 系列等，但功能基本相同，需要注意的是并非所有的光电开关都能用于人身安全保护。G 系列光电开关型号的含义如下：

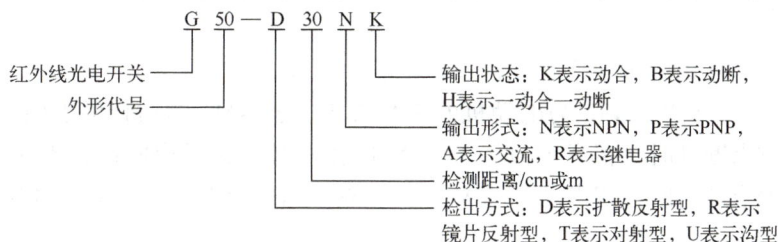

```
  G  50 — D  30  N  K
```

红外线光电开关——G
外形代号
检出方式：D表示扩散反射型，R表示镜片反射型，T表示对射型，U表示沟型
检测距离/cm或m
输出形式：N表示NPN，P表示PNP，A表示交流，R表示继电器
输出状态：K表示动合，B表示动断，H表示一动合一动断

笔记

项目 4　**装配与调试三相异步
电动机减压起动箱**

任务 4.1　装配与调试星–三角起动箱

【任务导入】

三相笼型异步电动机的起动方法有全压起动和减压起动两种。全压起动又称为直接起动，起动电流较大，一般可达电动机额定电流的 4~7 倍。过大的起动电流会造成电网电压明显下降，直接影响在同一电网上的其他电气设备的正常工作，对电动机本身也有不利影响，所以直接起动电动机的容量受到一定的限制。减少起动电流的一种做法是改变三相笼型异步电动机定子绕组的接法，起到减压起动的作用。

【任务描述】

本任务是装配与调试星–三角（Y–△）起动箱。要求电路具有星–三角减压起动控制功能，即在起动时将笼型异步电动机定子绕组接成星形（Y），实现减压起动，在起动结束时自动将定子绕组接成三角形（△），电动机进入正常运行状态。电路应具有必要的保护。

【自学知识】

码 4-1
星–三
角起动器
外形图

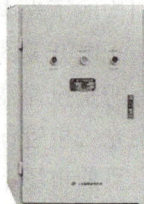

星–三角减压起动电路的定型产品有 QX3、QX4、QJX2 等，称为星–三角起动器，QX4 系列自动星–三角起动器如图 4-1 所示。

1. 星–三角减压起动箱电气电路

（1）电路的设计思想

星–三角减压起动也称为 Y–△ 减压起动，这一电路的设计思想是按时间原则控制起动过程。在起动过程中，将电动机定子绕组接成星形，而在其起动后期则按预先整定的时间换接成三角形接法，电动机进入正常运行。

图 4-1　QX4 系列星–三角起动器

图 4-2 中，UU′、VV′、WW′为电动机的三相绕组，当 KM3 的动合触点闭合，KM2 的动合触点断开时，相当于 U′、V′、W′连在一起，为星形联结；当 KM3 的动合触点断开，KM2 地动合触点闭合时，相当于 U 与 V′、V 与 W′、W 与 U′连在一起，三相绕组首尾相连，为三角形联结。

（2）时间继电器

当吸引线圈通电或断电以后其触点经过一定延时再动作的继电器称为时间继电器，经常用于按时间原则进行控制的场合。按延时原理不同，时间继电器可分为电磁式、空气阻尼式、机械延时式、电动式、晶体管式和数字式等多种类型；按延时方式可分为通电延时型、断电延时型和带瞬动触点的通电延时型 3 类。

1）JSZ3 系列时间继电器的结构。

该系列时间继电器主要由电压变换器、整流稳压器、晶体振荡/分频/计数器、电子开关、电位

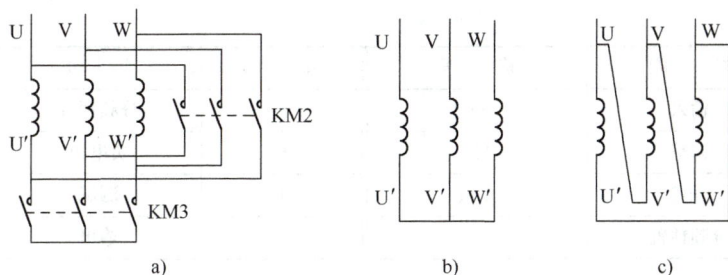

图 4-2　电动机定子绕组星-三角接线示意图

a) 定子绕组丫-△接线　b) 丫联结　c) △联结

器、拨码开关及执行继电器等组成的元器件组合部件、外壳、底座等部件组成，外形如图 4-3 所示。

目前国内 JSZ3 系列时间继电器具有多时段（A-A、B、C、D、E、F、G 七个规格 28 种延时段）、长延时（0.05 s~24 h）的功能，是替代 ST3P（日本富士）时间继电器的理想产品。具有延时范围广、延时精度高、可靠性好、寿命长体积小、质量轻、结构紧凑、设置时间方便等优点，适用于机床自动控制和成套设备自动控制等要求高精度、高可靠性的自动控制系统，作为延时控制器件。

① G6445 芯片。

G6445 是工业级 CMOS 集成电路，由外接阻容网络组成振荡器，产生时钟信号，并由预置分频器状态来编程设定延时时间。设定时限可以从 0.1 s 至几十小时，具有定时精度高、重复误差小、工作线性度好、功耗低、抗干扰能力强等优点，广泛用于工业机床及其他各种设备的自动控制定时系统和各系列优质超级时间继电器中。

G6445 芯片引脚如图 4-4 所示，其功能见表 4-1，芯片内部功能框图如图 4-5 所示。

图 4-3　JSZ3 系列时间继电器外形

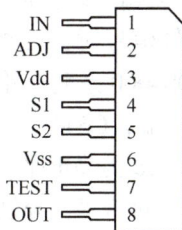

图 4-4　G6445 芯片引脚图

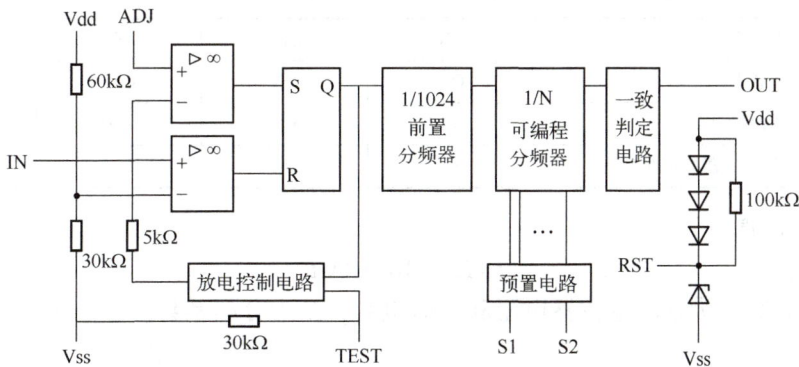

码 4-2
时间继电器
外形图

码 4-3
时间继电器
的结构
和原理

图 4-5　G6445 芯片内部功能框图

表4-1　G6445芯片引脚功能

引　　脚	功　　能	符　　号	引　　脚	功　　能	符　　号
1	输入	IN	5	分频预置	S2
2	调整	ADJ	6	负电源	Vss
3	正电源	Vdd	7	测试	TEST
4	分频预置	S1	8	输出	OUT

其引脚介绍如下：

- IN（频率输入端）：该端内有电压比较器，可与外接阻容网络组成振荡器，产生主时钟信号。
- ADJ（电压调整端）：该端加入的调整电平和电路内部的窗口比较器、放电电路、RS触发器共同组成主振荡器，可方便调整主频率。
- Vdd、Vss（电源正、负端）。
- S1、S2（电平预置端）：也叫分频选择端，开关悬空（或接下拉电阻）为低电平（L），接Vdd为高电平（H）。
- TEST（测试端）：测试端接地或浮空，若外接时钟信号则测试端接高电平；它是双向输出输入端，可供用户调试系统时用。一般工作状态下TEST悬空，为输出端，输出主振荡电路1024 Hz方波信号，可用示波器、频率计测量；
- OUT（输出端）：输出高电平驱动继电器触点转换，此时振荡器停止工作，放电回路断开。

G6445芯片电路内部具有精密的电压比较器、合理的逻辑与电路设计，可构成设定时间从0.1s至几十小时重复误差小、线性度高、温度稳定性好、抗干扰能力强的时间继电器。其内部设有上电自动复位电路，每次上电后，自动复位电路使得振荡器、各分频器、输出触发器复位。

G6445芯片电路的IN端的阻容网络，ADJ端的调整电平和电路内部的窗口比较器、放电电路、RS触发器共同组成主振荡器。TEST端是双向输入/输出端，可供用户调试系统时使用。一般工作状态下，TEST端悬空，为输出端，输出主振荡器电路产生的方波信号，可以用示波器、频率计测量。当需要输入外部时钟信号时，可将时钟信号加在TEST端，此时TEST为输入端。外部时钟信号至少应具有一个CMOS4000系列电路的输出驱动能力。

S1和S2为倍率选择端，G6445芯片的S1和S2端外部具有连接至GND的100 kΩ的下拉电阻，开关悬空为低电平，接Vdd为高电平。UP端视S1和S2的状态而相应动作。主振荡信号经1024分频器固定分频后，根据不同倍率，分别再经1、10、60、360分频（见表4-2），使UP触发器置位，通过外电路使继电器吸合。

表4-2　G6445的S1、S2状态、倍率和满档的定时时间

S1 状态	ON	OFF	ON	OFF
S2 状态	ON	ON	OFF	OFF
倍率	×1	×10	×60	×360
主频在1024 Hz时，满档的定时时间	1 s	10 s	60 s	360 s

② 预置电路设置。

- 延时时间：　　　　　　　　　　$t = 2/3 \times 1024 \times NRC$

其中，R和C分别为延时电位器电阻和延时电容，N为分频系数。以A-C规格时间继电器为例，延时时间为

$$t = 2/3 \times 1024 \times NRC = 2/3 \times 1024 \times 1 \times 800 \times 10^3 \times 10000 \times 10^{-12} \text{ s} \approx 5.46 \text{ s}$$

在A-C规格中，$N=1$（S2：5端；S1：4端）均接高电平"H"，其他时段以此为基础，将分频系数N分别换成10、60、360，即可设定该规格其他3个时段的延时时间。

- 延时时段及规格：多时段时间继电器共7个规格（A-A、B、C、D、E、F、G）28个延时

段,每个规格有 4 个延时段,规格时段由两张标牌(每张正反表示两个延时段)构成。根据所需控制时段,卸下延时旋钮选择相应标牌即可。

2)JSZ3 系列时间继电器的工作原理。

JSZ3 系列时间继电器的原理如图 4-6 所示,交流 220 V 经 VD1、VD2 半波整流和 R2、C1 滤波后,一路接继电器,另一路经 R3、R4、LED1、C3 再次滤波,得到 C3 两端产生的稳定的直流电压 Vdd 供电路使用。RP1、R5、C4 为电路引脚 1 提供振荡器的时间常数,R6、RP2、R9、C5 构成电路引脚 2 的调整电平,调整 RP1 可调整最短延时时间。

C4 的选择应和引脚 2 的调整电平一起考虑,当 RP1 为最大值、RP2 滑动端居中时,多数芯片满足最长延时时间。电路引脚 2 的调整电平可使延时时间调整范围达 2 倍之多,但调整电平取高些,抗干扰能力强。到达延时时间,UP 输出高电平,经 C6 接可控硅的控制极,使可控硅导通,继电器得电吸合,LED2 点亮,R7 为限流电阻,R8 为分流电阻。VD3 消除继电器通断时产生的高压脉冲。

此外当 LED1 损坏时,R4 保证直流通路,继电器能正常工作。电路提供了有用的 TEST 端,调试振荡器时可将频率计一端接 TEST 端,另一端接地,调整有关元器件,直到达到所要求的振荡频率,因此动态调整非常方便。也可将外部时钟信号加在 TEST 端,外部时钟信号频率可高达 500 kHz,大大缩短测试时间。

图 4-6 中,LED1 为 UP 时为上电指示灯,LED2 为 ON 时为继电器吸合指示灯。K1、K2 闭合,延时 1 s;K1 断开、K2 闭合,延时 10 s;K1 闭合、K2 断开,延时 60 s;K1、K2 断开,延时 6 min,总分频数 360。

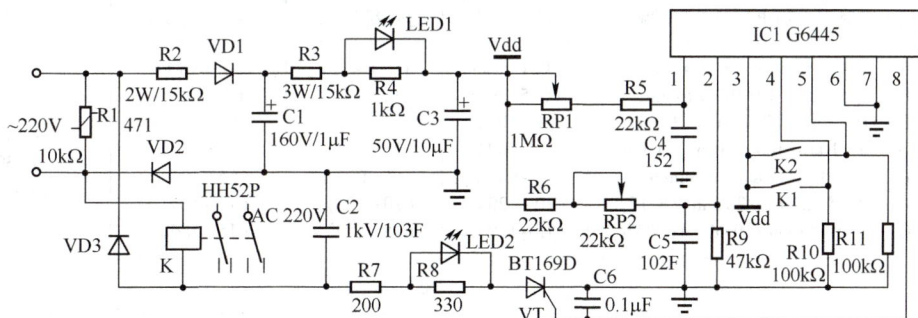

图 4-6 JSZ3 系列时间继电器的原理图

3)时间继电器的符号和型号。

① 时间继电器的图形与文字符号。

在图 4-7 中,c)和 d)为通电延时型时间继电器的触点,它们在线圈通电时延时动作,在线圈断电时瞬时动作;e)和 f)为断电延时型时间继电器的触点,它们在线圈通电时瞬时动作,在线圈断电时延时动作。

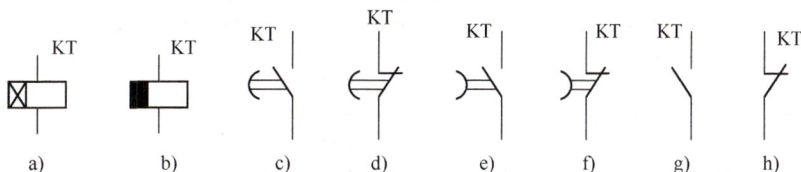

图 4-7 时间继电器的图形与文字符号

a)通电延时线圈 b)断电延时线圈 c)通电延时闭合常开触点 d)通电延时断开常闭触点
e)断电延时断开常开触点 f)断电延时闭合常闭触点 g)瞬时常开触点 h)瞬时常闭触点

对于通电延时型时间继电器，使用通电延时线圈（见图 4-7a），所用的触点是延时闭合常开触点 c）和延时断开常闭触点 d）；对于断电延时型时间继电器，使用断电延时线圈（见图 4-7b），所用的触点是延时断开常开触点 e）和延时闭合常闭触点 f）；有的时间继电器还附有瞬时常开触点（见图 4-7g）和瞬时常闭触点（见图 4-7h）。

② JSZ3 系列综合式时间继电器型号的含义。

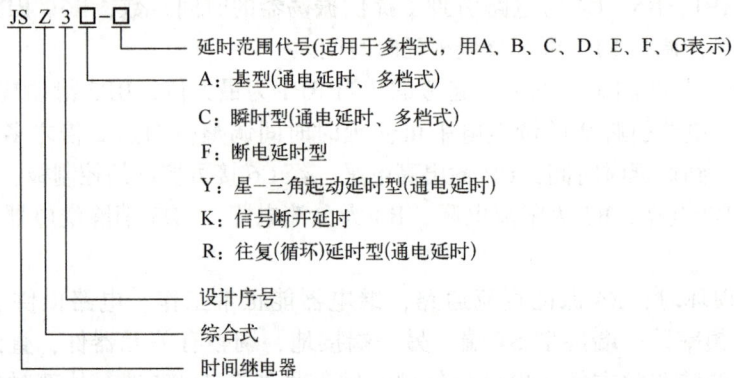

```
J S Z 3 □-□
          └── 延时范围代号(适用于多档式，用A、B、C、D、E、F、G表示)
          ├── A：基型(通电延时、多档式)
          ├── C：瞬时型(通电延时、多档式)
          ├── F：断电延时型
          ├── Y：星-三角起动延时型(通电延时)
          ├── K：信号断开延时
          └── R：往复(循环)延时型(通电延时)
      └── 设计序号
    └── 综合式
  └── 时间继电器
```

4）主要参数及技术性能。

JSZ3 系列综合式时间继电器的主要参数及技术性能见表 4-3。

表 4-3　JSZ3 系列综合式时间继电器的主要参数及技术性能

型号	JSZ3A	JSZ3C	JSZ3F	JSZ3K	JSZ3Y	JSZ3R
工作方式	通电延时	通电延时带瞬时触点	断电延时	信号断开延时	Ｙ-△起动延时	往复（循环）延时
延时范围	A：（0.05~0.5）s/5 s/30 s/3 min B：（0.1~1）s/10 s/60 s/6 min C：（0.5~5）s/50 s/5 min/30 min D：（1~10）s/100 s/10 min/60 min E：（5~60）s/10 min/60 min/6 h F：（0.25~2）min/20 min/2 h/12 h G：（0.5~4）min/40 min/4 h/24 h		（0.1~1）s （0.5~5）s （1~10）s （2.5~30）s （5~60）s （10~120）s （15~180）s	（0.1~1）s （0.5~5）s （1~10）s （2.5~30）s （5~60）s （10~120）s （15~180）s	（0.1~1）s （0.5~5）s （1~10）s （2.5~30）s （5~60）s （10~120）s （15~180）s	（0.5~6）s/60 s （1~10）s/10 min （2.5~30）s/30 min （5~60）s/60 min
设定方式	电位器					
工作电压	AC 50 Hz，24 V、36 V、110 V 127 V、220 V、380 V DC 24 V		AC 50 Hz，36 V、110 V、127 V、220 V、380 V DC 24 V	AC 50 Hz，110 V、220 V、380 V DC 24 V	AC 50 Hz、110 V、220 V、380 V DC 24 V	AC 50 Hz、110 V、220 V、380 V DC 24 V
延时精度	≤10%		≤10%	≤10%	≤10%	≤10%
触点数量	2 组延时转换触点或 1 组延时转换触点，1 组瞬时转换触点		1 组延时转换触点或 2 组延时转换触点	1 组延时转换触点	1 组Ｙ-△延时转换触点	1 组延时转换触点
触点容量	U_e/I_e：AC-15，AC 240 V/0.75 A，AC 415 V/0.47 A；DC-13，220 V/0.27 A；I_{th}：5 A					
电寿命/h	1×10^5					
机械寿命/h	1×10^6					
环境温度	$-5℃ \sim +40℃$					
安装方式	面板式、装置式、导轨式					

94

5）检测电子式时间继电器。

电子式时间继电器应根据时间继电器线圈的额定电压值，按图 4-8 连接好测试电路，带电测试并观察触点动作情况。

6）JSZ3 系列综合式时间继电器接线。

JSZ3 系列综合式时间继电器接线示意图如图 4-9 所示。其中，JSZ3A 型综合式时间继电器的②和⑦为电压输入端，①和④、⑤和⑧为延时断开常闭触点，①和③、⑧和⑥为延时闭合常开触点。JSZ3C 型的②和⑦为电压输入端，①和④为常闭触点，⑤和⑧为延时断开常闭触点，①和③为常开触点，⑧和⑥为延时闭合常开触点。按照图 4-9 接好线后，将时间继电器插入如图 4-10 所示的底座。

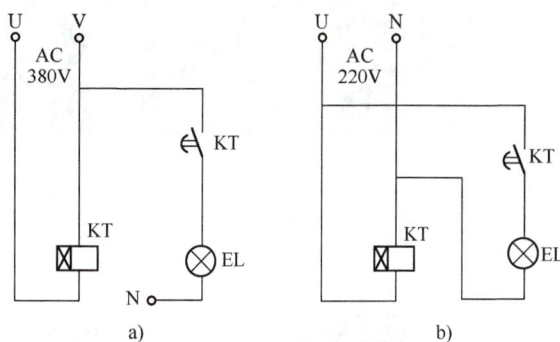

图 4-8　时间继电器测试电路图
a）线圈电压 380 V　b）线圈电压 220 V

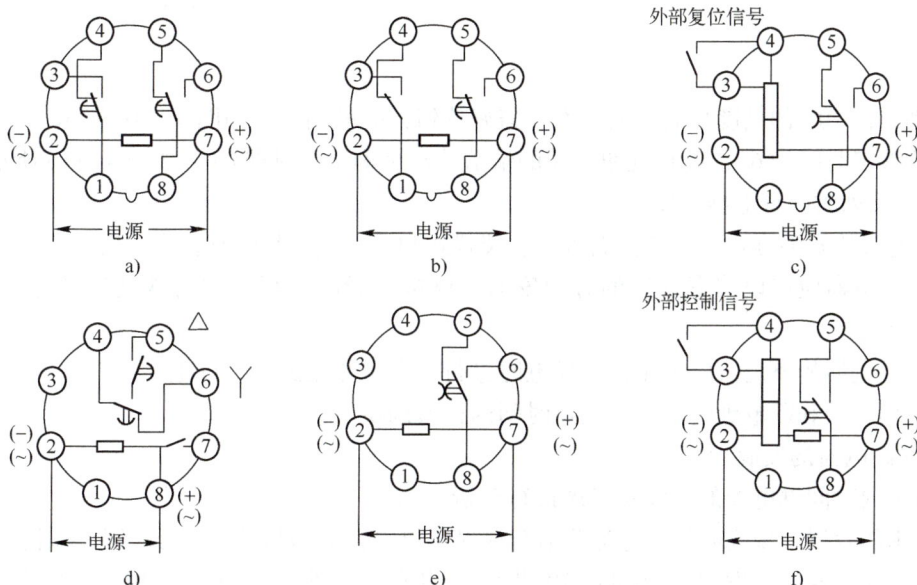

图 4-9　JSZ3 系列时间继电器接线示意图
a）JSZ3A　b）JSZ3C　c）JSZ3F　d）JSZ3Y　e）JSZ3R　f）JSZ3K

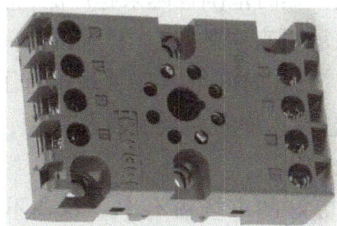

码 4-4
时间继电器
底座

图 4-10　JSZ3 系列时间继电器底座

7）JSZ3 系列时间继电器的时间整定。

例如要定时 6 s，可按照如图 4-11 所示步骤进行。

① 拔出旋钮开关端盖，如图 4-11a 所示。

② 取下正反两面印有时间刻度的时间刻度片，如图 4-11b 所示。

③ 调整两个白色拨码开关位置，如图 4-11c 所示。

不同时间范围所对应的拨码开关位置及时间刻度如图 4-12 所示。

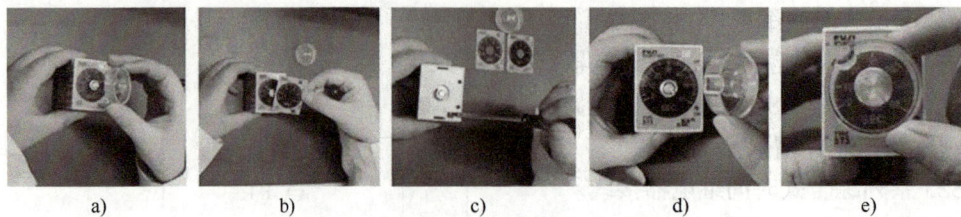

图 4-11　时间继电器的时间整定

图 4-12　时间继电器时间范围的调整

④ 将满量程 10 s 的刻度片放在最上面，盖好旋钮开关的端盖，如图 4-11d 所示。

⑤ 调整整定时间为 6 s，旋转旋钮开关的端盖使红色刻度线对准 6 s，如图 4-11e 所示。

8）JSZ3 系列时间继电器的安装。

时间继电器的安装方式有 3 种：面板式、装置式和导轨式，都配有相应的底座。

① 时间继电器应按说明书规定的方向安装，继电器断电后释放的衔铁其运动方向垂直向下，其倾斜度不超过 5°。

② 时间继电器的整定值应预先在不通电时进行整定，并在试车时校正。

③ 通电延时型和断电延时型可在整定时间内自行调换。

9）时间继电器的发展。

下面对国内时间继电器的起源及发展进行分析。

随着技术的发展，现代时间继电器具有延时精度高、延时范围广、显示直观等诸多优点。时间继电器属于低压电器，其发展可追溯到 20 世纪 70 年代，如今时间继电器利用集成电路和芯片技术，已经发展出各种功能的时间继电器，如通电延时时间继电器、接通电延时时间继电器、断电延时时间继电器、断开延时时间继电器、往复延时时间继电器、间隔定时时间继电器等；还有电位器、数字拨码开关、按键等多种设定方式；延时范围也越来越广泛，精度越来越高，可以达到 0.01 s、1 s、1 min、1 h 等多个延时级别；还有显示更直观的 LED 显示的时间继电器。

虽然我国时间控制器起步较晚，但在时间继电器领域也有了长足的发展，近几年随着我国电子技术的不断发展和国内专用时间继电器芯片的大量研发及应用，在很大程度上使国内的时间继电器无论外观以及产品性能上都有较大的提高。

为了提高该类产品行业之间为更好的市场占有率，企业不断加大产品研发投入。使时间继电器产品外观体积更趋小型化，产品性能更加稳定，用户在使用时可通过面板外设的拨码或功能按键进行时间或控制方式的预置，具体使用上某些产品基本上可与国外产品相当。

随着电力行业的发展，现阶段微机保护装置成为了市场的主流。它已取代了继电保护原有的市场地位，微机保护装置的应用将会越来越普遍。

（3）电气原理图

星-三角起动箱电路如图 4-13 所示。SB1、SB2 分别为停止和起动按钮，KM1 为电源接触器，KM2 为三角形运行接触器，KM3 为星形起动接触器，KT 为起动时间继电器。当 KM3 主触点闭合，KM2 主触点断开时，相当于 U′、V′、W′连接于一点，为丫联结；而当 KM3 主触点断开，KM2 主触

码 4-5
时间继电器
的时间整定

码 4-6
时间继电器
时间范围
的调整

点闭合时，相当于三相绕组首尾相连，即为△联结。

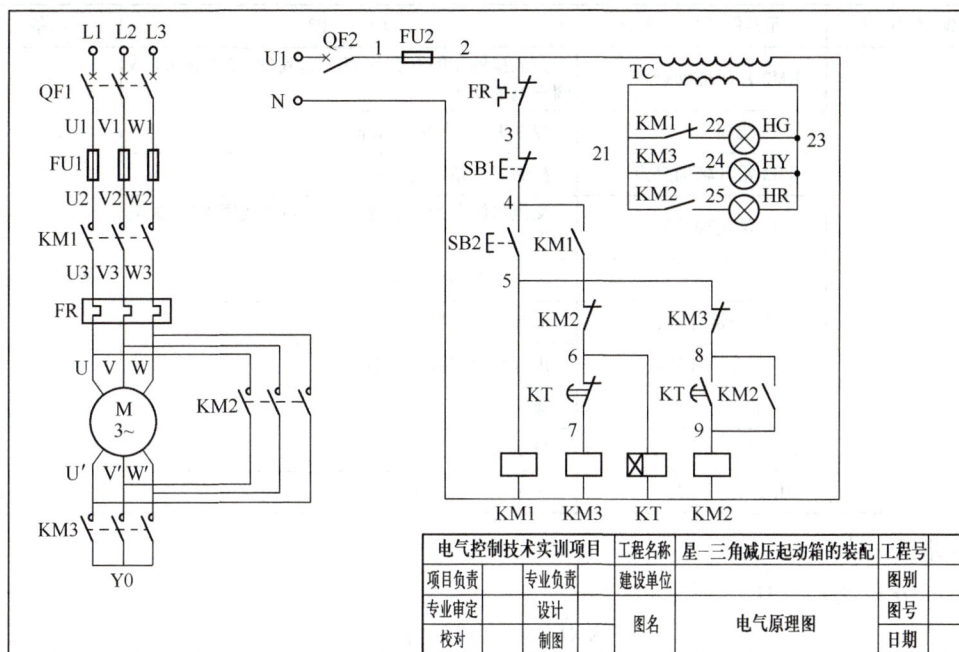

图 4-13　星-三角起动箱电路图

1）元器件的组成和功能。星-三角起动箱电路的组成、功能及识读过程见表 4-4。

表 4-4　星-三角起动箱电路的组成、功能及识读过程

序号	识读任务	元器件或导电部分	功　　能	备　　注
1	读主电路	QF1	电源开关	绘制在电路图的左侧
2		FU1	起到主电路短路保护作用	
3		KM1 主触点	控制电动机的运转	
4		KM2 主触点	控制电动机△接法的稳定运行	
5		KM3 主触点	控制电动机丫接法的起动	
6		FR 热元件	感应主电路中电流的变化，配合常闭触点完成动作，从而起到过载保护作用	
7		M	电动机	
8	读控制电路	QF2	电源开关	绘制在电路图的右侧
9		FU2	起到控制电路短路保护作用	
10		FR 常闭触点	当发生过载时触点断开，起到保护电路的作用	
11		SB1	停止按钮	
12		SB2	起动按钮	
13		TC	变压器减压，为指示灯提供电源	
14		KM1 线圈	控制 KM1 的吸合和释放	
15		KM1 常闭辅助触点	控制电源指示灯 HG	
16		KM1 常开辅助触点	交流接触器的自锁触点，起到使 KM1 线圈长时通电的作用	
17		KM2 线圈	控制 KM2 的吸合和释放	
18		KM2（8-9）常开辅助触点	交流接触器的自锁触点，起到使 KM2 线圈长时通电的作用	
19		KM2（21-25）常开辅助触点	控制运行指示灯 HR	

笔记

（续）

序号	识读任务	元器件或导电部分	功　能	备　注
20		KM2 常闭辅助触点	交流接触器的互锁触点，起到使 KM3 和 KT 线圈失电的作用	
21		KM3 线圈	控制 KM3 的吸合和释放	
22		KM3 常开辅助触点	控制起动指示灯 HY	
23		KM3 常闭辅助触点	交流接触器的互锁触点，起到使线圈 KM2 失电的作用	
24	读控制电路	KT 线圈	控制 KT 的吸合和释放	绘制在电路图的右侧
25		KT 常开延时触点	由起动时间控制其闭合	
26		KT 常闭延时触点	由起动时间控制其断开	
27		HG 电源指示灯	显示起动器上电	
28		HY 起动指示灯	显示电动机起动	
29		HR 运行指示灯	显示电动机稳定运行	

2）电路工作情况。

① 合上 QF1、QF2，HG 灯亮。

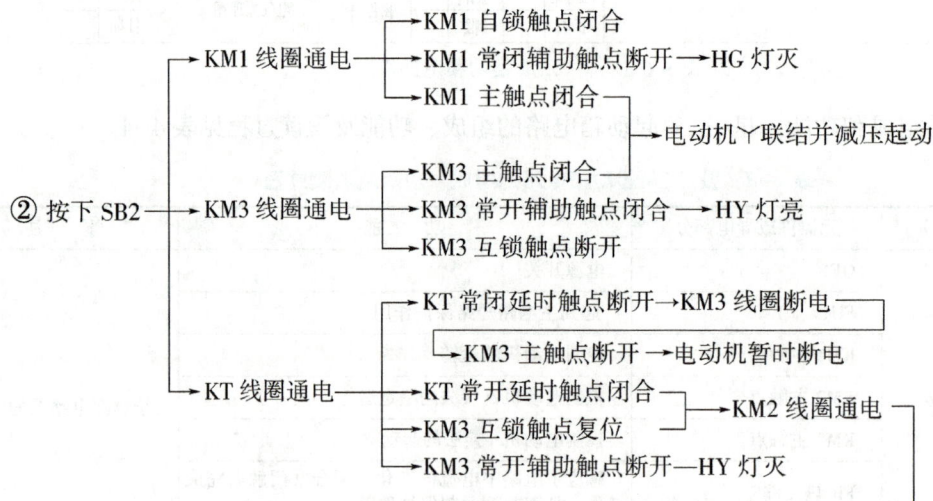

② 按下 SB2

KM1 线圈通电
- KM1 自锁触点闭合
- KM1 常闭辅助触点断开 → HG 灯灭
- KM1 主触点闭合 → 电动机丫联结并减压起动

KM3 线圈通电
- KM3 主触点闭合 → 电动机丫联结并减压起动
- KM3 常开辅助触点闭合 → HY 灯亮
- KM3 互锁触点断开

KT 线圈通电
- KT 常闭延时触点断开 → KM3 线圈断电 → KM3 主触点断开 → 电动机暂时断电
- KT 常开延时触点闭合
- KM3 互锁触点复位 → KM2 线圈通电
- KM3 常开辅助触点断开 → HY 灯灭

KM2 线圈通电
- KM2 常开辅助触点闭合 → HR 灯亮
- KM2 主触点闭合 → 电动机△联结并全压运行
- KM2 自锁触点闭合
- KM2 互锁触点断开 → KT 线圈断电 → KT 常开辅助触点断开 / KT 常闭辅助触点闭合

③ 按下 SB1

KM1 线圈失电
- KM1 常闭辅助触点闭合 → HG 灯亮
- KM1 常开辅助触点断开
- KM1 主触点断开 → 电动机停转

KM2 线圈失电
- KM2 主触点断开 → 电动机停转
- KM2 互锁触点闭合
- KM2 常开辅助触点断开 → HR 灯灭
- KM2 自锁触点断开

码 4-7
星-三角起动
控制电路
的分析

[课前测验]

1. 判断题

1）三相异步电动机采用丫-△减压起动时，必须是三角形联结且电压为 380 V。　　　　　（　　）

98

2）为了使三相异步电动机能采用丫-△减压起动，电动机在正常时，必须是△联结。　（　　）

3）直接起动时的优点是电气设备少、维修量小和电路简单。　　　　　　　　（　　）

2. 选择题

1）三相异步电动机减压起动不包括（　　）。

  A. 丫-△起动　　　　B. 自耦变压器起动　　　　C. 顺序起动　　　　D. 频敏变阻器起动

2）对于三相异步电动机减压起动，（　　）是不正确的说法。

  A. 避免对电网造成冲击　　　　　　　　B. 降低电动机起动转速

  C. 避免对负载造成冲击　　　　　　　　D. 受总电源容量的限制

3）在星-三角减压起动控制线路中起动电流是正常工作电流的（　　）。

  A. 1/3　　　　　　B. $1/\sqrt{3}$　　　　　　C. 2/3　　　　　　D. $2/\sqrt{3}$

3. 填空题

1）异步电动机作丫-△减压起动时，每相定子绕组上的起动电压是正常工作电压的 $1/\sqrt{3}$ 倍，起动电流是正常工作电流的_____倍，起动转矩是正常转矩的 1/3 倍。

2）减压起动是指利用起动设备将电压适当降低后再加到电动机的定子绕组上进行起动，待电动机起动运转后，再使其电压恢复到额定电压正常运转。减压起动的目的是_____。

3）丫-△减压起动是指电动机起动时，把定子绕组接成丫联结，以降低起动电压，限制起动电流；待电动机起动后，再把定子绕组改接成△联结，使电动机_____运行。

4）丫-△减压起动方法只适用于在正常运行时定子绕组做_____联结时的异步电动机。

（4）电器布置和门板开孔图

将低压断路器 QF1、QF2、熔断器 FU1、FU2 在上方水平一字形排开，低压断路器 QF1、接触器 KM1、热过载继电器 FR 上、中、下排列，接触器 KM1、KM2、KM3 水平一字排列，热过载继电器 FR、时间继电器 KT 水平一字排列，端子排 XT 在左侧下方，单相变压器 TC 在右侧下方；按钮 SB1、SB2 和指示灯 HG、HY、HR 安装在起动器门板上。星-三角起动箱控制电路的电器布置和门板开孔图如图 4-14 所示。

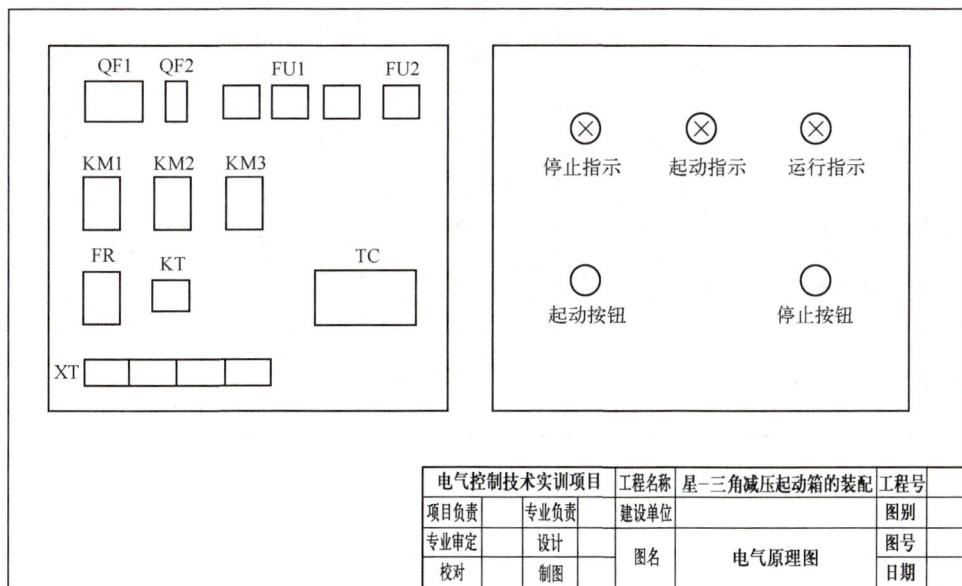

图 4-14　星-三角起动箱电路的电器布置和门板开孔图

（5）电气安装接线图

星-三角起动箱电路电气安装接线图如图 4-15 所示，其识读过程见表 4-5。

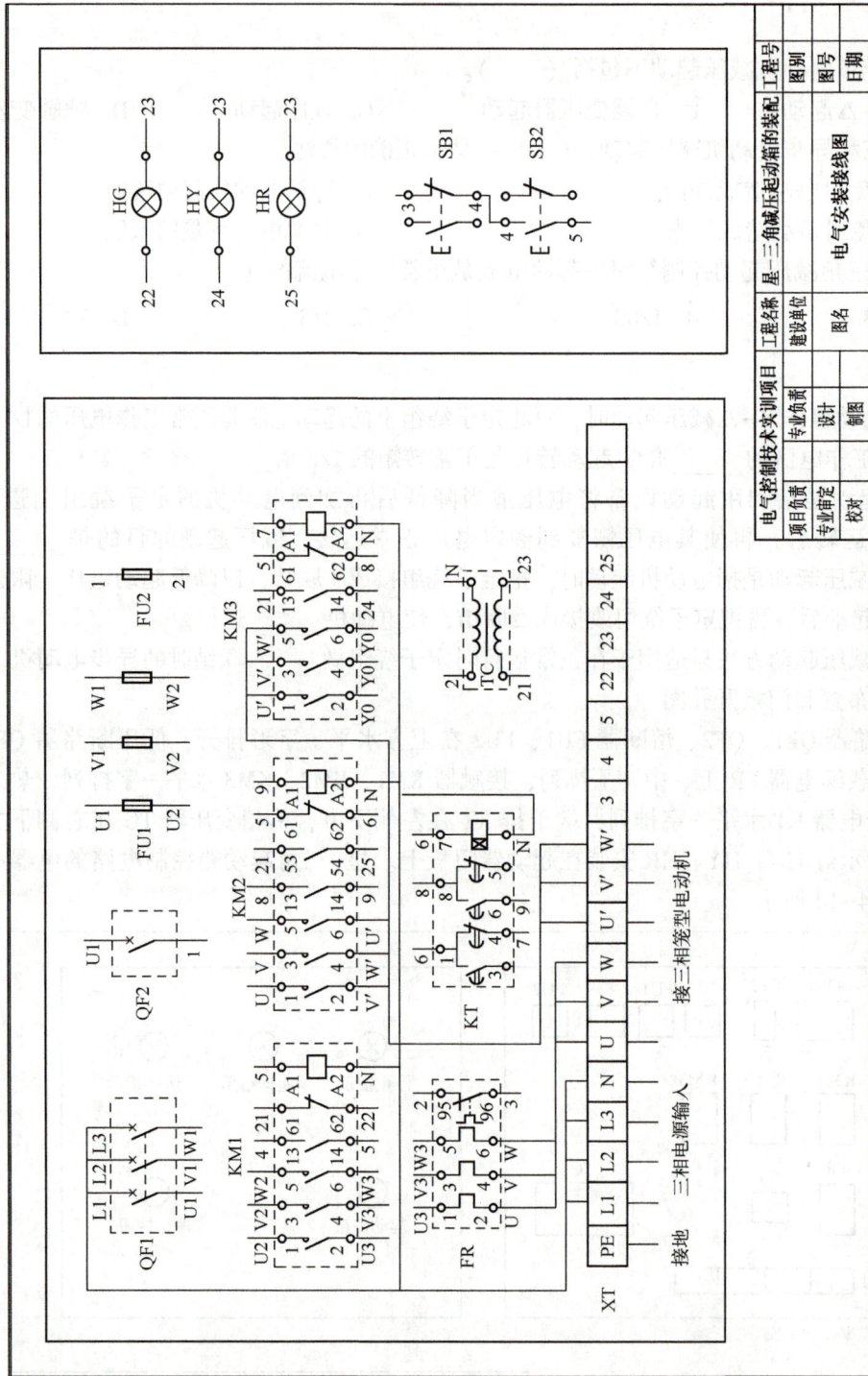

图 4-15　星-三角起动箱电路的电气安装接线图

表4-5　星-三角起动箱电路电气安装接线图的识读过程

序号	识读任务		识读结果	备注
1	读元器件位置		KM1、KM2、KM3、FR、KT、TC、XT	控制板上的元器件均匀分布
2			SB1、SB2、HG、HY、HR	控制箱门上的元器件
3			电动机 M	控制板上的外围元器件
4	读箱内元器件的布线	读主电路走线	L1、L2、L3：XT→QF1	集束布线，安装时使用BV-1.0 mm²单芯线
5			U1、V1、W1：QF1→FU1	
6			U2、V2、W2：FU1→KM1	
7			U3、V3、W3：KM1→FR	
8			U、V、W：KM2→FR→XT	
9			U′、V′、W′：KM2→KM3→XT	
10			Y0、Y0、Y0：KM3→KM3→KM3	
11		读控制电路走线	U1号线：QF1→QF2	集束布线，也有分支，安装时使用BV-1.0 mm²单芯线
12			N号线：KM1→KM2→KM3→KT→TC 的一次绕组→XT	
13			1号线：QF2→FU2	
14			2号线：FU2→FR→TC 的一次绕组	
15			3号线：FR→SB1	
16			4号线：SB1→SB2→KM1	
17			5号线：SB2→KM1→KM2→KM3	
18			6号线：KT→KT→KM2	
19			7号线：KM3→KT	
20			8号线：KM2→KM3→KT	
21			9号线：KM2→KM2→KT	
22			21号线：KM1→KM2→KM3→TC 的二次绕组	
23			22号线：KM1→HG	
24			23号线：HG→HY→HR→TC 的二次绕组	
25			24号线：KM3→HY	
26			25号线：KM2→HR	
27	读外围元器件的布线	读电源插头走线	L1、L2、L3、N：电源→XT	一头插孔、另一头叉形导线（黄、绿、红、黑色）
28		读电动机走线	U、V、W、U′、V′、W′：XT→M	
29		读电动机接地线	PE：电源→XT→M	安装时使用1根BV-1.0 mm²单芯线和1根一头O形另一头叉形的导线（黄绿）

（6）外形和安装尺寸要求

星-三角起动箱外形和安装尺寸如图4-16所示，起动箱内底板为网孔板，起动箱和底板材料为铝铜合金。

2. 安装和布线工艺过程

按照表4-6认真安装星-三角起动箱电气元器件，并仔细配线。

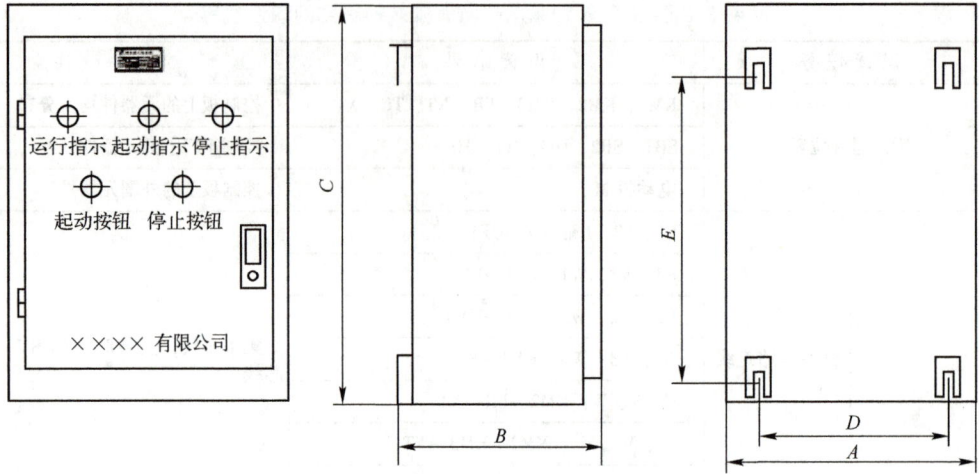

图 4-16　星-三角起动箱外形和安装尺寸图

A—340 mm　　*B*—240 mm　　*C*—430 mm　　*D*—250 mm　　*E*—260 mm

表 4-6　电气装配工艺过程卡片

编号：1

××职业学院	电气装配工艺过程卡片	产品型号		部件图号		共　页
		产品名称	星-三角起动箱	部件名称		第　页
工序	工序名称	工 序 内 容	装配部门	设备及工艺装备	辅助材料	学时/min
1	准备	准备电气原理图、电器布置和门板开孔图、电气安装接线图、工序流转卡。				
		检验：图、卡是否齐全。				
2	领料	填写领料单，去仓库领取所需电气元器件、布线器材、辅助器材和安装工具。				
		检验：电气元器件、布线器材、辅助器材和安装工具是否完好。		万用表		
3	安装	① 用塑料卡子和自攻螺钉在网孔板上安装平导轨、G形端子导轨。	电气实训室	三相交流电源		
		② 在平导轨上扣装低压断路器（4P和1P），在G形端子导轨上扣装4个端子排。		十字螺钉旋具		
		③ 在导线密集位置用塑料卡子和自攻螺钉安装走线槽。				
		④ 用塑料卡子和自攻螺钉安装4个螺旋式熔断器。				
		⑤ 用塑料卡子和自攻螺钉安装交流接触器、热过载继电器及其基座、时间继电器及其底座、单相变压器。注意：元器件之间上下、左右对齐和爬电间距合适。				
		⑥ 按钮和指示灯安装在箱门板上。				
		检验：安装是否符合工艺规程。				

102

（续）

工序	工序名称	工序内容	装配部门	设备及工艺装备	辅助材料	学时/min
4	布线	① 控制电路配线：U1、1、2、3、4、5、6、7、8、9、21、22、23、24、25 号控制线（蓝色）和 N 零线（黑色）配长，两端剥线后套上标记套管再放线，器件之间用导线连接，连接在螺旋式熔断器 FU2 上的线头向顺时针方向弯曲成羊眼圈后才能接线。先接黑色线，再接蓝色线。		斜口钳剥线钳线号打印机十字螺钉旋具尖嘴钳		
		② 主电路布线：将 L1、U1、U2、U3、U、U′号导线（黄色），和 L2、V1、V2、V3、V、V′号导线（绿色），以及 L3、W1、W2、W3、W、W′号导线（红色），还有 Y0 号线（黑色）2 根配长，两端剥线后套上标记套管再放线，器件之间用导线连接，连接在螺旋式熔断器 FU1 上的线头向顺时针方向弯曲成羊眼圈后才能接线。布线时将导线整齐地放入走线槽内，盖上走线槽盖。		斜口钳剥线钳线号打印机十字螺钉旋具尖嘴钳		
		③ 连接三相异步电动机连接线：电动机连接线 U、V、W 和 U′、V′、W′用叉形线（黄、绿、红）与接线端子 XT 的下端连接，叉形线另一端（插孔端）与电动机三相定子绕组的首端 U（A）、V（B）、W（C）和末端 X、Y、Z 连接。		十字螺钉旋具		
		④ 连接三相电源线：将三相电源线 L1、L2、L3、N（黄、绿、红、黑）的两端用叉形线的一端与三相电源插孔端相连，另一端与接线端子 XT 的下端相连。		十字螺钉旋具		
		⑤ 安装接地线：电动机的接地端与端子排下端之间用 O 形线（黄绿）连接，再在端子排下端与三相电源的地线之间用叉形线（黄绿）连接。		十字螺钉旋具尖嘴钳		
		检验：布线是否符合工艺规程。				
			设计（日期）	审核（日期）	标准化（日期）	会签（日期）
标记	处数	更改文件号　　签字　　日期				

3. 检查与调试规范

（1）电路不通电检查

电路安装好后，首先清理起动箱内杂物，进行自查。

① 各个元器件的代号、标记是否与原理图上的一致和齐全。

② 各种安全保护措施是否可靠。

③ 控制电路是否满足原理图所要求的各种功能。

④ 各个元器件安装是否正确和牢靠。

⑤ 各个接线端子是否连接牢固。

⑥ 布线是否符合要求、整齐。

⑦ 各个按钮、信号灯罩和各种电路绝缘导线的颜色是否符合要求。

⑧ 电动机的安装是否符合要求。

⑨ 保护电路导线连接是否正确、牢固可靠。

（2）电路绝缘电阻的检查

进行主电路绝缘电阻的测量、主电路和控制电路之间绝缘电阻的测量。

（3）电路短路排查

1）检查元器件所有连接点与控制板是否发生短路情况。

2）检查主电路从电源端到电动机端是否三相短路。用万用表笔分别测量低压断路器（4P）下端 U1—V1、V1—W1、W1—U1 之间的电阻，结果均应为断路（$R \to \infty$）。如某次测量结果为短路（$R \to 0$），则说明所测两相之间的接线有短路问题，应仔细逐线检查排除。

3）检查控制电路与电源之间是否短路。如按下 SB2 测得结果为短路，则重点检查不同线号导线是否错接到同一端子上。

（4）电路通电调试

1）空操作试验。在试验时拆下电动机接线，合上低压断路器 QF1、QF2，HG 灯亮。按下起动按钮 SB2，接触器 KM1 应立即动作，HG 灯灭；松开 SB2，接触器 KM1 能保持吸合状态。接触器 KM3 吸合，HY 灯亮，时间继电器 KT 的 UP 灯亮。延时时间一到，KT 的 ON 灯亮，KM3 释放，HY 灯灭，KM2 吸合，HR 灯亮，KT 释放，KT 的 UP 和 ON 灯同时灭。若按下停止按钮 SB1，KM1 和 KM2 应立即释放，HR 灯灭，HG 灯亮。

在操作过程中注意倾听 KM1、KM2、KM3 和 KT 触点分合动作的声音是否正常，KT 的 UP 和 ON 灯的点亮和熄灭是否正常。反复做几次试验，检查电路动作的可靠性。

2）负载试验。切断电源后，接上电动机连线，接通主电路即可进行。合上 QF1、QF2，按下 SB2，电动机 M 应立即得电起动运行；松开 SB2，电动机继续运转。按下 SB1 时电动机停车。验证时，如有异常情况，必须立即切断电源查明原因。

注：这里的负载是指电动机作为电气控制电路的负载。

试验中如发现接触器振动、发出噪声、主触点燃弧严重、电动机嗡嗡响或不能起动等现象，应立即停车断电。重新检查接线和电源电压，必要时拆开接触器检查电磁机构，排除故障后重新试验。

（5）拆卸线路

试验完毕后，首先正确切断电源，确保在断电的情况下，仔细拆除导线、电源线、电动机线、接地线、元器件、布线器材、电动机，认真清点元器件、电动机和布线器材，轻轻放入储物柜，存入库房，认真清点工具、仪表，并轻轻放入工具箱内，导线整齐排放到导线架上，仔细做好卫生打扫工作，再由指导老师检查。

【任务实施】

安装与调试任务单见随附的"任务单"部分。

[课堂作业]

1）如何将电动机连接成星形和三角形？

2）在丫—△起动运行控制电路中，互锁功能起什么作用？

3）三相异步电动机采取丫-△起动时，为什么起动时间不能太长？

4）电动机在什么情况下应采用减压起动？定子绕组为丫联结的三相异步电动机能否用丫-△减压起动？为什么？

[互动讨论]

1）在图4-13中，电路空操作试验工作正常，带负载试车时，按下SB2，KM1及KM3均得电动作，但电动机发出异响，转子向正、反两个方向颤动；立即按下SB2停车，KM1及KM3释放时，灭弧罩内有较强的电弧。

2）空操作试验时，丫接法起动正常，过5 s接触器换接，再过5 s，又换接一次，…，如此反复。

3）起动时，电动机通电后转速上升，约1 s后电动机突然有"嗡嗡"声转速下降，接着断电停机。

4）运行时，电动机丫联结起动时正常，但转换成△联结运行后，就发出异常响声并转速骤降，熔断器熔断使电动机断电停机。

5）在图4-13中，按下SB2，KT、KM3和KM1通电动作，电动机丫联结起动，但长时间电路无转换动作。

6）运行时，电动机丫联结起动时正常，但转换成△联结运行后，电动机断电停机。

试分析产生故障的原因，并提出排除故障的方法。

[自我评价]

1）收获与总结。

2）存在的主要问题。

3）今后改进、提高的措施。

笔记

任务 4.2　应用训练：制作与调试自耦减压起动箱

【任务导入】

减少起动电流的另一种方法是降低笼型异步电动机的电源电压。常用的做法是在定子绕组中串接自耦变压器，限制电动机起动电流是依靠自耦变压器的减压作用来实现的。

三相笼型异步电动机定子绕组串自耦变压器减压起动控制功能，是在电动机起动过程中，在三相笼型异步电动机定子电路中串接自耦变压器来降低定子绕组上的电压，使电动机在降低后的电压下起动，以达到限制起动电流的目的。一旦电动机转速上升接近额定值时，切除串接自耦变压器，将电动机定子绕组电压恢复到额定电压，使电动机进入全电压正常运行状态。

【任务描述】

本任务是制作与调试自耦减压起动箱。即识读电气原理图，绘制出电器位置布置图和门板开孔图、电气安装接线图，对控制电路进行装配、布线、检查和调试。要求电路具有自耦减压起动控制功能，即在起动时在笼型异步电动机定子绕组串接自耦变压器，实现减压起动，在起动结束时切除串接自耦变压器，电动机进入正常运行状态。电路应具有必要的保护。

【自学知识】

图 4-17 所示为 XJ01 系列自耦减压起动箱，适用于交流 50 Hz、额定工作电压 380 V、容量 400 kW 及以下三相笼型电动机不频繁减压起动场合，广泛应用于冶金、石油、化工、矿山、建筑及环保等所有工业领域。XJ01 系列自耦减压起动箱产品结构简单、经济实用、操作简便、并具有过载保护功能，符合 GB/T 14048.4-2020。

码 4-8
自耦减压起
动控制箱
外形图

图 4-17　XJ01 系列自耦减压起动箱

1. 自耦减压起动箱电气电路

（1）电路设计思想

自耦变压器的一次线圈和电源相接，自耦变压器的二次线圈与电动机相联。自耦变压器的二次线圈一般有 3 个抽头，可得到 3 种数值不等的电压。使用时，可根据起动电流和起动转矩的要求灵活选择。

电动机起动时，定子绕组得到的电压是自耦变压器的二次电压，一旦起动完毕，自耦变压器便被切除，电动机直接接至电源，即得到自耦变压器的二次电压，电动机进入全电压运行，通常称这种自耦变压器为起动补偿器。这一电路的设计是按时间原则来完成电动机起动过程的。

（2）接触器式继电器

电磁继电器是利用输入电路内电流在电磁铁铁心与衔铁间产生的吸力作用而工作的一种电气继电器。接触器式继电器是电磁式继电器的一种，用于接通或分断控制电路。JZC4 系列接触器式继电器主要用于交流 50 Hz 或 60 Hz、额定工作电压 380 V 以下或直流额定电压 220 V 以下的继电器控制、信号传递、隔离放大等电路中，做接通、分断、放大之用。符合 GB/T 14048.5—2017、IEC 60947-5-1-2016 标准，外形如图 4-18 所示。

1）JZC4 系列接触器式继电器的结构。其结构与电磁式继电器相似，由电磁机构、触点系统和支架底座等构成，如图 4-19 所示。

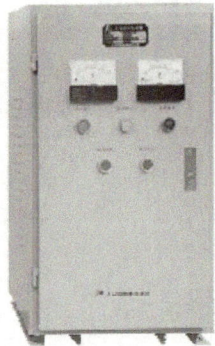

图 4-18　接触器式继电器的外形

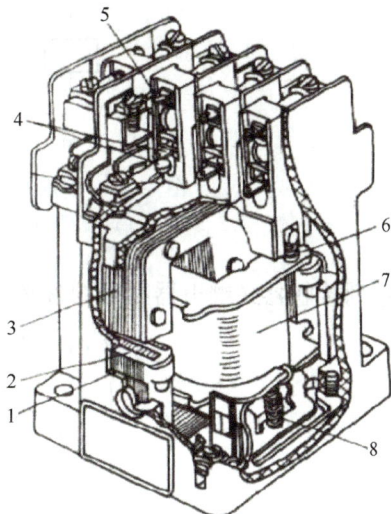

图 4-19　接触器式继电器的结构

1—静铁心　2—短路环　3—衔铁　4—常开触点
5—常闭触点　6—反作用弹簧　7—线圈　8—缓冲弹簧

① 电磁机构。接触器式继电器是指线圈通交流电或直流电的继电器，其电磁机构为 E 形直动式结构形式。E 形直动式的铁心及衔铁均由硅钢片叠成，且在铁心柱端面上装有短路环，以削弱振动和噪声。

② 触点系统。触点一般为双端口桥式结构，有常开和常闭两种形式。触点采用了灭弧罩等类似接触器的技术。

触点采用摩擦接触方式，这种组合式结构可方便地安装各种附件：辅助触点组、空气延时头、锁扣装置等，以增加不同功能。JZC4 系列接触器式继电器体积较小，动作灵活，触点的种类和数量也较多。

JZC4 系列产品由 CJX2-09 派生，其外形及安装尺寸与 CJX2-09 相同，还可以方便地挂装 F4 辅助触点组，增加触点数量，最多可达 4 对。其组合情况见表 4-7。

码 4-9
接触器式继
电器外形图

表 4-7　触点组合情况

型　号	触点对数	
	常开触点	常闭触点
JZC4-40	4	0
JZC4-31	3	1
JZC4-22	2	2
JZC4-13	1	3
JZC4-04	0	4

码 4-10
接触器式继
电器的结构
和原理

2）接触器式继电器的工作原理。其工作原理与电磁式接触器类似，是根据输入的电压、电流等电量，利用电磁机构衔铁的动作，带动触点动作，来接通或断开控制电路，从而改变被控制对象的工作状态。当线圈得电时，常闭触点断开，常开触点闭合；当线圈失电时，常开触点断开，常闭触点闭合。

3）接触器式继电器的符号和型号。

① 接触器式继电器的图形与文字符号如图 4-20 所示。

107

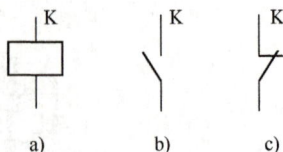

图 4-20　接触器式继电器的图形与文字符号
a）线圈　b）常开触点　c）常闭触点

② JZC4 系列接触器式继电器型号的含义如下。

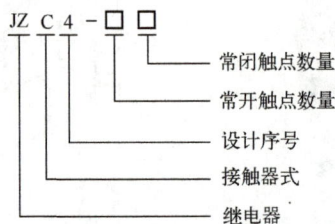

JZ C 4 - □□
常闭触点数量
常开触点数量
设计序号
接触器式
继电器

4）接触器式继电器的接线。JZC4 系列接触器式继电器的接线如图 4-21 所示。

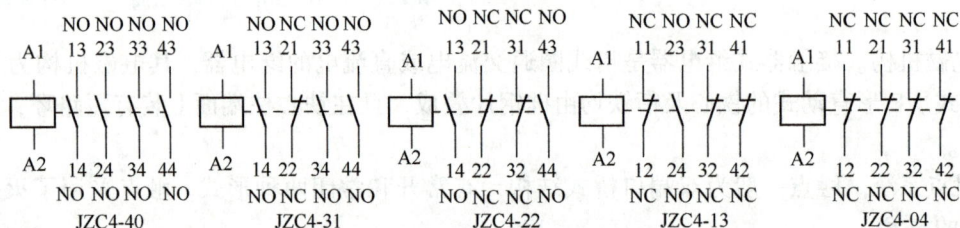

图 4-21　接触器式继电器的接线

5）技术数据。JZC4 系列接触器式继电器的绝缘电压 $U_i = 690\,V$，发热电流 $I_{th} = 10\,A$，技术数据见表 4-8。

表 4-8　JZC4 系列接触器式继电器的技术数据

使 用 类 别	额定控制容量	额定工作电流 I_e	
		220 V	380 V
AC-15	360 VA	1.64 A	0.95 A
DC-13	33 W	0.15 A	—

6）继电器历史与前景。

继电器是一种利用输入量（或激励量）满足某些规定的条件，能在一个或多个电器输出电路中产生跃变而工作的一种器件。它分为电磁继电器、固体继电器、温度继电器、舌簧继电器、时间继电器、高频继电器、极化继电器、光继电器、声继电器、热继电器、仪表式继电器、霍尔效应继电器、差动继电器。

20 世纪 60 年代中期，有人提出用小型计算机实现继电保护的设想，但是由于当时计算机的价格昂贵，同时也无法满足高速继电保护的技术要求，因此在保护方面没有取得实际应用，但由此开始了对计算机继电保护理论的计算方法和程序结构进行大量研究，为后来的继电保护发展奠定了理论基础。

计算机技术在 20 世纪 70 年代初期和中期出现了重大突破，大规模集成电路技术的飞速发展，使得微型处理器和微型计算机进入了实用阶段。价格的大幅度下降，可靠性、运算速度的大幅度提高，促使计算机继电保护的研究出现了转机。在 20 世纪 70 年代后期，出现了比较完善的微机保护样机，并投入到电力系统中试运行。20 世纪 80 年代，微机保护在硬件结构和软件技术方面日趋成熟，并已在一些国家推广应用。20世纪90年代，电力系统继电保护技术发展到了微机保护时代，它是继电保护技术发展历史中的第四代。

我国的微机保护技术研究起步于20世纪70年代末80年代初，尽管起步晚，但是由于我国继电保护工作者的努力，进展却很快。20世纪80年代末，计算机继电保护特别是输电线路微机保护已有大量使用。国内对计算机继电保护的研究过程中，高等院校和科研院所起着先导的作用。

1984年原华北电力学院（现华北电力大学）研制的输电线路微机保护装置首先通过鉴定，并在系统中获得应用，揭开了我国继电保护发展史上的新一页，为微机保护的推广开辟了道路。在主设备保护方面，东南大学和华中理工大学研制的发电机失磁保护、发电机保护和发电机-变压器组保护也相继于1989年、1994年通过鉴定，投入运行。南京电力自动化研究院研制的微机线路保护装置也于1991年通过鉴定。天津大学与南京电力自动化设备厂合作研制的微机相电压补偿式方向高频保护、西安交通大学与许昌继电器厂合作研制的正序故障分量方向高频保护也相继于1993年、1996年通过鉴定。

不同原理、不同机型的微机线路和主设备的保护各具特色，为电力系统提供了一批性能优良、功能齐全、工作可靠的继电保护装置。20世纪90年代，我国继电保护进入了微机时代。随着微机保护装置的研究，在微机保护软件、算法等方面也取得了很多理论成果，并且应用于实际。

例如，生活中接触最多的电磁继电器，主要应用在3个领域，分别是汽车、家用电器、工业控制继电器；在家用电器中，它主要用于控制压缩机电动机、风扇电动机和冷却泵电动机，以执行相关的控制功能。

继电器无论在生活还是工业生产中都发挥着巨大的作用，那么它的前景会如何呢？

近年来，随着电子信息产业的飞速发展，作为基础器件的继电器被广泛应用在家电、通信、汽车、仪器仪表、机器设备、航空航天等自动化控制领域。

继电器是自动化控制领域中的重要角色，近年来市场竞争日趋激烈，各个继电器企业争相推出最新款差异化的产品，使得继电器已经超出传统意义上作为简单时域基础器件的概念，尤其在高科技下先进技术性能指标的满足，更给继电器提供了一个广阔的舞台。

据统计，目前我国有近300家继电器企业，其中大多数在生产低成本的机电继电器，只有少部分企业正在扩大高端继电器的生产规模。我国继电器生产能力正在不断提高，创新步伐正在加快，国际竞争力也不断增强，无论是产业层面还是企业层面，都具备了一定的竞争力。但国内企业与国际厂商相比还存在较大差距，主要表现在企业规模普遍较小、盈利能力较弱、研发投入水平较低、创新能力不足。

专家表示，"对于国内继电器企业而言，无论是从专业和专注、国家需求，还是从市场取向来看，门类齐全的继电器及新型继电器产品都应该是核心主导产品。从创新的紧迫性、现实性和前瞻性出发，继电器产业首先要明确发展方向——发展新型继电器，要力争在新型继电器领域多点突破，引领继电器产业发展；其次，优先发展并壮大产业链上游核心基础产业，包括精密模具、核心零部件、继电器专用制造设备、软件、继电器专用集成电路芯片。这些产业具有投资大、技术难度高、附加值高等特征，是引领继电器技术变革、促进继电器产业技术进步和产业升级、决定整个产业走向的关键环节；第三，要进一步提升产业整合能力，通过与上游关键材料、核心元器件企业的战略合作和联合创新，建立植根于国内、具有核心竞争力的完整产业体系。"

（3）技术资料

1）电气原理图。自耦减压起动箱电气原理图如图4-22所示。SB1为停止按钮，SB2为起动按钮，KT为通电延时型时间继电器，K为接触器式继电器，KM为电磁式接触器，HG为电源指示灯，HY为起动指示灯，HR为运行指示灯。

电路的工作情况如下。

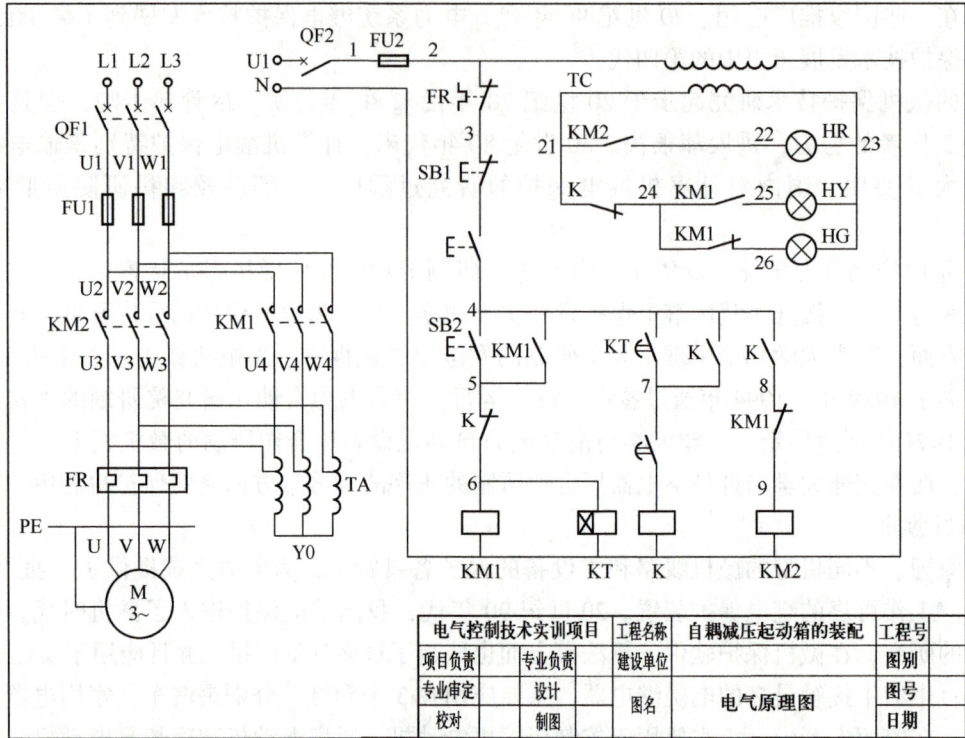

图 4-22　自耦减压起动箱电气原理图

① 闭合低压断路器 QF1、QF2。

② 按下起动按钮 SB2，接触器 KM1 和时间继电器 KT 线圈同时得电，KM1 常闭辅助触点断开，并通过 KM1 的常开辅助触点自锁，KM1 常开主触点闭合，将自耦变压器接入，电动机定子绕组经星形联结的自耦变压器接到电源做减压起动。同时时间继电器 KT 开始延时。当电动机转速上升到接近额定转速时，对应的 KT 延时结束，其延时闭合的常开触点闭合，中间继电器 K 得电动作并自锁，K 的常闭触点断开，使 KM1、KT 的线圈均断电，KM1 的主触点断开，将自耦变压器切断。KT 线圈失电，KT 常开延时触点瞬时断开，K 的另一常开触点（4-8）闭合。在 KM1 失电后，KM1 常闭辅助触点闭合，使接触器 KM2 线圈得电，KM2 主触点闭合，将电动机直接接入电源，使之在全电压下正常运行。

③ 按下停止按钮 SB1，K 和 KM2 线圈同时失电，K 的常开触点断开，常闭触点闭合，KM2 主触点断开，电动机停转。

2）外形和安装尺寸要求。自耦减压起动箱外形和安装尺寸与图 4-16 相同，起动箱内底板为网孔板，起动箱和底板材料为铝铜合金。

2. 安装和布线工艺过程

参考表 4-6 认真安装自耦减压起动箱电气元器件，并仔细配线，见表 4-9。

表 4-9　电气装配工艺过程卡片

编号：1

××职业学院	电气装配工艺过程卡片	产品型号		部件图号		共　页
		产品名称	自耦减压起动箱	部件名称		第　页
工序	工序名称	工序内容	装配部门	设备及工艺装备	辅助材料	学时/min
1	准备	与表4-6相同。				
		检验：图、卡是否齐全。				

（续）

工序	工序名称	工序内容	装配部门	设备及工艺装备	辅助材料	学时/min
2	领料	与表4-6相同。				
		检验：电器元器件、布线器材、辅助器材和安装工具是否完好。		万用表		
3	安装	①与表4-6相同。	电气实训室	三相交流电源		
		②在平导轨上扣装低压断路器（4P和1P），在G形端子导轨上扣装3个端子排。		十字螺钉旋具		
		③、④与表4-6相同。				
		⑤用塑料卡子和自攻螺钉安装交流接触器、热过载继电器及其基座、时间继电器及其底座、接触器式继电器、单相变压器、三相自耦变压器。注意：元器件之间上下、左右对齐和爬电间距合适。				
		⑥与表4-6相同。				
		检验：安装是否符合工艺规程。				
4	布线	①控制电路配线：U1、1、2、3、4、5、6、7、8、9、21、22、23、24、25、26号控制线（蓝色）和N零线（黑色）配长，两端剥线后套上标记套管再放线，器件之间用导线连接，连接在螺旋式熔断器FU2上的线头向顺时针方向弯曲成羊眼圈后才能接线。先接黑色线，再接蓝色线。		斜口钳 剥线钳 线号打印机 十字螺钉旋具 尖嘴钳		
4	布线	②主电路布线：将L1、U1、U2、U3、U4、U号导线（黄色）和L2、V1、V2、V3、V4、V号导线（绿色）以及L3、W1、W2、W3、W4、W号导线（红色），还有Y0号线（黑色）2根配长，两端剥线后套上标记套管再放线，器件之间用导线连接，连接在螺旋式熔断器FU1上的线头向顺时针方向弯曲成羊眼圈后才能接线。布线时将导线整齐地放入走线槽内，盖上走线槽盖。		斜口钳 剥线钳 线号打印机 十字螺钉旋具 尖嘴钳		
4	布线	③连接三相异步电动机连接线：电动机连接线U、V、W用叉形线（黄、绿、红）与接线端子XT的下端连接，叉形线另一端（插孔端）与电动机三相定子绕组的首端U（A）、V（B）、W（C）连接，末端X、Y、Z用插孔线（黑色）连接在一起。		十字螺钉旋具		
		④、⑤与表4-6相同。		十字螺钉旋具，尖嘴钳		
		检验：布线是否符合工艺规程。				
			设计（日期）	审核（日期）	标准化（日期）	会签（日期）
标记	处数	更改文件号 签字 日期				

笔记

3. 检查与调试规范

自耦减压起动检查与调试规范与自动星–三角减压起动的检查与调试规范基本相同，但电路通电调试的空操作试验有如下不同：

在试验时拆下电动机接线，合上低压断路器 QF1、QF2，HG 灯亮。按下起动按钮 SB2，接触器 KM1 应立即动作，HG 灯灭，HY 灯亮，时间继电器 KT 线圈得电，时间继电器 KT 的 UP 灯亮。松开 SB2，接触器 KM1 能保持吸合状态。延时时间一到，KT 的 ON 灯亮，接触式继电器 K 得电吸合并自锁，HY 灯灭，KM1 和 KT 线圈失电释放，KT 的 UP 和 ON 灯同时熄灭，KM2 得电吸合，HR 灯亮。若按下停止按钮 SB1，KM2 应立即释放，HR 灯灭，HG 灯亮。

在操作过程中注意听 KM1、KM2、K、KT 触点分合动作的声音是否正常，HG、HY、HR、KT 的 UP 和 ON 灯的点亮和熄灭是否正常。反复做几次试验，检查电路动作的可靠性。

【任务实施】

制作与调试任务单见随附的"任务单"部分。

任务 4.3　创新训练：设计与装调数字式软起动/制动（一拖一）箱

【任务导入】

传统减压起动方法有星–三角起动和自耦变压器减压起动两种。电动机用星–三角起动时，在切换瞬间会出现很高的电流尖峰，会产生破坏性的动态转矩，引起的机械振动对电动机转子、齿轮以及负载等都是非常有害的。自耦变压器减压起动设备体积庞大，成本高，还存在与负载匹配的电动机转矩难控制等缺点。由于传统的减压起动设备的缺点，才出现了电子软起动。

【任务描述】

本任务是设计与装调数字式软起动/制动（一拖一）箱。要求软起动/制动箱具有软起动/制动控制功能，即按下软起动按钮，电动机软起动运行，按下软停止按钮时电动机软停车；按下热过载继电器的瞬停按钮时电动机瞬停。电路需具有必要的保护。

【自学知识】

1. 软起动控制电路

交流异步电动机软起动技术成功地解决了交流异步电动机起动时电流大、电路压降大、电力损耗大以及对传动机械带来破坏性冲击力等问题。交流软起动装置对被控电动机既能起到软起动，又能起到软制动作用。

交流电动机软起动是指电动机在起动过程中，装置输出电压按一定规律上升，被控电动机电压由起始电压平滑地升到全电压，其转速随控制电压变化而发生相应的软性变化，即由零平滑地加速至额定转速的全过程，称为交流电动机软起动。

交流电动机软制动是指电动机在制动过程中，装置输出电压按一定规律下降，被控电动机电压由全电压平滑地降到零，其转速相应地由额定值平滑地减至零。

（1）软起动器的工作原理

图 4-23 所示为软起动器原理示意图，它主要由三相交流调压电路和控制电路构成。其基本原理是利用晶闸管的移相控制原理，通过晶闸管的导通角，改变其输出电压，达到通过调压方式来控制起动电流和起动转矩的目的。控制电路按预定的不同起动方式，通过检测主电

路的反馈电流，控制其输出电压，可以实现不同的起动特性。最终软起动器输出全压，使电动机全压运行。

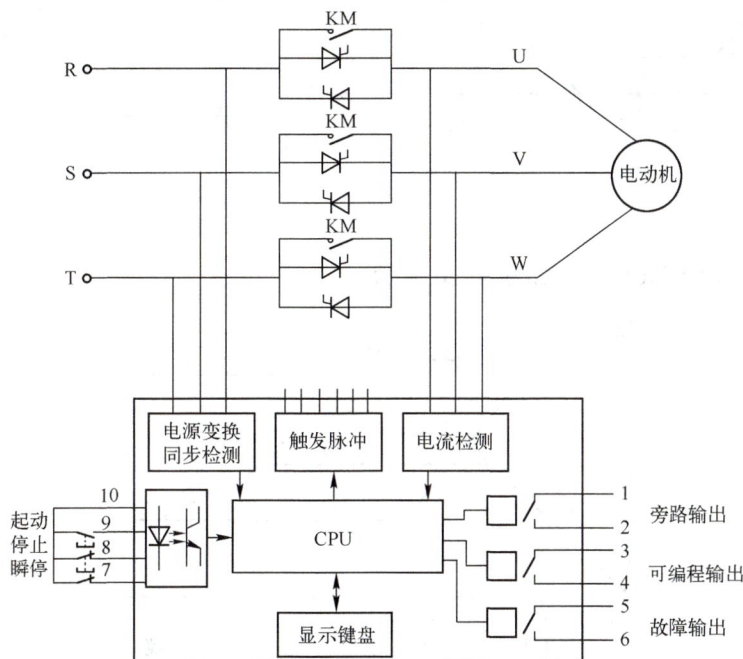

图4-23　软起动器原理示意图

由于软起动器为电子调压并对电流实时检测，因此还具有对电动机和软起动器本身的热保护，限制转矩和电流冲击，对三相电源不平衡、缺相和断相等的保护，并可实时检测并显示如电流、电压等参数。

（2）软起动器的控制功能

异步电动机在软起动过程中，软起动器通过控制加到电动机上的电压来控制电动机的起动电流和转矩，起动转矩逐渐增加，转速也逐渐增加。一般软起动可以通过改变参数得到不同的起动特性，以满足不同的负载特性要求。

1）限流起动。电动机起动时，软起动器输出电压从零迅速增加，直到输出电流上升到设定的限流值I_{q1}，在输出电流不大于I_{q1}下，电压逐渐上升，电动机加速，直到起动完成。I_{q1}可调，I_e为电动机额定电流。此方式的优点是起动电流小，且可按需要调整，对电网影响小。缺点是在起动时难以知道起动压降，不能充分利用压降；起动力矩存在损失，起动时间相对较长，对电动机不利。限制起动电流可降低起动压降，如图4-24a所示。

2）电压控制起动。在轻载起动的场合，在保证起动压降下发挥电动机的最大起动转矩，尽可能地缩短了起动时间，是最优的轻载软起动方式。根据负载的起动转矩，修改初始电压值。

①在设定的时间内，电压缓慢上升到额定电压。

②根据负载大小，自动调整起动过程，如图4-24b所示。

3）软停车方式。软停车方式通过逐渐降低软起动器的输出电压而切断电源，这一过程时间较长且一般大于自由停车时间，故称为软停车方式。转矩控制软停车方式是在停车过程中，匀速调整电动机转矩的下降速率，实现平滑减速。减速时间T_1一般是可以设定的。当设置软停车时，电动机转矩在设定时间（T_1）内下降到停止状态。软停车可有效减少泵类设备的喘振，如图4-25所示。

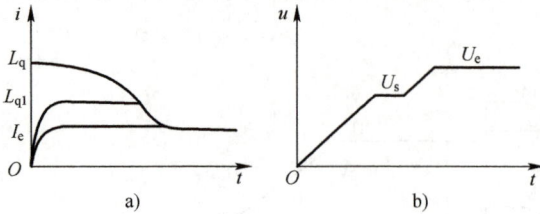

图 4-24 软起动器控制模式
a）限流起动 b）电压控制起动

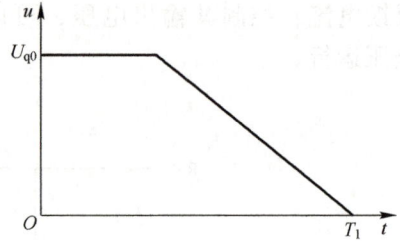

图 4-25 软停车方式

不同起动方式的电流波形比较如图 4-26 所示。

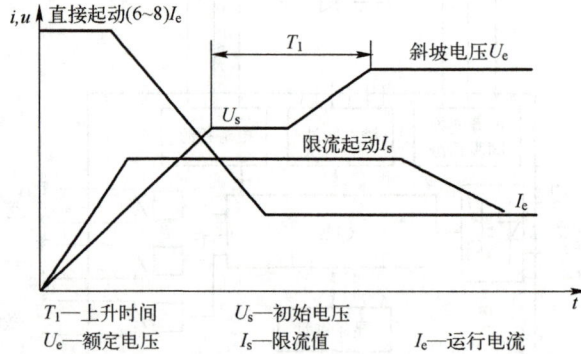

T_1—上升时间 U_s—初始电压 I_e—运行电流
U_e—额定电压 I_s—限流值

图 4-26 不同起动方式的电流波形比较

（3）RDJR6 系列电动机软起动器

RDJR6 软起动器功率部分由晶闸管组成，应用晶闸管的移相技术，使加到电动机上的电压按一定规律逐渐达到全电压，通过适当的参数控制，可以使电动机的转矩和电流与负载要求得到很好的匹配。

RDJR 全数字软起动器采用微处理器控制，实现交流异步电动机的软起动、软停止功能，保护功能齐全，广泛应用于冶金、石油、矿山、化工等所有工业领域的电动机传动设备。其外形如图 4-27 所示。

1）特点。

① 采用微处理器的全数字自动控制，具有优异的电磁兼容性能。

② 可使电动机平滑起动、平滑停止或者自由停车。起动电压/电流、软起动/停止时间可按负载不同进行灵活调节，减少起动电流的冲击。

③ 性能稳定，操作简单，显示直观，体积小，全数字设定，具有远程控制和外控功能。

④ 具有缺相、过载、过电压、欠电压、过电流、过热等多种保护功能。

⑤ 具有输入电压显示、运行电流显示、故障自动检测、故障记忆等功能。

⑥ 具有 0~20 mA 模拟量输出，可以实时检测电动机电流。

图 4-27 RDJR6 软起动器外形图

2）型号及其含义如下所示。

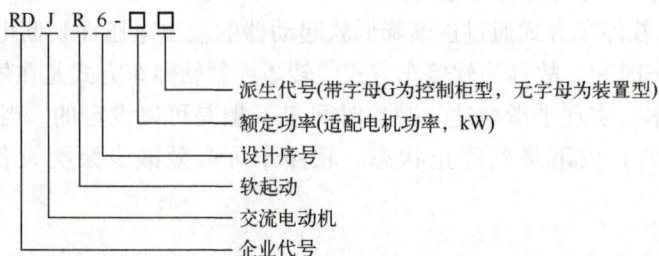

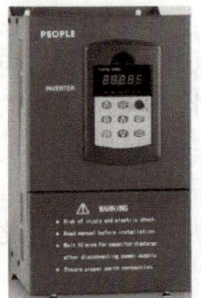

RD J R 6 - □ □

派生代号(带字母G为控制柜型，无字母为装置型)
额定功率(适配电机功率，kW)
设计序号
软起动
交流电动机
企业代号

114

3）控制端子说明。其外控端子说明如图4-28所示。

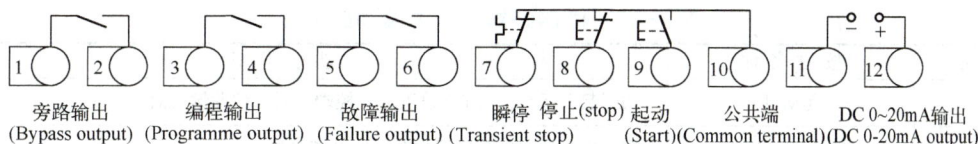

| 1 2 | 3 4 | 5 6 | 7 8 | 9 10 | 11 12 |
旁路输出 编程输出 故障输出 瞬停 停止(stop) 起动 公共端 DC 0~20mA输出
(Bypass output)(Programme output)(Failure output)(Transient stop)(Start)(Common terminal)(DC 0-20mA output)

图4-28 外控端子说明

4）控制端子定义。其控制端子定义见表4-10。

表4-10 RDJR6 软起动器控制端子定义

开关量	端子代号	端子功能	说 明
继电器输出	1	旁路继电器输出	控制旁路接触器，当软起动器起动成功时此继电器闭合，为常开无源触点，触点容量：AC 250 V/5 A
	2		
	3	程序继电器输出	输出方式与功能由设置码P4和PJ设定，为常开无源触点，触点容量：AC 250 V/5 A
	4		
	5	故障继电器输出	当软起动器出现故障时，此继电器闭合，为常开无源触点，触点容量：AC 250 V/5 A
	6		
输入	7	瞬停端子	软起动器正常工作时，此端子必须与端子10短接
	8	停止/复位端子	与端子10连接，可进行两线、三线控制，可根据需要选择连接
	9	起动端子	
	10	公共端	
模拟量	11	模拟公共端（−）	4倍额定电流对应输出20mA，可以外接0~20mA直流电流表，该输出负载电阻最大值为300 Ω
	12	模拟电流输出（+）	

5）显示面板操作说明。其显示面板如图4-29所示。

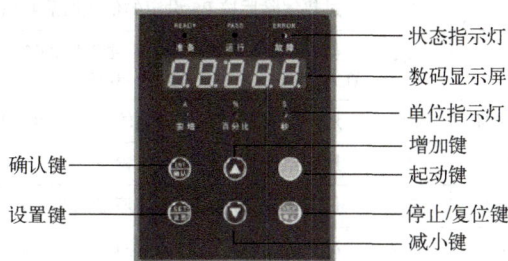

图4-29 RDJR6 软起动器显示面板

RDJR系列软起动器共有5种工作状态：准备、运行、故障、起动和停止。准备、运行、故障均有相应的状态指示灯，相关说明见表4-11。

表4-11 RDJR6 软起动器状态指示灯说明

指 示 灯	说 明
准备（READY）	在上电准备就绪状态下，此指示灯亮
运行（PASS）	在旁路运行状态下，此指示灯亮
故障（ERROR）	在故障状态下，此指示灯亮
安培（A）	设置参数为电流数值时，此指示灯亮
百分比（%）	设置参数为电流百分比时，此指示灯亮
秒（s）	设置参数为时间时，此指示灯亮

码4-12
显示面板
外形图

笔记

按键功能说明见表4-12。

表 4-12 RDJR6 软起动器按键功能说明

符　　号	按 键 名 称	功 能 说 明
(START 起动)	起动键	用于起动运行，若 PD 设置为外控端子时，按此键无效
(STOP 停止)	停止/复位键	用于停止运行以及故障状态下的系统复位
(SET 设置)	设置键	用于进入功能参数组及数据修改的选择
△	增加键	用于增加所修改的参数
▽	减少键	用于减少所修改的参数
(ENT 确认)	确认键	用于保存修改后的数据，机型、故障信息等的查询及退出

在软起和软停过程中不能设置参数，其他状态下均可设置参数。

在设置状态下若超过 2 min 没有按键操作，系统将自动退出参数设置。

先按住"确认键"再上电开机，可听见软起动器内有"滴滴"两声提示，此时可使设置参数（PJ 除外）恢复出厂值。

6）功能参数。其功能参数见表4-13。

表 4-13 RDJR6 软起动器功能参数表

代码	功能名称	设定范围	出厂值	说　　明
P0	起始电压	30~70 V	30 V	PB＝1，即电压斜坡模式有效；当 PB 设置为电流模式时起始电压默认值为40%
P1	软起时间	2~60 s	16 s	PB＝1，即电压斜坡模式有效
P2	软停时间	0~60 s	0 s	设置为 0 时表示自由停止
P3	起动延时	0~999 s	0 s	有运行命令后启用倒计时方式延时 P3 设定的值才开始起动；当 P3 设置为 0 时表示不延时，有起动命令后立即起动
P4	编程延时	0~999 s	0 s	可编程继电器动作延时值
P5	间隔延时	0~999 s	0 s	过热解除后按 P5 设定的值延时后再进入准备状态
P6	起动限制电流	50%~500%	400%	与 PB 设置有关，当 PB 设置为 0 时，默认值为280%且修改有效；当 PB 设置为 1 时，限流值最大为 400%
P7	最大工作电流	20%~200%	100%	用于电动机过载保护值的调整，P6、P7 的输入方式由 P8 决定
P8	电流显示方式	0~3	1	用于电流值或百分比设置
P9	欠电压保护	40%~90%	80%	低于设定值时保护，故障显示为"Err9"
PA	过电压保护	100%~140%	120%	高于设定值时保护，故障显示为"Err10"
PB	起动模式	0~5	1	0：限流；1：电压；2：突跳+限流；3：突跳+电压；4：电流斜坡；5：双闭环方式
PC	输出保护允许	0~4	4	0：初级；1：轻载；2：标准；3：重载；4：高级
PD	操作控制方式	0~7	1	用于面板、外控端子等的设置。0：只允许面板操作，1：面板和外控端子都可以操作
PE	自动重起选择	0~13	0	0：禁止；1~9：自动重起次数
PF	参数修改允许	0~2	1	0：不允许；1：允许修改部分参数；2：允许修改所有参数
PH	通信地址	0~63	0	用于多个软起动器与上位机的多机通信
PJ	编程输出	0~19	7	可编程继电器输出的设置
PL	软停限流	20%~100%	80%	用于 P2 软停止时电流限流值的设定
PP	电动机额定电流	11%~1200%	额定值	用于输入电动机标称的额定电流值，如 PP＝60，表示所配电动机的额定电流是 60 A
PU	电动机欠载保护	10%~90%	禁止	用于设定电动机欠载保护功能，建议采用默认值

7）故障信息说明。其故障信息说明见表 4-14。

表 4-14　RDJR6 软启动器故障信息说明

代　码	说　　明	问题及处理方法
Err00	故障已解除	刚发生过/欠电压、过电流、过热或瞬停端子开路等故障，现已正常，此时面板上指示灯亮，按"停止"键复位后可起动电动机
Err01	外控瞬停端子开路	检查外接瞬停端子⑦与公共端子⑩是否短路连接，或检查接于其他保护装置的常闭触点是否正常
Err02	软起动过热	散热器温度超过 85℃ 的过热保护，软起动器过于频繁起动或电动机功率与软起动器不匹配
Err03	起动时间过长	起动参数设置不合适、负载过重、电源容量不足等
Err04	输入缺相	检查输入回路或主回路故障、旁路接触器是否能正常通断以及可控硅是否开路等
Err05	输出缺相	检查输出回路或主回路故障、旁路接触器是否能正常通断以及可控硅是否短路、电动机连接线有无异常等
Err06	三相不平衡	检查输入的三相电源及电动机是否异常，电流互感器有无信号输出
Err07	起动过流	负载是否过重、电动机功率与软起动器不匹配、设置码 PC（输出保护允许）设置不当
Err08	运行过载保护	负载是否过重、设置码 P7、PP 的设置不当
Err09	电源电压过低	检查输入的电源电压或设置码 P9 的设置不当
Err10	电源电压过高	检查输入的电源电压或设置码 PA 的设置不当
Err11	设置参数出错	修改设置或按住面板上"确认"键进行上电开机可以恢复出厂值
Err12	负载短路	检查可控硅是否短路、负载过重、电动机线圈短路
Err13	自动重起接线错误	检查外控起动端子⑨与停止端子⑧是否按两线方式接线
Err14	外控停止端子接线错误	当 PD 设置为 1、2、3、4 时，即允许外控方式时，外控停止端子⑧与公共端子⑩没有短接，此时只有短接后才能正常起动电动机
Err15	电动机欠载	检查电动机与负载的故障

8）外形和安装尺寸要求。其外形和安装尺寸要求如图 4-30 所示。

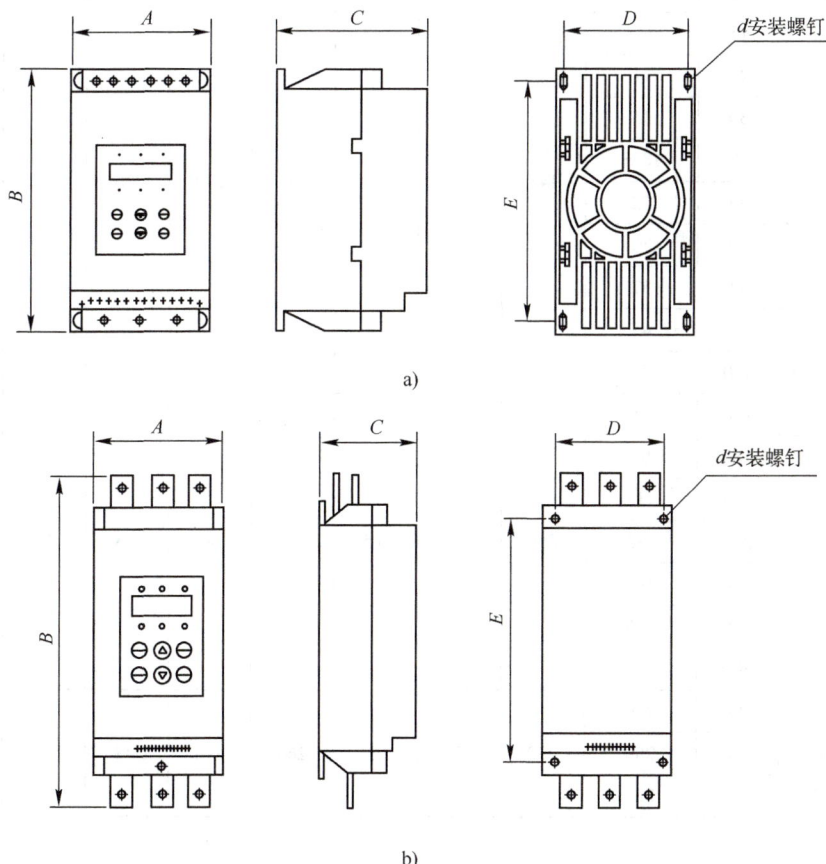

a)

b)

图 4-30　外形及安装尺寸

a）RDJR6-5.5~55　b）RDJR6-75~200

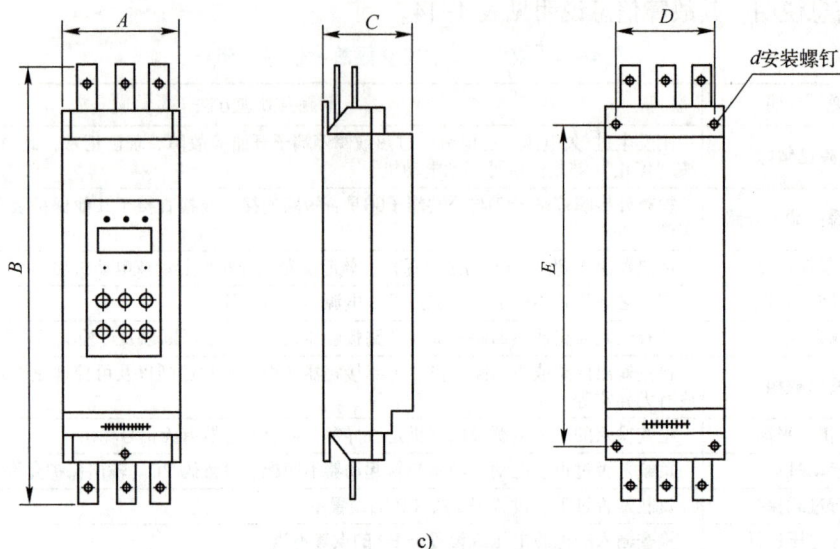

c)

图 4-30　外形及安装尺寸（续）

c）RDJR6-250~320

9）标准规格。RDJR6 系列软起动器标准规格见表 4-15。

表 4-15　RDJR6 系列软起动器标准规格

产品型号	额定功率/kW	额定电流/A	所控电动机功率/kW	外形尺寸/mm						质量/kg	备注
				A	B	C	D	E	d		
RDJR6-5.5	5.5	11	5.5								
RDJR6-7.5	7.5	15	7.5								
RDJR6-11	11	22	11								
RDJR6-15	15	30	15								
RDJR6-18.5	18.5	37	18.5	145	278	165	132	250	M6	3.7	图 4-30a
RDJR6-22	22	44	22								
RDJR6-30	30	60	30								
RDJR6-37	37	74	37								
RDJR6-45	45	90	45								
RDJR6-55	55	110	55								
RDJR6-75	75	150	75								
RDJR6-90	90	180	90								
RDJR6-115	115	230	115								
RDJR6-132	132	264	132	260	530	205	196	380	M8	18	图 4-30b
RDJR6-160	160	320	160								
RDJR6-185	185	370	185								
RDJR6-200	200	400	200								
RDJR6-250	250	500	250								
RDJR6-280	280	560	280	290	570	260	260	470	M8	25	图 4-30c
RDJR6-320	320	640	320								

10）基本接线原理图。软起动器基本接线原理如图 4-31 所示。

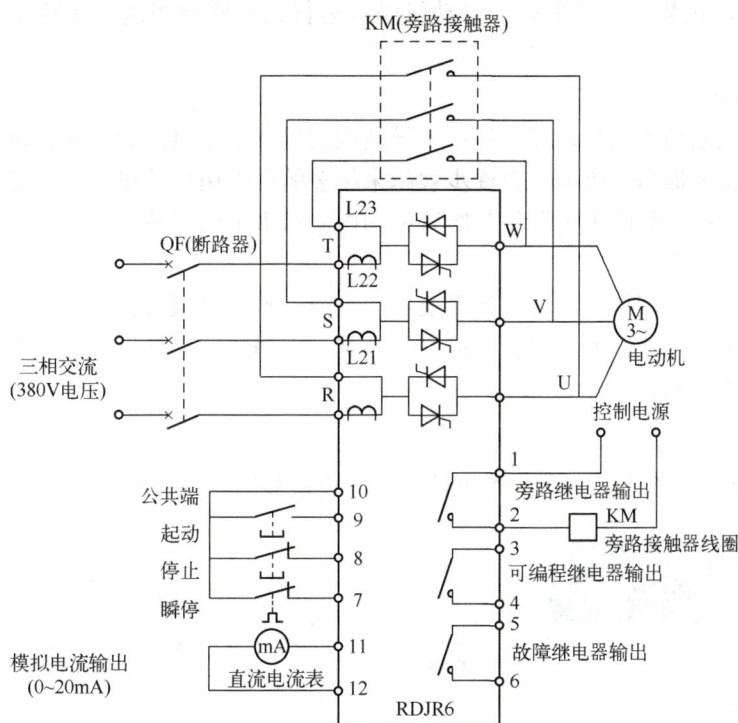

图 4-31　电动机软起动器基本接线原理

（4）软起动器的现状与趋势

1）软起动器发展的基础。

软起动器的原理在 20 世纪七八十年代时已经提出，只不过那时叫作晶闸管移相起动器。当时，我国的电力电子技术及其应用正处于起步阶段，晶闸管的生产制造也处于探索阶段，其一是成品制造率较低，因而售价较高，用晶闸管的产品在当时也是高技术、高价格产品。其二是当时可控硅（晶闸管）的应用技术也处于探索阶段，应用技术的不成熟经常造成晶闸管的损坏。

由于以上两个原因使当时的晶闸管移相起动器的价格很高，可靠性较差。因此，与自耦减压和丫-△减压等起动设备相比，用户自然不会选择晶闸管移相起动器，因此它停留在原理阶段。

2）软起动器发展的萌芽。

先进的、有生命力的东西、总会坚持在适当的时机破土而出。软起动器的发展就是如此。20 世纪 80 年代末期至 90 年代，由于我国电力电子行业一大批人的努力拼搏，可控硅的制造工艺水平大大提高，同时随着新的电子元器件、集成电路、单板机、单片机的不断推出，终于迎来了我国电力电子行业快速发展的春天，此时晶闸管移相起动器再度登场。

3）软起动器市场的培育。

到 1995 年软起动器的市场培育已基本完成，它开始走向广泛应用阶段，国外的产品也开始大量地走进中国市场，与此同时，国内生产软起动器的厂家越来越多，竞争也越趋激烈，反过来竞争又推动了产品的技术进步与产品市场的成熟，现在已经进入了软起动器发展的黄金阶段。

4）软起动器的发展前景。

现在中国软起动器的市场十分广大，年需求量应在 6 亿人民币左右甚至更高。如果电机的制造机理不发生革命性的变化，软起动器将成为电动机起动设备的主流产品，也就是说该产品的市场需求仍将在 5~6 年内不断增长，因此，该产品市场前景将十分看好。

但是也有业内人士设想，如果 IGBT 等新的电力电子器件的制造水平不断提高，销售价格不断下降，使变频器的价格一降再降，有可能夺走软起动器的部分市场，甚至取代。但从两个方面来讲，这种可能性在5、6年内出现的机会不大：①变频器与软起动器相比，毕竟多了一个直流环节，因而价格不占优势。②许多场合电动机满载运行无需变频调速。变频器的节能优势得不到发挥。

5）国产软起动器。

在国内市场上软起动器品牌繁多，但占主导地位的仍然是进口品牌，相信软起动器在未来几年内随着国产品牌质量的提高、改进，会逐步被越来越多的国内用户认可，国产品牌将在这种产品上占主导地位，因为这种产品的关键器件晶闸管的国内制造水平已不输国外。但是实现这一目标仍需国内软起动器厂家的努力。

每一种产品都有一个相似的启示：注重质量的企业总是走得艰难，初期发展较慢，但是厚积薄发，只要它能在竞争中存活，就一定会形成好的品牌。中国的软起动器企业要务实求真，勇创中国自己的软起动器品牌产品。

2. 故障继电器（自动复位型电子过电流继电器）

EOCR-AR 自动复位型电子过电流继电器外形和面板如图4-32所示。

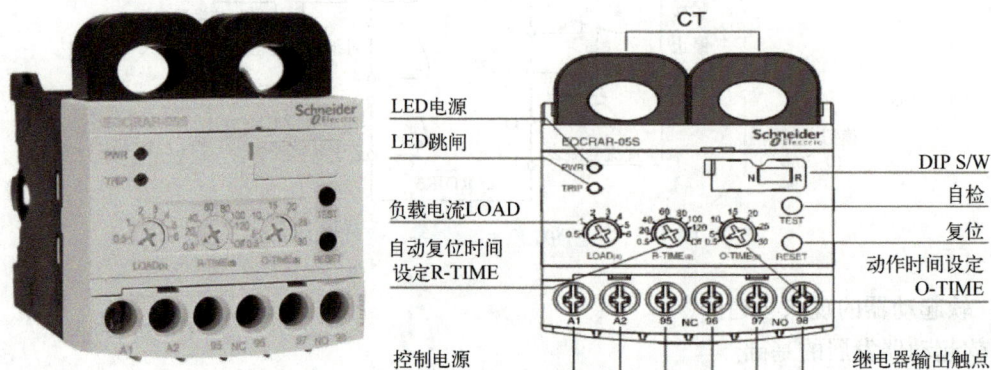

图4-32　EOCR-AR 自动复位型电子过电流继电器外形和面板

（1）概述
● 体积微小；
● 过电流、缺相、堵转保护（可进行过电流监测判断是否缺相、堵转）；
● 起动延迟、动作延迟时间可分别设定；
● 宽电流范围：3种规格可保护的宽电流范围为0.1~400 A；
● 操作显示和运行电流监测（红色 LED）；
● 超强的环境适应性；
● 低功耗、超节能；
● 自动复位（复位时间设定）、手动复位；
● 无高电压释放/安全模式——N型；
● 单相、三相负载可适用。
（2）使用
● 用于自动装置的电动机保护；
● 用于自控方式下的过载保护；
● 用于频繁起动或周期性负载，如传送带。
（3）保护功能
保护功能见表4-16。

表 4-16　EOCR-AR 自动复位型电子过电流继电器保护功能

保护项目	动作时间
过电流	O-TIME 时间范围相同，为 0.5~30 s
缺相	O-TIME 时间范围相同，为 0.5~30 s
堵转	O-TIME 时间范围相同，为 0.5~30 s

（4）技术参数

技术参数见表 4-17。

表 4-17　EOCR-AR 自动复位型电子过电流继电器技术参数

类型			设定范围
电流设定		5	0.5~6 A
		30	3.0~30 A
		60	5.0~60 A
		60~400	外部 CT（电流互感器）可与 EOCR-AR-05 型配合使用（外部电流互感器选择 100/5，200/5，300/5）
时间设定	动作时间	O-TIME	0.5~30 s
	复位时间	R-TIME	0.5~120 s
复位方式			自动复位、手动（即时）复位、电动（远程）复位
电流-时间特性曲线			定时限制
供电电源	电压	S	AC/DC 24~240 V
		W	AC 380~440 V
	频率		50/60 Hz
辅助触点	类型		2-SPST（1 对常开触点、1 对常闭触点）
	状态	R 型	正常状态（提供供电电源后：95-96 仍为闭点，97-98 仍为开点）
		N 型	正常状态（提供供电电源后：95-96 为开点，97-98 为闭点）
	容量		AC 250 V/3 A 电阻性负载
	安装方式		35 mm DIN 导轨/固定

（5）接线图

接线图如图 4-33 所示。

（6）外形和安装尺寸

外形和安装尺寸如图 4-34 所示。

【任务实施】

设计与装调任务单见随附的"任务单"部分。

	95-96	97-98
R型	关	开
N型	开	关

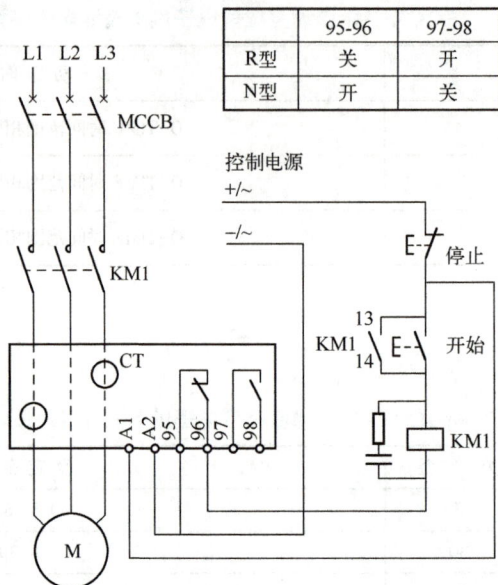

图 4-33　EOCR-AR 自动复位型电子过电流继电器接线图

N 型—安全模式型，95-96 接通 A1、A2（或 L1、L2）电源后闭点变开点，97-98 触点开点变闭点。

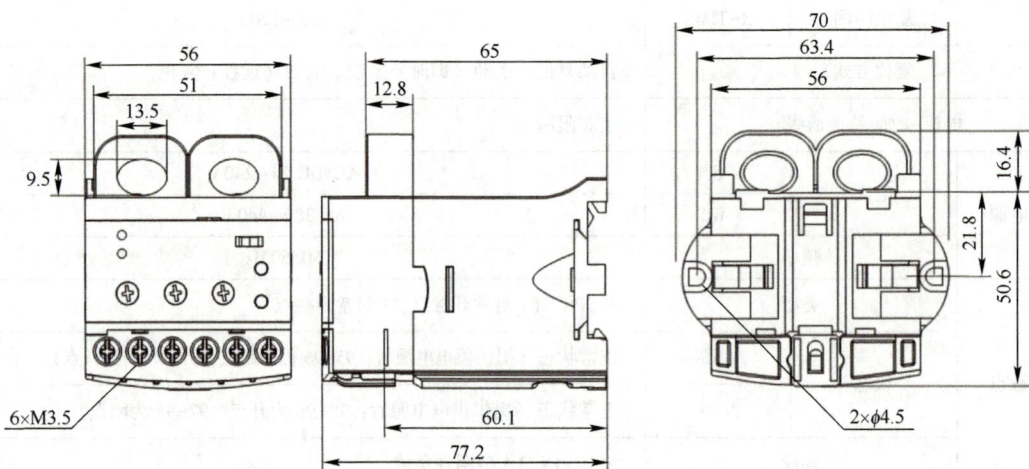

图 4-34　EOCR-AR 自动复位型电子过电流继电器外形和安装尺寸

阅读资料 4.4　静态型时间继电器和新型继电器

1. 静态型时间继电器

静态型继电器是使用电子器件、磁性器件或其他器件（没有机械运动）设计而成的继电器。静态型时间继电器在时间继电器中已成为主流产品，静态型时间继电器的延时方式有多种，如利用 RC 充放电电路整定延时；使用晶振分频，由石英晶体振荡器产生标准时基信号，通过一组或两组 BCD 码拨盘开关整定延时值，再用可编程减法计数达到延时等。

目前已有采用单片机控制的高精度时间继电器。高精度静态型时间继电器还在专用芯片的基础上采用芯片掩膜技术，将继电器的核心部分掩膜在印制电路板上，将 LED 数码显示改为 LCD（液晶显示），再加上普遍采用的 SMD 贴片电子器件，使产品体积小型化，产品性能更加稳定，使用时可通过面板外设的拨码开关或功能按键进行时间或控制方式的预置。

产品具有多延时功能（通电延时、接通延时、断电延时、断开延时、往复延时、间隔定时等）、多设定方式（电位器设定、数字拨码开关、按键等）、多时基选择（如 0.01 s、0.1 s、1 s、1 min、1 h等）、多工作模式、LED 或 LCD 显示等。静态型时间继电器具有延时范围广、精度高、显示直观、体积小、耐冲击和耐振动、调节方便及寿命长等优点，发展很快，应用广泛，产品型号繁多，在工业自动控制领域已基本取代传统的时间继电器。图 4-35 所示为 6 种静态型时间继电器。

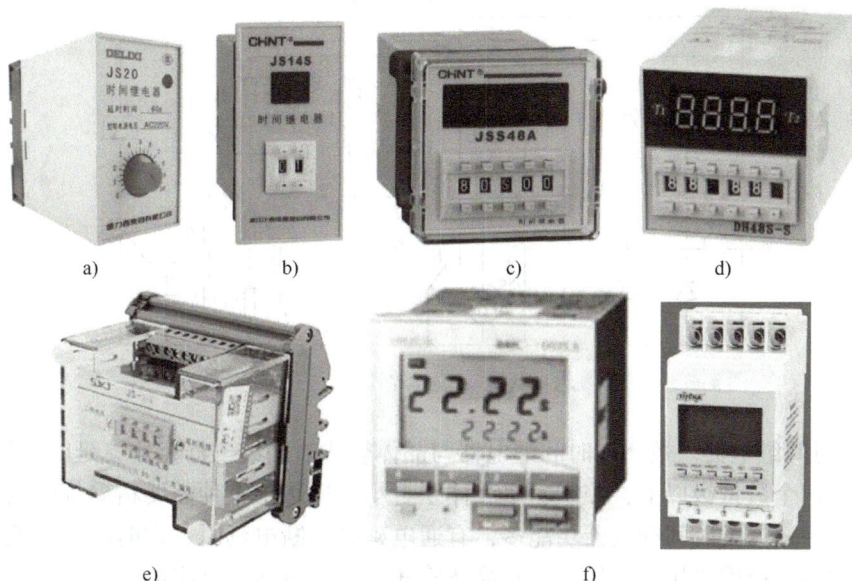

图 4-35　6 种静态型时间继电器
a) JS20 晶体管时间继电器　b) JS14S 系列时间继电器　c) JSS48A 系列时间继电器
d) DH48S 系列时间继电器　e) JS-G 系列时间继电器　f) DHC6A 系列多制式时间继电器

（1）电子式时间继电器

电子式时间继电器是由分立元器件组成的电子延时电路所构成的时间继电器，或由固体延时电路构成的时间继电器。电子式时间继电器又称半导体时间继电器。电子式时间继电器的输出有两种：有触点式和无触点式，前者是用晶体管驱动小型电磁式继电器，后者是采用晶体管或晶闸管输出。

电子式时间继电器按其构成可分为 RC 晶体管式时间继电器和数字式时间继电器，多用于电力传动、自动顺序控制及各种过程控制系统中，并以其延时范围宽、精度高、体积小、工作可靠的优势逐步取代传统的电磁式、空气阻尼式等时间继电器，其缺点是延时会受环境温度变化及电源波动的影响。

1）RC 晶体管式时间继电器。它是利用 RC 电路电容器充电时，电容器上的电压逐步上升的原理为延时基础制成的。常用的晶体管式时间继电器有 JS14A、JS15、JS20、JSJ、JSB、JS14P 等系列。其中 JS20 系列晶体管时间继电器是国内统一设计的产品，延时范围有 0.1~180 s、0.1~300 s、0.1~3600 s 三种，电气寿命达 10 万次，适用于交流 50 Hz、电压 380 V 及以下或直流 110 V 及以下的控制电路中。

JS20 系列场效应管做成的通电延时型时间继电器电路如图 4-36 所示。它由稳压电源、RC 充放电电路、电压鉴别电路、输出电路和指示电路构成。接通电源后，经整流滤波和稳压后的直流电压经波段开关上的电阻 R_{10}、RP_1、R_2 向电容 C_2 充电。

当电容器 C_2 的电压上升到 $|U_C - U_S| < |U_P|$ 时，场效应管 V6 导通，D 点电位下降。晶体管 V_7 导通，晶闸管 VT 被触发导通，继电器 K 线圈通电，输出延时时间到的信号。时间继电器从通电后

笔记

码 4-14
时间继电器
外形

给电容 C_2 充电，到继电器 K 动作的这段时间为延时时间。继电器 K 的常开触点闭合，C_2 经 R_9 放电，V_6、V_7 相继截止，为下次动作做准备。同时，继电器 K 的常闭触点断开，氖灯启辉器工作。V_6、V_7 相继截止后，晶闸管 VT 仍保持接通，线圈 K 保持通电状态，只有切断电源，继电器线圈 K 才断电，继电器释放。

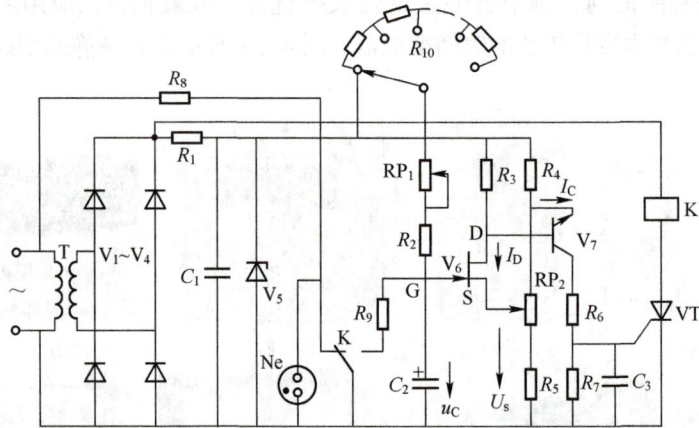

图 4-36　JS20 系列场效应管做成的通电延时型时间继电器电路

2）数字式时间继电器。数字式时间继电器与晶体管式时间继电器相比，延时范围可成倍增加，调节精度可提高两个数量级以上，控制功率和体积更小，适用于各种需要精确延时的场合以及各种自动化控制电路中。这类时间继电器功能多，有通电延时、断电延时、定时吸合、循环延时四种延时形式和十几种延时范围供用户选择，这是晶体管式时间继电器不可比拟的。

目前市场上的数字式时间继电器的型号很多，有 DH48S、DH14S、DH11S、JSS、JS14S、JS-G 系列等。其中，JS14S 系列与 JS14、JS14P、JS20 系列时间继电器兼容。DH48S 系列数字时间继电器，可替代相应进口产品，延时范围为 0.01s～99 h99 min。另外，还有从日本引进的 ST 系列等。

① JS14S 系列电子式数显时间继电器。它主要由电压变换器、整流稳压器、晶体振荡/分频/计数器、电子开关、拨码开关及执行继电器等组成的"元器件组合"部件、外壳、底座等部件组成，采用中规模集成电路、晶体振荡器、LED 数字显示，用数字拨码开关进行时间设定，具有延时范围宽、显示直观、使用方便、功耗小、寿命长等特点，具有较高的延时精度和较强的抗干扰能力。在交流 50 Hz/60 Hz 电压 380 V 以下或直流 240 V 以下的自动控制中用作延时元件，可按规定的时间接通或分断电路，起自动控制作用。JS14S-H、JS14S-D、JS14S 电源电压 100～240 V 的交流或直流可通用。

② JSS 系列静态型数字式时间继电器。JSS 系列静态型数字式时间继电器原理框图如图 4-37 所示。它由大规模 CMOS 集成电路、稳压电源、拨码开关、四位 LED 数码显示器、执行继电器及塑料外壳等几部分组成。利用分频、计数原理实现延时，标准时钟脉冲由石英晶体振荡器产生。继电器一旦施加额定电压，内部瞬动继电器动作，同时使晶体振荡器起振，产生时钟脉冲，经分频后计数器计数，当所计脉冲数达到延时整定值时，触发器翻转，驱动执行继电器动作。安装方式有面板式、导轨式和装置式 3 种。

动作时间整定是由独立的两组 3 位 8421 码拨盘开关和一位 DIP 五档小开关相互配合而成，其整定公式为

$$t = kT$$

其中，k 为 DIP 五档小开关的整定系数，T 为拨盘开关的整定数字。例如：k 为 0.01，T 为 357，则整定时间 t 为 0.01×357 s = 3.57 s。

由于本系列产品延时精确，最小延时整定值为 20 ms，因而可实现控制本系列产品输入激励量的触点无抖动。

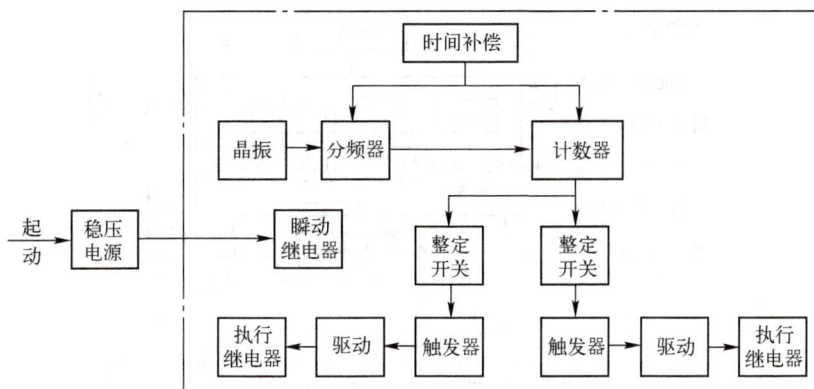

图 4-37　JSS 系列时间继电器原理框图

③ JS-G 系列端子排静态时间继电器。它采用石英晶体振荡器和大规模 CMOS 专用集成电路，其延时精度远高于电磁式时间继电器和 RC 式时间继电器，为电力系统继电器保护中缩短主保护和后备保护时间级差提供保证，且整定范围更大，级差更小，直观方便，从 0.02 s~999 h 范围内都可以任意整定，均能保证精度，无需校验。主要用于各种保护和自动控制线路中，使控制元器件的动作得到可靠的延时。

JS-G 系列端子排静态时间继电器工作原理如图 4-38 所示。上电瞬间，晶体振荡器起振，CPU 复位，从零开始正向计数，同时读取拨盘的设定值的时基常数；当计数值与设定值相同时，输出高电平，驱动晶体管，输出口继电器动作，且利用触点自保持，使触点不发生抖动；当电源消失，输出继电器则复位。

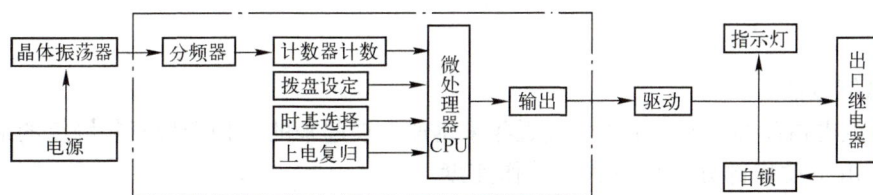

图 4-38　JS-G 系列端子排静态时间继电器工作原理框图

（2）单片机控制时间继电器

近年来随着微电子技术的发展，采用集成电路、功率电路和单片机等电子元器件构成的新型时间继电器大量面市，如 DHC6A 系列多制式单片机控制时间继电器。

DHC6A 系列多制式单片机控制时间继电器是为适应工业自动化控制水平越来越高的要求而生产的。多制式时间继电器可使用户根据需要选择最合适的制式，使用简便但可以达到以往需要复杂接线才能达到的控制功能。这样即节省了中间控制环节，又大大提高了电气控制的可靠性。

DHC6A 系列多制式时间继电器采用单片机控制，LCD 显示，具有 9 种工作制式，正计时、倒计时可任意设定；具有 8 种延时时段，延时范围为 0.01 s~999.9 h；具有键盘设定方式，设定完成之后可以锁定按键，防止误操作。可按要求任意选择控制模式，使控制线路简单可靠。

DHC6A 系列时间继电器工作原理如图 4-39 所示。DHC80910 集成电路是一个单片机最小系统，由 CPU、片内 ROM、片内 RAM、可编程 I/O、计数器/定时器、LCD 驱动电路、LCD 基准电压电路和振荡电路组成。该电路由外部电源供电，当外部停电时，停电检测电路立即发出停电信号使该电路的功耗减到最小，此时单片机由电池供电，保持 RAM 中的数据（数据保持时间可达 10 年），并且能够在停电时设定数据。

当设定好数据后，按键保护输入能按不同的要求分别锁定功能设定（MODE）键、复位（RESET）键和时间设定键，使这些键的操作无效，这样可以防止人工误操作，也使操作者只能改变设

笔记

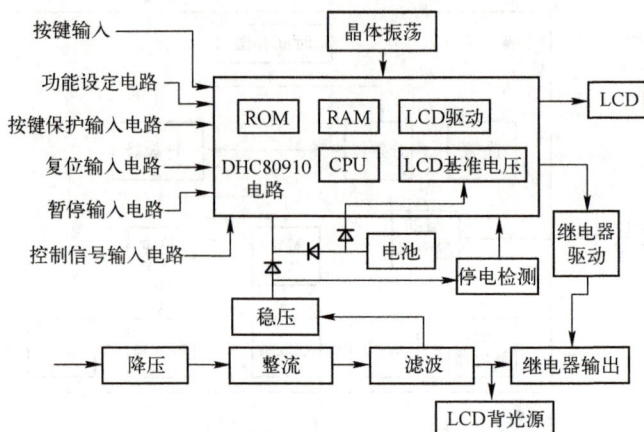

图 4-39　DHC6A 系列时间继电器的工作原理

计者允许改变的数据。其基本设定流程图如图 4-40 所示。

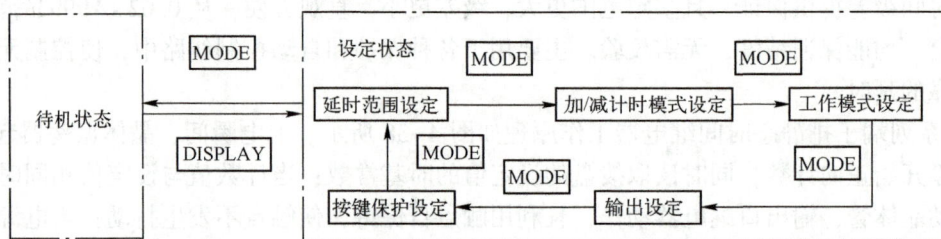

图 4-40　DHC6A 系列时间继电器的基本设定流程图

2. 新型继电器

（1）干簧继电器

干式舌簧继电器简称干簧继电器，是近年来迅速发展起来的一种新型密封触点的继电器。普通的电磁继电器由于动作部分惯性较大，动作速度不快；同时因线圈的电感较大，其时间常数也较大，因而对信号的反馈不够灵敏。而且普通继电器的触点又暴露在外，易受污染，使触点接触不可靠。干簧继电器克服了上述缺点，具备动作快速、高度灵敏、稳定可靠和功率消耗低等优点，被自动控制装置和通信设备所广泛采用。常见干簧继电器的外形如图 4-41 所示。

图 4-41　干簧继电器外形

干簧继电器的主要部件是由铁镍合金制成的干簧片，它既能导磁又能导电，兼有普通电磁继电器的触点和磁路系统的双重作用。干簧片装在密封的玻璃管内，管内充有纯净、干燥的惰性气体，以防止触点表面氧化。为了提高触点的可靠性和减少接触电阻，通常在干簧片的触点表面镀有导电性良好、耐磨的贵重金属（如金、铂、铑及合金）。

在干簧管外面套一励磁线圈就构成一只完整的干簧继电器，如图 4-42a 所示。当线圈通以电流时，在线圈的轴向产生磁场，该磁场使密封管内的两干簧片被磁化，于是两干簧片触点产生极性相反的两种磁极，它们相互吸引而闭合。当切断线圈电流时，磁场消失，两干簧片也失去磁性，依靠其自身的弹性而恢复原位，使触点断开。

除了可以用通电线圈来产生干簧片的励磁之外，还可以直接用一块永久磁铁靠近干簧片来产生励磁，如图 4-42b 所示。当永久磁铁靠近干簧片时，触点同样也被磁化而闭合，当永久磁铁离开干簧片时，触点则断开。

126

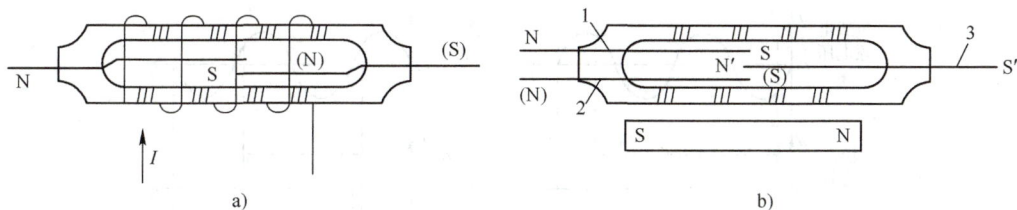

图4-42 干簧继电器

干簧片的触点有两种：一种是图4-42a所示的动合式触点，另一种则是图4-42b所示的切换式触点。当后者给以励磁时（例如用条形永久磁铁靠近），干簧管中的三根簧片均被磁化，其中，簧片1、2的触点被磁化后产生相同的磁极（图示为S极）因而互相排斥，使动断触点断开；而簧片1、3的触点则因被磁化后产生的磁性相反而吸合。

常用的干簧继电器有JAG-2-1型、JAG-4型、JAG-5型等，其中，又分动合、动断与转换3种不同的类型。

另外，还有双列直插式塑料封装的干簧继电器，其外形尺寸和引脚与14根引出端的DIP标准封装的集成电路完全一致，因此称为DIP（双列直插）封装的干簧继电器，它符合安装标准，可直接装配在印制电路板上。该继电器具有一组动合触点，还可内装保护电子回路的抑制二极管。线圈工作电压有5V、6V、12V、24V等系列，可用半导体器件或集成电路直接驱动。

（2）固态继电器

固态继电器（Solid State Relays，SSR）又称电子式继电器，是一种全部由固态电子元器件组成的新型无触点开关器件，它利用电子元器件（如开关晶体管、双向可控硅等半导体元器件）的开关特性，可达到无触点、无火花地接通和断开电路的目的，因此又被称为"无触点开关"。

固态继电器是一种四端有源器件，其中两个端子为输入控制端，另外两端为输出受控端。它既有放大驱动作用，又有隔离作用，适合驱动大功率开关式执行机构，较电磁继电器可靠性更高，且无触点、寿命长、速度快，对外界的干扰也小，已被得到广泛应用。几种固态继电器的外形如图4-43所示。

1）固态继电器的分类。

① 按负载电源类型分类。可分为交流固态继电器（AC-SSR）和直流固态继电器（DC-SSR）。交流输出时通常使用两个可控硅或一个双向可控硅，直流输出时可使用双极性器件或功率场效应管。

交流固态继电器又可分为单相交流固态

图4-43 固态继电器的外形

继电器和三相交流固态继电器。交流固态继电器按导通与关断的时机可分为随机导通型（调相型）交流固态继电器和过零型（过零触发型）交流固态继电器两种，它们之间的主要区别在于负载端交流电流导通的条件不同。

对于随机导通型AC-SSR，当在其输入端加上导通信号时，不管电源电压处于何种相位状态下，负载端立即导通，如图4-44a所示；而对于过零型AC-SSR，当在其输入端加上导通信号时，负载端并不一定立即导通，只有当电源电压过零时才导通，如图4-44b所示，减少了晶闸管接通时的干扰，高次谐波干扰少，可用于计算机I/O接口等场合。随机导通型AC-SSR由于是在交流电源的任意状态（指相位）上导通，因而导通瞬间可能产生较大的干扰。

由于双向晶闸管的关断条件是控制极导通电压撤除，同时负载电流必须小于双向晶闸管导通的维持电流。因此对于随机导通型和过零型AC-SSR，在导通信号撤除后，都必须在负载电流小于双向晶闸管维持电流时才关断，可见这两种SSR的关断条件是相同的。

笔记

码4-15
干簧继电器
外形图

码4-16
固态继电器
外形图

127

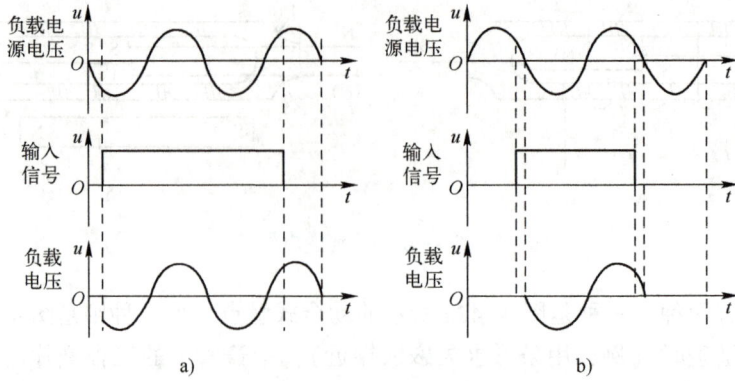

图 4-44　AC-SSR 输入/输出关系波形图
a) 随机导通型　b) 过零型

直流固态继电器（DC-SSR）的输入/输出波形如图 4-45 所示。DC-SSR 内部的功率器件一般为功率晶体管，在控制信号的作用下工作在饱和导通或截止状态。DC-SSR 在导通信号撤除后立即关断。

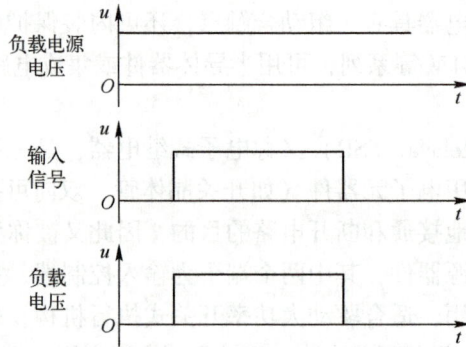

图 4-45　DC-SSR 输入/输出波形

② 按安装方式分类。固态继电器可分为装配式固态继电器、焊接式固态继电器和插座式固态继电器。装配式 SSR 可装配在电路板上，焊接式 SSR 可直接焊装在印刷电路板上。

2）固态继电器的工作原理。

AC-SSR 为四端器件，有两个输入端和两个输出端。DC-SSR 有四端型和五端型之分，其中，两个为输入端，对于五端型的输出则增加一个负载端。图 4-46 和图 4-47 分别为随机导通型和过零型 AC-SSR 电路原理图，下面将分别介绍它们的工作原理。

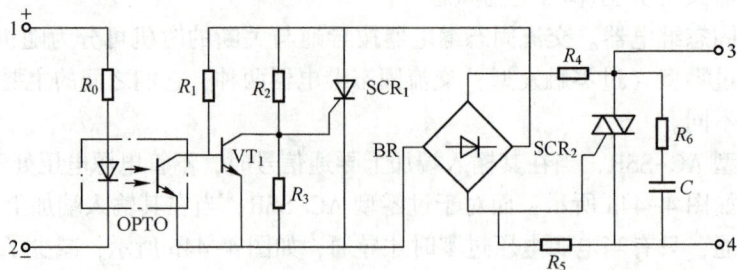

图 4-46　随机导通型 AC-SSR 电路原理图

① 随机导通型 AC-SSR。

图 4-46 中，OPTO 为光电隔离器，它把输入/输出两部分从电气上隔离，VT_1 为放大器，SCR_1 和 BR 用来获得使双向晶闸管 SCR_2 开启用的双向触发脉冲。R_0 和 R_4 为限流电阻，R_4 也为 SCR_1 的负

128

载，R_3 和 R_5 为分流电阻，分别用来保护 SCR_1 和 SCR_2，R_6 和 C 用来组成浪涌吸收电路，BR 为双向整流桥。

当输入端加上信号时，OPTO 导通，VT_1 截止，SCR_1 导通，在 SCR_2 的控制极上将会得到从 $R_4 \rightarrow VT_2 \rightarrow SCR_1 \rightarrow BR \rightarrow R_5$ 以及反方向的脉冲，使 SCR_2 导通，负载接通。

当输入信号撤除后，OPTO 截止，VT_1 导通，SCR_1 截止，但此时 SCR_2 仍有可能导通，必须等到负载电流小于双向晶闸管维持电流时才截止。

② 过零型 AC-SSR。

图 4-47 中，R_4、R_5 和 VT_2 组成过零电压检测电路，只要适当选择分压电阻 R_4 和 R_5，使得在 SCR_1 两端电压超过零电压时，VT_2 饱和导通，反之则 VT_2 截止。VT_1 和 VT_2 组成门电路，即输入信号总是在交流电压为零附近方能使 SCR_1 导通，接通负载，实现过零触发。

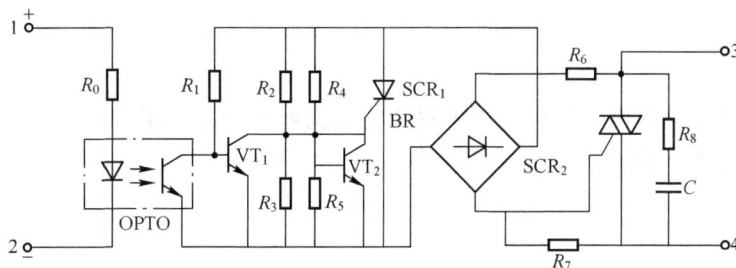

图 4-47　过零型 AC-SSR 电路原理图

值得注意的是，上述电路中所谓的过零并非真的在 0 V 处导通，而是一般在 ±(10~25) V 区域内，因为开关电路需要供电。

有些交流固态继电器采用的是晶闸管型光电隔离器。对于过零型光耦合双向晶闸管驱动器，其内部还带有过零检测电路。

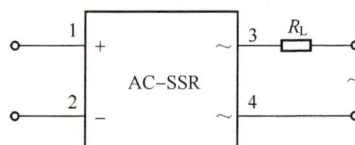

图 4-48　固态继电器应用电路

在具体使用时，图 4-46 和图 4-47 的 1、2 端接控制信号，3、4 端接负载和交流电源，如图 4-48 所示，R_L 为负载。

直流固态继电器的使用与交流固态继电器类似，这里不再叙述。在使用时注意参看产品说明书。

3）固态继电器型号。

国产固态继电器的型号及其含义如下：

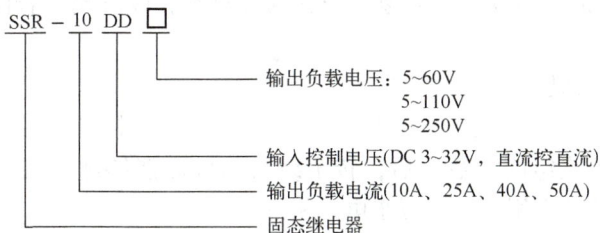

项目 5 **装配与调试三相异步电动机调速箱**

任务 5.1 装配与调试常用双速风机自动调速箱

【任务导入】

为了得到较宽的调速范围，风机采用了双速电动机来传动。双速风机是指通过不同的连接方式可以得到两种不同转速（低速和高速）的风机。

【任务描述】

本任务是装配与调试常用双速风机自动调速箱。要求调速箱具有双速调速控制功能，即按下低速起动按钮，电动机低速起动运行，按下停止按钮，电动机低速停转；按下高速起动按钮，电动机低速起动运行自动转高速起动运行，按下停止按钮，电动机高速停转；按下低速起动按钮，电动机低速起动运行，再按下高速起动按钮，电动机高速起动运行，按下停止按钮，电动机高速停转。电路应具有必要的保护。

【自学知识】

1. 变极调速原理

（1）电路设计思想

由异步电动机转速表达式

$$n = \frac{60f}{p}(1-s)$$

可知，电源频率 f 固定以后，电动机的转速 n 与它的极对数 p 成反比。若能变更电动机绕组的极对数，也就变更了转速。

设计控制电路的指导思想是通过改变电动机定子绕组的外部接线，改变电动机的极对数，从而达到调速的目的。速度的调节，即接线方式的改变，也是采用时间继电器按照时间原则来完成的。改变笼型异步电动机定子绕组的极数以后，转子绕组的极数能够随之变化。这种调速方法是有级的，不能平滑调速，而且只适用于笼型异步电动机。

（2）变更极对数原理

笼型异步电动机常用的变极调速方法有两种，一种是改变定子绕组的连接，即改变每相定子绕组中半相绕组的电流方向；另一种是在定子上设置具有不同极对数的两套相互独立的绕组。有时为了使同一台电动机获得更多的速度等级，往往同时采用上述两种方法。

以三相绕组的一相为例，如图 5-1a 所示，将 U 相绕组从中间分成为两个半相绕组，将两个半相绕组顺向串联，电流方向相同，可产生 4 极磁场；如图 5-1b 所示，若将两个半相绕组并联，且其中半相绕组电流方向相反，则可产生 2 极磁场。

双速异步电动机是变极调速中常用的一种形式。其定子绕组的连接方法有丫/丫丫和△/丫丫变极两种，它们都是靠改变每相绕组中半相绕组的电流方向来实现变极的。

130

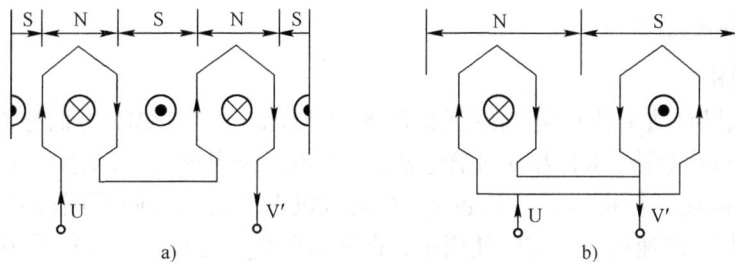

图 5-1 变极调速原理
a) $2p=4$ b) $2p=2$

图 5-2 所示为△/丫丫变极时的三相定子绕组接线图。三相绕组的首端用 U、V、W 表示，尾端用 U′、V′、W′表示，各相绕组中间抽头用 U″、V″、W″表示。将三相定子绕组的首尾端首先依次相接再接三相电源，中间抽头空着，构成△联结，如图 5-2a 所示，此时两个半相绕组串联，极对数为 4 极；若将三相定子绕组的首尾端相接成一个中性点，将各相绕组的中间抽头接电源，则变为丫丫联结，如图 5-2b 所示，此时，两个半相绕组并联，从而使其中一个半相绕组的电流方向改变，于是电动机极对数减少一半。

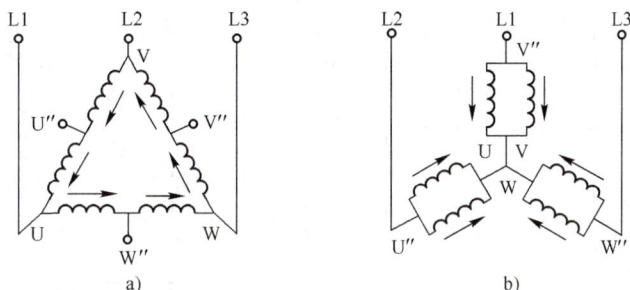

图 5-2 △/丫丫变极双速异步电动机三相定子绕组接线图
a) △联结 b) 丫丫联结

由于极对数的改变，不仅使转速发生了改变，而且三相定子绕组中电流的相序也改变了，为使变极后仍维持原来的转向不变，就必须在改变极对数的同时，改变三相绕组接线的相序，可将任意两相对调一下。变极调速电动机制造厂家为了用户使用方便，在变极后接线时改变了电动机的相序，所以在使用时按 U-L1、V-L2、W-L3 接线就行了。此外，双速电动机的调速性质也与其绕组连接方法有关，丫/丫丫变换属于恒转矩调速，△/丫丫变换属于恒功率调速。

2. SIWOKB1-D 双速电动机控制器

以 SIWOKB1 的控制与保护开关为主开关，与接触器等附件组合，构成双速电动机控制器 SIWOKB1-D，适用于双速电动机的控制与保护，如图 5-3 所示。

图 5-3 SIWOKB1-D 双速电动机控制器

笔记

码 5-1
双速电动机
控制器图

131

3. 双速风机自动调速控制电路

（1）电气原理图

△/丫丫双速风机自动调速箱电气原理如图 5-4 所示。图中 KM1 为低速起动接触器，KM2、KM3 为高速起动运行接触器，KT 为时间继电器，HG 为电源指示灯（绿色），HY 为低速运行指示灯（黄色），HR 为高速运行指示灯（红色）。双速风机电动机按时间原则控制，可以选择低速运行、低速转高速运行、高速运行。实际使用中，即使需要高速运行，也往往采用先低速而后高速的方式。

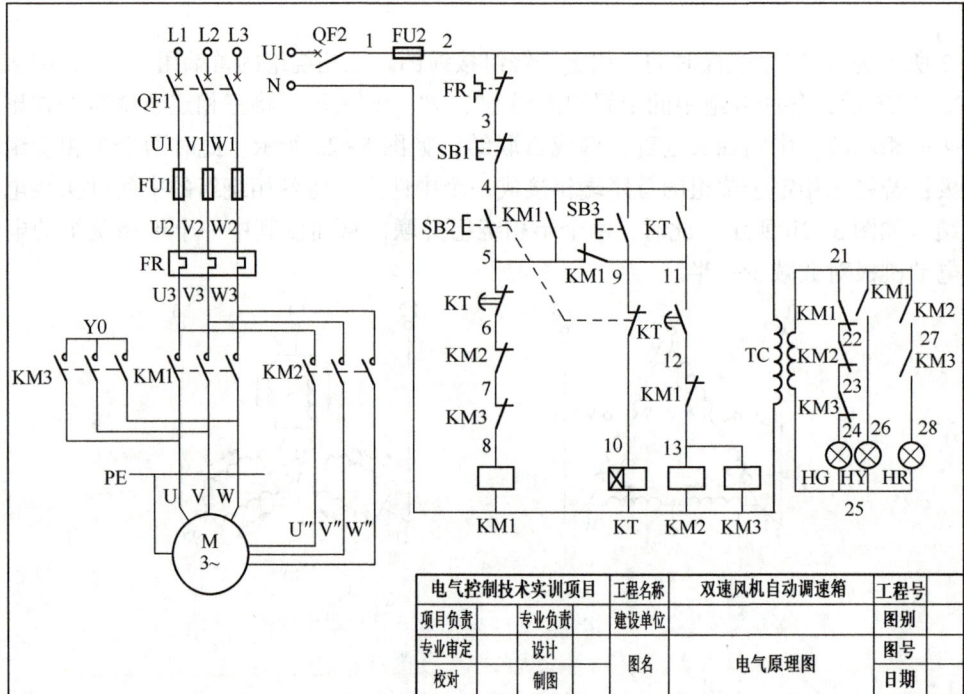

图 5-4　双速风机自动调速箱电气原理图

1）电路的组成。双速风机自动调速控制电路的组成及识读过程见表 5-1。

表 5-1　双速风机自动调速控制电路的组成及识读过程

序号	识读任务	元器件及导电部分	功　能	备　注
1	读主电路	QF1	电源开关	绘制在电路图的左侧
2		FU1	熔断器做主电路短路保护用	
3		KM1 主触点	控制电动机的低速起动运行	
4		KM2、KM2 主触点	控制电动机的高速起动运行	
5		FR 热元件	感应主电路中电流的变化，配合常闭触点完成动作，从而起到过载保护作用	
6		M	双速电动机	
7	读控制电路	QF2	电源开关	绘制在电路图的右侧
8		FU2	熔断器做控制电路短路保护用	
9		FR 常闭触点	过载和断相保护	

132

（续）

序号	识读任务	元器件及导电部分	功　能	备　注
10		SB1	停止按钮	
11		SB2	低速起动按钮	
12		SB3	高速起动按钮	
13		TC 变压器	减压为指示灯提供电源	
14		KT 线圈	控制 KT 的吸合和释放	
15		KT 常开触点	时间继电器的自锁触点，起到使 KT 线圈延时时间内通电的作用	
16		KT 常开延时触点	控制 KM2、KM3 线圈	
17		KT 常闭延时触点	控制 KM1 线圈	
18		KM1 线圈	控制 KM1 的吸合和释放	
19		KM1（4-5）常开辅助触点	交流接触器的自锁触点，起到使 KM1 线圈长时间通电的作用	
20		KM1（21-26）常开辅助触点	控制指示灯 HY	
21		KM1（21-22）常闭辅助触点	控制指示灯 HG	
22	读控制电路	KM1（5-9）常闭辅助触点	控制 KT 线圈	绘制在电路图的右侧
23		KM1（12-13）常闭辅助触点	交流接触器的互锁触点，起到防止主电路短路的作用	
24		KM2 线圈	控制 KM2 的吸合和释放	
25		KM2（21-27）常开辅助触点	控制指示灯 HR	
26		KM2（22-23）常闭辅助触点	控制指示灯 HG	
27		KM2（6-7）常闭辅助触点	交流接触器的互锁触点，起到防止主电路短路的作用	
28		KM3 线圈	控制 KM3 的吸合和释放	
29		KM3（27-28）常开辅助触点	控制指示灯 HR	
30		KM3（23-24）常闭辅助触点	控制指示灯 HG	
31		KM3（7-8）常闭辅助触点	交流接触器的互锁触点，起到防止主电路短路的作用	
32		KM3（10-11）常闭辅助触点	控制 KT 线圈	
33		HG 电源指示灯	显示调速器上电	
34		HY 起动指示灯	显示双速电动机低速运行	
35		HR 运行指示灯	显示双速电动机高速运行	

码 5-2
双速风机自动调速控制电路的分析

2）电路的工作过程。

① △形低速运行。

● 起动过程。合上低压断路器 QF1、QF2，指示灯 HG 亮→按下低速起动按钮 SB2→接触器 KM1

笔记

线圈得电

→ { KM1 的 3 对主触点闭合，电动机 M 接成△形联结，低速起动运行，HY 亮，HG 灭
KM1 常开辅助触点闭合，实现自锁，保持电动机连续运行
KM1 常闭辅助触点断开，实现高速控制回路互锁

● 停止过程。按下停止按钮 SB1→接触器 KM1 线圈失电

→ { KM1 的 3 对主触点断开，电动机 M 停止运行，HG 亮，HY 灭
KM1 常开辅助触点断开，解除自锁
KM1 常闭辅助触点闭合，解除高速控制回路的互锁

② 丫丫形高速运行。

● 起动过程。合上低压断路器 QF1、QF2，HG 亮→按下高速起动按钮 SB3→时间继电器 KT 线圈得电→

KT 常开触点闭合自锁→KM1 线圈得电

→ { KM1 常开触点闭合自锁
KM1 互锁触点断开，常闭辅助触点断开
KM1 主触点闭合→电动机 M 接成△形，低速起动运行，HY 亮，HG 灭

延时时间到，KT 通电延时常闭触点断开→KM1 线圈失电

→ { KM1 常开辅助触点断开，解除自锁
KM1 互锁触点闭合，常闭辅助触点闭合，HG 亮
KM1 主触点断开

KT 通电延时常开触点闭合→KM2、KM3 线圈得电

→ { KM2 常开辅助触点闭合，实现自锁
KM2 互锁触点断开，常闭辅助触点闭合，KM3 互锁触点断开，HY 灭
KM2、KM3 主触点闭合→电动机 M 接成丫丫形，高速起动运行，HR 亮
KM3 常闭辅助触点断开→KT 线圈失电→ { KT 通电延时常开触点断开
KT 通电延时常闭触点闭合

● 停止过程。按下停止按钮 SB1→接触器 KM1、KM2 线圈失电

→ { KM1、KM2 主触点断开→电动机 M 停转，HR 灭，HG 亮
KM2 常开辅助触点断开，解除自锁
KM2、KM3 互锁触点闭合，KM3 常闭辅助触点闭合

③ △形低速转丫丫形高速运行。按下低速起动按钮 SB2→电动机 M 接成△形并低速起动运行→再按下 SB3→电动机 M 接成丫丫形高速运行。

[课前测验]

1. 判断题

1) 变极调速时不要改变定子绕组电源的相序。 （　　）

2) 改变定子绕组的磁极对数 p 可用于绕线型转子异步电动机的调速而不能用于笼型异步电动机。
（　　）

3) 三相异步电动机的变极调速属于无级调速。 （　　）

4) 双速电动机的调速属于变频调速方法。 （　　）

2. 选择题

1) 下列不属于异步电动机调速方法的是（　　）。

　A. 改变转差率

　B. 改变电源频率

笔记

C. 改变定子绕组的磁极对数 p

D. 直接起动

2）某电动机铭牌中额定转速为 1440 r/min、定子绕组为 △/丫丫 联结方式；当定子绕组为三角形联结时，转速为（　　）r/min。

　　A. 2860　　　　B. 1440　　　　C. 1500　　　　D. 3000

3）定子绕组做 △ 联结的极对为 4 的电动机，接成丫丫联结后，极对数为（　　）。

　　A. 1　　　　　B. 2　　　　　C. 4　　　　　D. 5

3. 填空题

1）双速电动机的定子绕组在低速时是＿＿＿＿联结，高速时是＿＿＿＿联结。

2）4/2 极双速异步电动机的出线端分别为 U1、V1、W1 和 U2、V2、W2，它为 4 极时与电源的接线为 U1-L1、V1-L2、W1-L3. 当它为 2 极时为了保持电动机的转向不变，则接线应为＿＿＿＿。

3）双速三相异步电动机换速运行时，应对主电路的＿＿＿＿进行交换。

（2）电器布置与门板开孔图

△/丫丫双速风机自动调速控制线路电器布置与门板开孔如图 5-5 所示。将低压断路器 QF1、QF2、熔断器 FU1、FU2 在上方水平一字排开，低压断路器 QF1、接触器 KM1、热过载继电器 FR 上、中、下排列，接触器 KM1、KM2、KM3 水平一字排列，热过载继电器 FR、时间继电器 KT 和单相变压器 TC 水平一字排列，端子排 XT 在下方左侧；按钮 SB1、SB2、SB3 和指示灯 HG、HY、HR 安装在调速箱的门板上。

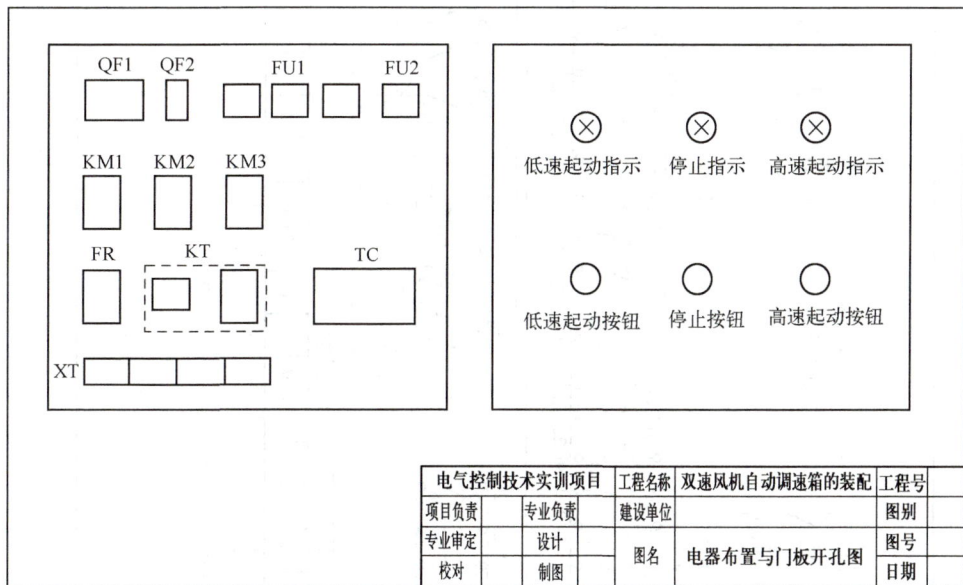

图 5-5　双速风机自动调速箱控制电路电器布置与门板开孔图

（3）电气安装接线图

△/丫丫双速风机自动调速箱控制电路电气安装接线如图 5-6 所示，其识读过程见表 5-2。由于时间继电器 KT 的一对常开和常闭延时触点有公共端，无常开瞬时触点，所以 KT 的常开瞬时触点用接触器式继电器的常开触点来代替，且这两个器件的线圈必须并联。

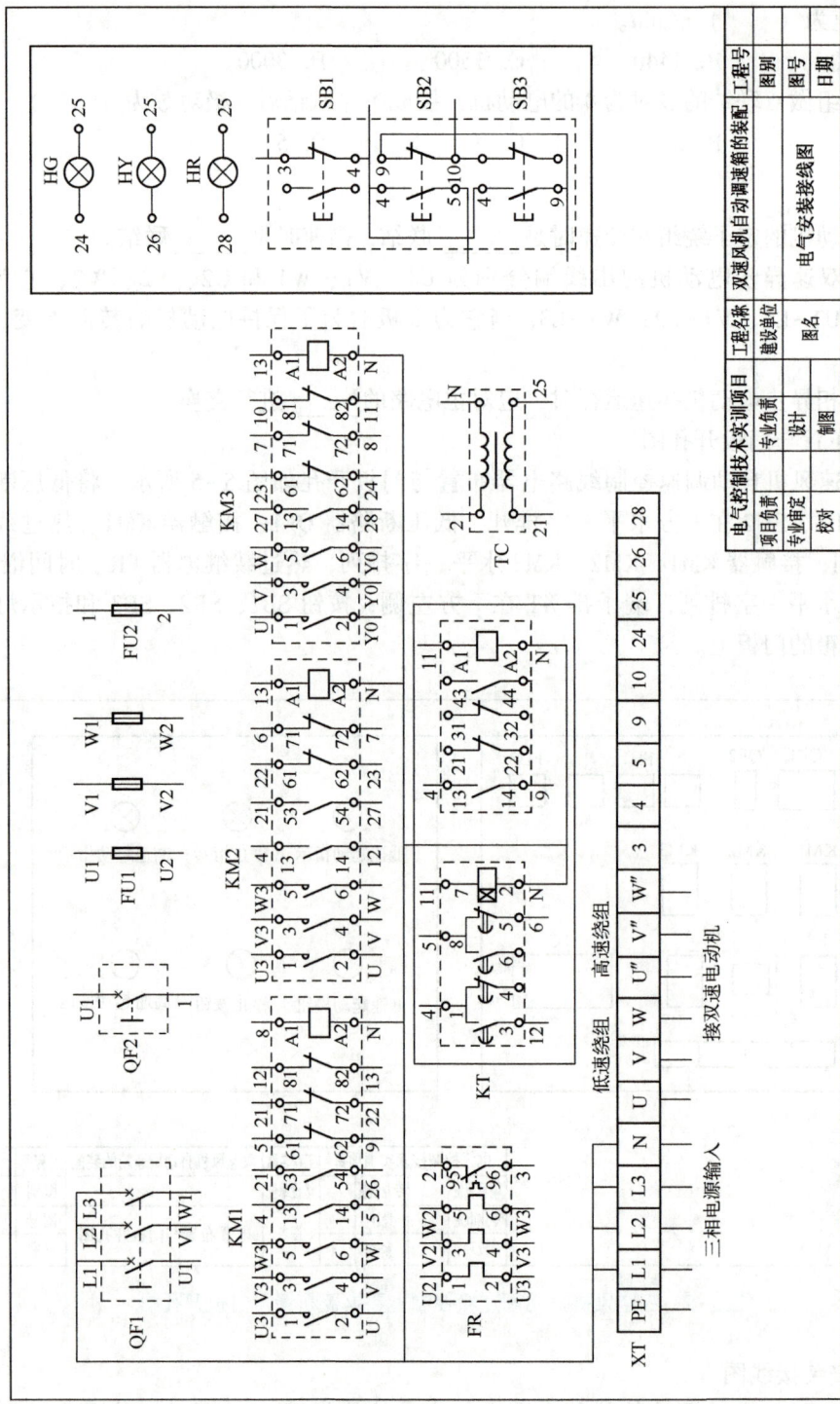

图 5-6 双速风机自动调速箱控制电路电气安装接线图

表 5-2　双速风机自动调速箱控制电路电气安装接线图的识读过程

序号	识 读 任 务		识 读 结 果	备　注
1	读元器件位置		QF1、QF2、FU1、FU2、KM1、KM2、KM3、TC、FR、KT、XT	控制板上的元器件均匀分布
2			SB1、SB2、SB3、HG、HY、HR	箱门上的元器件均匀分布
3			双速电动机 M	调速箱的外围元器件
4	读主电路走线		L1、L2、L3：XT→QF1	集束布线，安装时使用 BV、1.0 mm² 单芯线
5			U1、V1、W1：QF1→FU1	
6			U2、V2、W2：FU1→FR	
7			U3、V3、W3：FR→KM1，FR→KM2	
8			U″、V″、W″：KM2→XT	
9			U、V、W：KM1→XT，KM3→XT	
10			Y0、Y0、Y0：KM3→KM3→KM3	
11	读控制箱内元器件的布线	读控制电路走线	U1 号线：QF1→QF2	集束布线，也有分支，安装时使用 BV、1.0 mm² 单芯线
12			N 号线：KM1→KM2→KM3→KT→KT→XT→TC 的一次绕组	
13			1 号线：QF2→FU2	
14			2 号线：FU2→FR→TC 的一次绕组	
15			3 号线：FR→SB1	
16			4 号线：SB1→SB2，SB1→KM1，SB1→SB3，SB1→KT，SB1→KT，SB1→KM2	
17			5 号线：SB2→KT，KM1→KT，KM1→KT	
18			6 号线：KT→KM2	
19			7 号线：KM2→KM3	
20			8 号线：KM3→KM1	
21			9 号线：SB3→SB2	
22			10 号线：SB2→KM3	
23			11 号线：KM3→KT	
24			12 号线：KT→KM1	
25			13 号线：KM1→KM2，KM1→KM3	
26			21 号线：KM1→KM1→KM2→TC 的二次绕组	
27			22 号线：KM1→KM2	
28			23 号线：KM2→KM3	
29			24 号线：KM3→HG	
30			25 号线：HR→HY→HG→TC 的二次绕组	
31			26 号线：KM1→HY	
32			27 号线：KM2→KM3	
33			28 号线：KM3→HR	

（续）

序号	识读任务	识读结果		备 注
34	读外围元器件的布线	读电源插头走线	L1、L2、L3、N：电源→XT	一头插孔、另一头叉形导线（黄、绿、红、黑）
35		读电动机走线	U、V、W 或 1、2、3：XT→M	
			U″、V″、W″或 4、5、6：XT→M	
36		读电动机接地线	PE：电源→XT→M	安装时使用 1 根 BV-1.0 mm² 单芯线和 1 根一头 O 形、另一头叉形导线（黄绿色）

（4）外形和安装尺寸要求

双速风机自动调速箱外形和安装尺寸如图 5-7 所示，调速箱内底板为网孔板，调速箱和底板材料为铝铜合金。

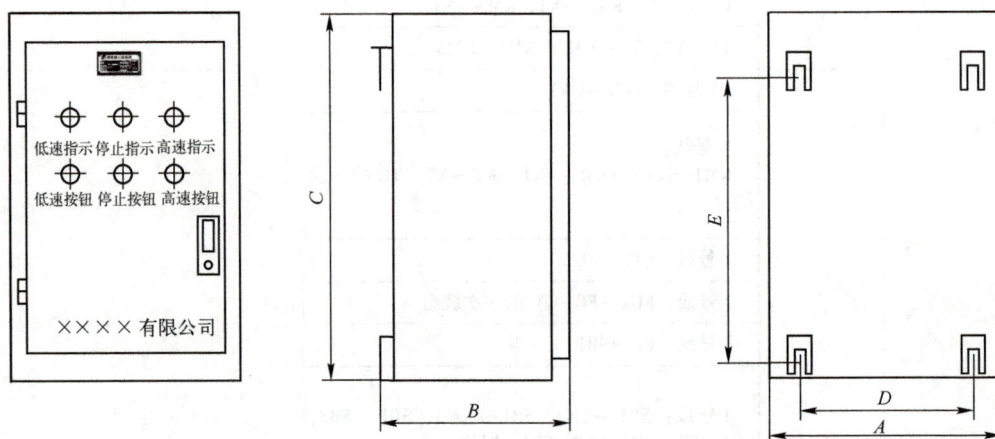

图 5-7　双速风机自动调速箱外形和安装尺寸图

A—340 mm　　B—240 mm　　C—430 mm　　D—250 mm　　E—260 mm

4. 电气装配工艺过程

按照表 5-3 认真安装双速风机自动调速箱电气元器件，并仔细配线。

表 5-3　电气装配工艺过程卡片

编号：1

××职业学院	电气装配工艺过程卡片	产品型号		部件图号		共　页
		产品名称	双速风机自动调速箱	部件名称		第　页
工序	工序名称	工 序 内 容	装配部门	设备及工艺装备	辅助材料	学时/min
1	准备	准备电气原理图、电器布置和门板开孔图、电气安装接线图、工序流转卡。				
		检验：图、卡是否齐全。				
2	领料	填写领料单，去仓库领取所需电气元器件、布线器材、辅助器材和安装工具。				
		检验：电气元器件、布线器材、辅助器材和安装工具是否完好。		万用表		

（续）

工序	工序名称	工序内容	装配部门	设备及工艺装备	辅助材料	学时/min
3	安装	① 用塑料卡子和自攻螺钉在网孔板上安装平导轨、G形端子导轨。	电气实训室	三相交流电源		
		② 在平导轨上扣装低压断路器（4P和1P），在G形端子导轨上扣装4个端子排。		十字螺钉旋具		
		③ 在导线密集位置用塑料卡子和自攻螺钉安装走线槽。				
		④ 用塑料卡子和自攻螺钉安装4个螺旋式熔断器。注意：中心片接电源进线，螺口接电源出线。				
		⑤ 用塑料卡子和自攻螺钉安装交流接触器、热过载继电器及其基座、时间继电器及其底座、接触器式继电器、单相变压器。注意：元器件之间上下、左右对齐和爬电间距合适。				
		⑥ 按钮和指示灯安装在箱门板上。				
		检验：安装是否符合工艺规程。				
4	布线	① 控制电路配线：U1、1、2、3、4、5、6、7、8、9、10、11、12、13、21、22、23、24、25、26、27、28号控制线（蓝色）和N零线（黑色）配长，两端剥线后套上标记套管再放线，器件之间用导线连接，连接在螺旋式熔断器FU2上的线头向顺时针方向弯曲成羊眼圈后才能接线。先接黑色线，再接蓝色线。		斜口钳 剥线钳 线号打印机 十字螺钉旋具 尖嘴钳		
		② 主电路布线：将L1、U1、U2、U3、U、U″号导线（黄色）和L2、V1、V2、V3、V、V″号导线（绿色）以及L3、W1、W2、W3、W、W″号导线（红色）、2根Y0号导线（黑色）配长，两端剥线后套上标记套管再放线，器件间用导线连接，连接在螺旋式熔断器FU1上的线头向顺时针方向弯曲成羊眼圈后才能接线。布线时将导线整齐地放入走线槽内，盖上走线槽盖。		斜口钳 剥线钳 线号打印机 十字螺钉旋具 尖嘴钳		
		③ 连接三相异步电动机连接线：电动机连接线U、V、W和U″、V″、W″用叉形线（黄、绿、红）与接线端子XT的下端对接，叉形线另一端（插孔端）与电动机三相定子绕组的首端U、V、W或1、2、3连接，接成△接法；与抽头端U″、V″、W″或4、5、6连接，接成丫丫接法。		十字螺钉旋具		
		④ 连接三相电源线：将三相电源线L1、L2、L3、N（黄、绿、红、黑）的两端用叉形线的一端与三相电源插孔端相连，另一端与接线端子XT的下端相连。		十字螺钉旋具		
		⑤ 安装接地线：电动机的接地端与端子排下端之间用O形线（黄绿）连接，再在端子排下端与三相电源的地线之间用叉形线（黄绿）连接。		十字螺钉旋具		
		检验：布线是否符合工艺规程。				
			设计（日期）	审核（日期）	标准化（日期）	会签（日期）
标记	处数	更改文件号	签字	日期		

5. 检查与调试规范

（1）不通电检查

双速风机调速箱控制电路安装好后，首先清理调速箱内杂物，进行自查。

① 各个元器件的代号、标记是否与原理图上的一致，数量是否齐全。

② 各种安全保护措施是否可靠。

③ 控制电路是否满足原理图所要求的各种功能。

④ 各个电气元器件安装是否正确和牢靠。

⑤ 各个接线端子是否连接牢固。

⑥ 布线是否符合要求、整齐。

⑦ 各个按钮、信号灯罩和各种电路绝缘导线的颜色是否符合要求。

⑧ 电动机的安装是否符合要求。

⑨ 保护电路导线连接是否正确、牢固可靠。

（2）绝缘电阻检查

包括主电路绝缘电阻测量、主电路和控制电路之间的绝缘电阻测量。

（3）短路排查

1）检查元器件所有连接点与控制板是否发生短路情况。

2）检查主电路从电源端到电动机端是否三相短路。用万用表笔分别测量低压断路器（4P）下端 U1-V1、V1-W1、W1-U1 之间的电阻，结果均应为断路（$R \to \infty$）。如某次测量结果为短路（$R \to 0$），则说明所测两相之间的接线有短路问题，应仔细逐线检查排除。

3）检查控制电路与电源之间是否短路。如按下 SB2 或 SB3 测得结果为短路，则重点检查不同线号导线是否错接到同一端子上。

（4）通电调试

1）空操作试验。在试验时拆下电动机接线，合上低压断路器 QF1、QF2，HG 灯亮。按下低速起动按钮 SB2，接触器 KM1 应立即动作，HG 灯灭，HY 灯亮；松开 SB2，接触器 KM1 能保持吸合状态，HY 灯保持点亮。若按下停止按钮 SB1，KM1 应立即释放，HY 灯灭，HG 灯亮。按下高速起动按钮 SB3，接触器 KM1 应立即吸合，HG 灯灭，HY 灯亮，时间继电器 KT 的 UP 灯亮；松开 SB3，接触器 KM1 能保持吸合状态，UP 灯保持点亮。延时时间一到，ON 灯亮，KM1 释放，KM2 和 KM3 吸合，UP 和 ON 灯同时熄灭。

按下 SB1，KM2 和 KM3 释放。在操作过程中注意倾听 KM1、KM2、KM3 和 KT 触点分合动作的声音是否正常，KT 的 UP 和 ON 灯的点亮和熄灭是否正常。反复做几次试验，检查电路动作的可靠性。

2）负载试验。切断电源后，接上电动机连线，接通主电路即可进行。合上 QF1、QF2，按下 SB2，电动机 M 应立即得电起动并进入低速运行，按下 SB1 时电动机立即在低速下停车。按下 SB2，电动机 M 应立即得电起动并进入低速运行，再按下 SB3，电动机低速转高速运行，按下 SB1 时电动机立即在高速下停车。按下 SB3，电动机 M 应立即得电起动并进入低速运行，延迟一段时间后自动转高速运行。

试验中如发现接触器振动、发出噪声、主触点燃弧严重、电动机嗡嗡响或不能起动等现象，应立即停车断电。重新检查接线和电源电压，必要时拆开接触器检查电磁机构，排除故障后重新试验。

（5）拆卸电路

试验完毕后，首先正确切断电源，确保在断电的情况下，仔细拆除导线、电源线、电动机线、接地线、元器件、布线器材、电动机，认真清点元器件、电动机和布线器材，轻轻放入储物柜，存入库房，认真清点工具、仪表，并轻轻放入工具箱内，导线整齐排放到导线架上，仔细做好卫生打扫工作，再由指导老师检查。

【任务实施】

笔记

装配与调试任务单见随附的"任务单"部分。

[课堂作业]

1）双速电动机的定子绕组有几个出线端？分别画出△/丫丫双速电动机在低速、高速时定子绕组的接线图。

2）变极调速时，两种常用的变极方案有何不同？其共同点是什么？

3）为什么变极调速时需要同时改变电源相序？

4）电梯电动机变极调速和车床切削电动机的变极调速，定子绕组应采用什么样的接法？为什么？

[互动讨论]

1）在图 5-4 中，如果时间继电器瞬时触点接触不良，会产生什么故障现象？如何排除？

2）在图 5-4 中，KM2 接触器自锁触点接触不良，会产生什么故障现象？如何排除？

3）在图 5-4 中，将电动机接成双星形联结的接触器 KM3 某相的主触点接触不良，会产生什么故障现象？如何排除？

4）在图 5-4 中，若时间继电器的延时调整为零，会产生什么故障现象？如何排除？

5）在图 5-4 中，引入电源的接触器 KM1 自锁触点接触不良，会产生什么故障现象？如何排除？

6）双速电动机高速运行时通常须先低速起动而后转入高速运行，这是为什么？

[自我评价]

1）收获与总结。

2）存在的主要问题。

3）今后改进、提高的措施。

笔记

任务 5.2 应用训练：制作与调试常用双速风机手动调速箱

【任务导入】

常用双速风机电动机为常见的 YD 系列 △/丫丫 接线的单台双速风机的调速箱，平时风机为低速运行，负荷高峰时风机为高速运行，用手动控制。

【任务描述】

本任务是制作与装调常用双速风机手动调速箱，即识读电气原理图，绘制出电器位置布置和门板开孔图、电气安装接线图，对控制线路进行装配、布线、检查和调试。要求线路具有手动调速控制功能，即按下低速起动按钮，风机电动机起动并低速运行；按下高速起动按钮，风机电动机起动并高速运行。按下停止按钮，风机电动机停止。电路应具有必要的保护。

【自学知识】

1. 技术资料

（1）电气原理图

常用双速风机手动调速控制电路如图 5-8 所示。SB2 为低速起动按钮，SB3 为高速起动按钮，SB1 为停止按钮。

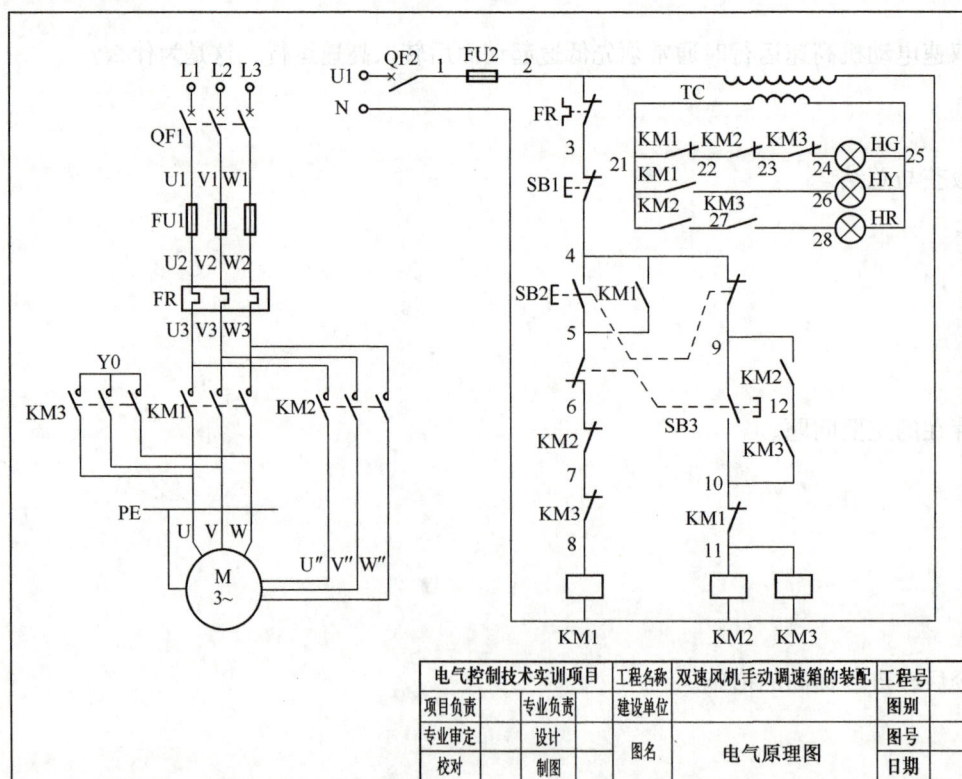

图 5-8 双速风机手动调速箱控制电路

电路的工作情况如下：

① 合上低压断路器 QF1、QF2。

② 按下 SB2 低速起动按钮，其常闭触点断开，常开触点闭合，KM1 线圈得电吸合，其互锁触点断开，自锁触点闭合，主触点闭合，电动机△联结低速起动运行。按下停止按钮 SB1，常闭触点断开，KM1 线圈失电，其主触点断开，自锁触点断开，互锁触点闭合，电动机 M 停转。

③ 按下 SB3 高速起动按钮，其常闭触点断开，常开触点闭合，KM2、KM3 线圈得电吸合，其互锁触点断开，自锁触点闭合，主触点闭合，电动机丫丫联结高速起动运行。按下停止按钮 SB1，常闭触点断开，KM2、KM3 线圈失电，其主触点断开，自锁触点断开，互锁触点闭合，电动机 M 停转。

④ 按下 SB2 低速起动按钮，电动机△联结低速起动运行。再按下 SB3 高速起动按钮，电动机丫丫联结高速起动运行。

（2）外形和安装尺寸要求

双速风机手动调速箱外形和安装尺寸与图 5-7 相同，调速箱内底板为网孔板，调速箱和底板材料为铝铜合金。

2. 电气装配工艺过程

参考表 5-3 认真安装双速风机手动调速箱电器元器件，并仔细配线，但与双速风机自动调速箱线路相比，这里缺少了第 13 号线。

3. 检查与调试规范

双速风机手动调速箱检查与调试规范与双速风机自动调速箱检查与调试规范基本相同，但线路通电调试有如下不同。

1）空操作试验。在试验时拆下电动机接线，合上低压断路器 QF1、QF2，HG 灯亮。按下起动按钮 SB2，接触器 KM1 应立即动作，HG 灯灭，HY 灯亮；松开 SB2，接触器 KM1 能保持吸合状态，风机电动机低速稳定运行。按下 SB3，KM1 释放，HY 灯灭，KM2 和 KM3 吸合，HR 灯亮。

按下 SB1，KM2 和 KM3 释放，HR 灯灭，风机电动机停止，HG 灯亮。在操作过程中注意倾听 KM1、KM2、KM3 触点分合动作的声音是否正常。反复做几次试验，检查电路动作的可靠性。

2）负载试验。切断电源后，接上电动机连线，接通主电路即可进行。合上 QF1、QF2，按下 SB2，风机电动机 M 应立即得电起动并进入低速运行。按下 SB3，风机电动机低速转高速运行，按下 SB1 时风机电动机立即在高速下停车。

【任务实施】

制作与调试任务单见随附的"任务单"部分。

任务 5.3 创新训练：设计与装调变频恒压供水控制箱

【任务导入】

随着变频调速技术的发展和人们对生活饮用水品质的不断提升，变频恒压供水设备已广泛应用于高层建筑的生活、消防供水系统。变频恒压供水是采用变频器无级调速的特性，通过自动控制压力的原理，在出水口水量发生变化时，保持管网内水压恒定，以满足生活区供水需求。变频恒压供水设备一般具有设备投资少、自动化程度高、操作控制方便等特点。

【任务描述】

本任务是设计与装调变频恒压供水控制箱，即完成电路设计，设计电气原理图，绘制出电器位置布置和门板开孔图、电气安装接线图，对控制箱线路进行装配、布线、检查和调试。要求线路具有变频调速功能，能实现过电流、过电压、过载等保护。

【自学知识】

1. RDI67 系列变频器

RDI67 系列变频器有 220 V 和 380 V 两种电压等级，适配电动机功率范围为：0.75~315 kW，外形如图 5-9 所示。

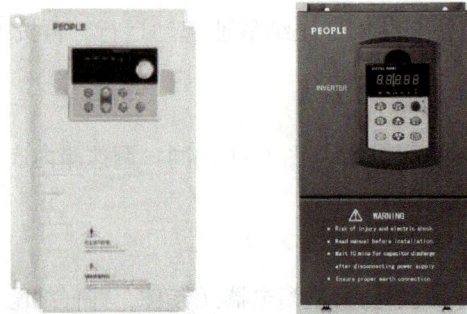

图 5-9　RDI67 系列变频器外形

（1）型号说明

RD　I　67　—　□G　/　□P　□　—　□

企业代号	
变频器	
设计序号	
G型电动机容量(kW)(通用型)	
P型电动机容量(kW)(专用型)	
风机F、水泵S	
电压等级代号　A2：220V　A3：380V	

（2）铭牌说明

例：RDI67-7.5G/11P-A3 变频器的铭牌如图 5-10 所示。

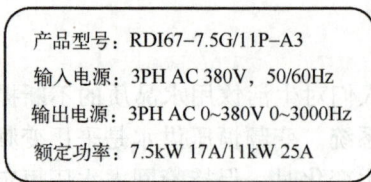

产品型号：RDI67-7.5G/11P-A3
输入电源：3PH AC 380V，50/60Hz
输出电源：3PH AC 0~380V 0~3000Hz
额定功率：7.5kW 17A/11kW 25A

图 5-10　变频器的铭牌

（3）通用技术规格

RDI67 系列变频器通用技术规格见表 5-4。

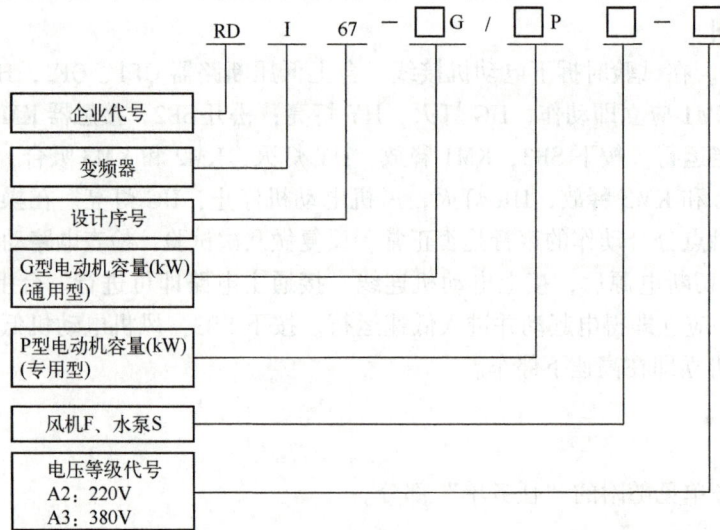

码 5-3
变频器的外形图

表 5-4   RDI67 系列变频器通用技术规格

项 目		项 目 描 述
输入	额定电压；频率	380 V 或 220 V；50 Hz/60 Hz
	允许电压工作范围	波动范围≤20%；电压失衡率<3%；频率波动范围<5%
输出	电压	0~380 V 或 0~220 V
	频率	0~300 Hz（低频模式），0~3000 Hz（高频模式）
	过载能力	G 型：150%额定电流持续 1 min；180%额定电流持续 1 s；200%额定电流瞬间保护 P 型：120%额定电流持续 1 min；150%额定电流持续 1 s；180%额定电流瞬间保护
主要控制性能	控制方式	0：普通 V/F 控制（手动转矩提升）；1：普通 V/F 控制（自动转矩提升）；2：开环电流矢量控制（SVC）；4：分离型 V/F 控制
	调制方式	无 PG 矢量，PWM 调制
	调速范围	1∶50
	起动转矩	2.0 Hz 时，为 150%额定转矩（磁通矢量控制）
	频率精度	数字量设定：最大频率×(±0.01%)；模拟量设定：最大频率×(±0.2%)
	频率分辨率	数字量设定：0.01 Hz；模拟量设定：最大频率×0.05%
	转矩提升	自动转矩提升，手动转矩提升为额定转矩的 0.1%~30.0%
	V/F 曲线	三种方式：用户设定 V/F 曲线、平方特性曲线和线性曲线
	加/减速曲线	三种方式：直线加/减速、S 曲线加/减速、半 S 曲线加/减速；四种加/减速时间，时间单位为分/秒，最长 60 h
	直流制动	停机直流制动起始频率范围：0.00~最大输出频率；制动时间范围：0.03 s~0.00；制动电流范围：0.0~100.0%的额定电流
	自动电压调整（AVR）	当电网电压变化时，能自动保持输出电压恒定
	转差补偿	合理的转差设置可补偿负载导致的转速变化，使转速控制精度更高
	自动限流	对运行期间电流自动限制，防止频率过电流故障跳闸
	过压失速	对运行期间电压自动限制，防止减速过电压故障跳闸
客户化功能	纺织摆频	纺织摆频控制，可实现固定摆频和变摆频功能
	频率组合功能	运行命令通道与频率给定通道可以任意组合
	定长功能	长度到达最大定长长度为 65.535 km 时停机
	点动	点动频率范围：0.00~最大输出频率；点动加/减速时间范围：0.1~3600.0 s
	多段速运行	通过内置 PLC 或控制端子实现多段速运行
	内置过程闭环控制	可方便地构成闭环控制系统
运行功能	运行命令通道	操作面板、控制端子、串行口设定，可通过多种方式切换
	频率给定通道	数字给定、模拟给定、脉冲给定、串行口给定、端子给定、多段速给定，可通过多种方式切换
	辅助频率给定	实现灵活的辅助频率微调、频率合成
	脉冲输出端子	0~50 kHz 的脉冲方波信号输出，可实现设定频率、输出频率等物理量的输出
	模拟输出端子	一路模拟信号输出，可选 0~20 mA、4~20 mA 或 0~10 V、2~10 V，可实现设定频率、输出频率等物理量的输出
操作面板	LED 显示	可显示设定频率、输出频率、输出电压、输出电流等 61 种参数
	LCD 显示	可选件，用于显示中/英文提示操作内容
	参数复制	使用操作面板可实现参数的快速上传和下载
	按键功能选择	定义部分按键的作用范围，以防止误操作
	保护功能	缺相保护（可选）、过电流保护、过电压保护、欠电压保护、过热保护、过载保护、掉载保护等

（续）

项　目		项　目　描　述
环境	使用场所	室内，不受阳光直晒，无尘埃、腐蚀性气体、可燃性气体、油雾、水蒸气或盐分等
	海拔高度	1000 m 以上功率降额使用，每升高 1000 m 功率降额 10%
	环境温度	−10~+40℃（环境温度 40~50℃，请降额使用）
	湿度	5%~95%RH，无水珠凝结
	振动	<5.9 m/s² （0.6 g，g 为重力加速度）
	存储温度	−40~+70℃
结构	防护等级	IP20
	冷却方式	风冷，带风扇控制
效率		45 kW 及以下为 93%，55 kW 及以上为 95%

（4）安装空间和方向

为使变频器冷却效果良好和维护方便，安装时变频器周围要留有足够空间并垂直安装，如图 5-11 所示。

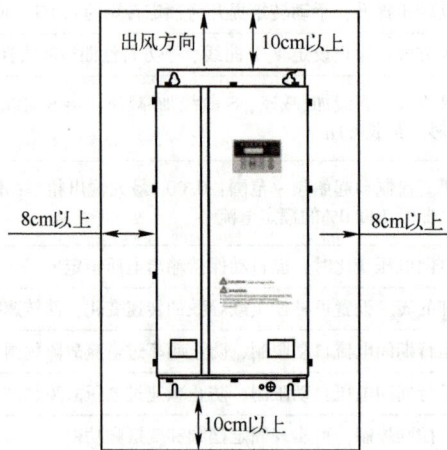

图 5-11　安装空间图

（5）变频器的配线

RDI67 系列变频器的基本配线图（适用机型：0.75~7.5 kW）如图 5-12 所示。

（6）主电路端子

RDI67 系列变频器主电路端子如图 5-13 所示（适用机型：0.75~7.5 kW），0.75~7.5 kW 机型（三相 380 V 电源输入）分成 0.75~3 kW、3.7~7.5 kW 两种。

RDI67 系列变频器主电路端子功能说明见表 5-5。

表 5-5　RDI67 系列变频器主电路端子功能说明

端 子 标 志	功　能　说　明
R、S、T	电源输入端子，接三相 380 V 或 220 V 交流输入电源
U、V、W	变频器输出端子，接三相交流电动机
+、BR、PB	外接制动电阻端子，接外部制动电阻两端
+、−	外接制动单元端子，"+"接制动单元正极，"−"接负极
P1、+	外接直流电抗器端子，接直流电抗器两端
⏚ G	接地端子，接地线

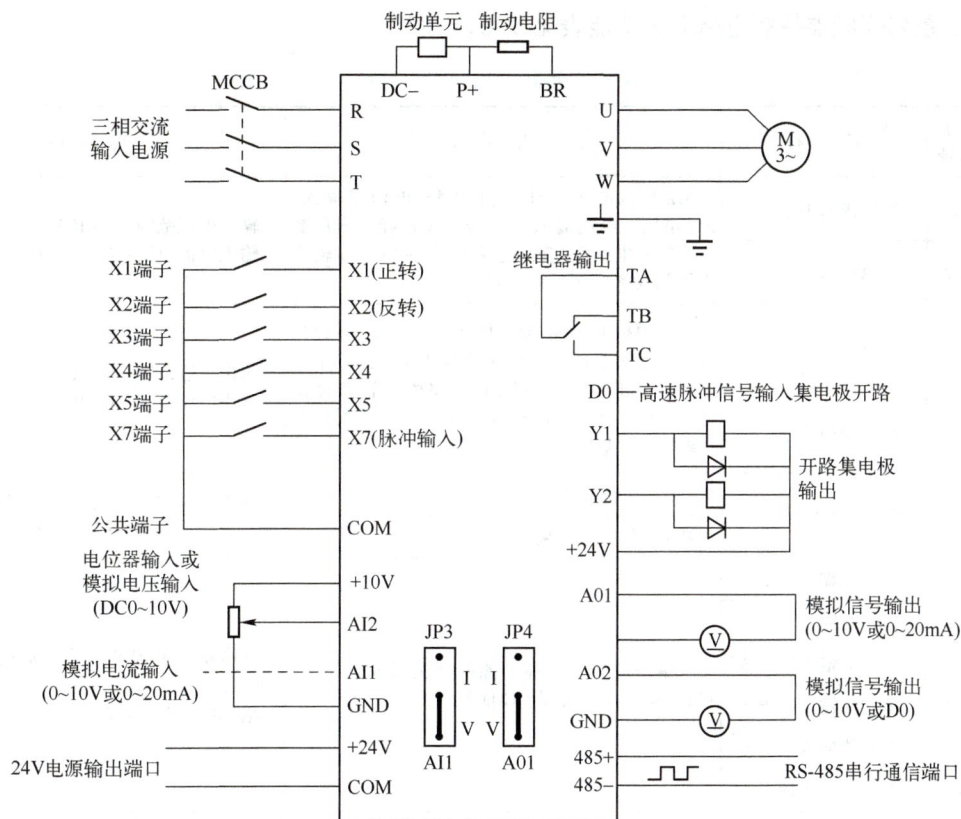

图 5-12　RDI67 系列变频器的基本配线图（适用机型：0.75~7.5kW）

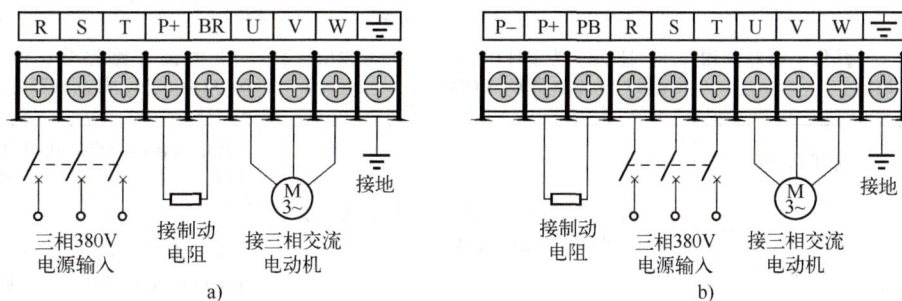

图 5-13　RDI67 系列变频器主电路端子

a）0.75~3kW 机型　b）3.7~7.5kW 机型

（7）控制电路端子

RDI67 系列变频器控制电路端子如图 5-14 所示（适用机型：0.75~7.5kW）。

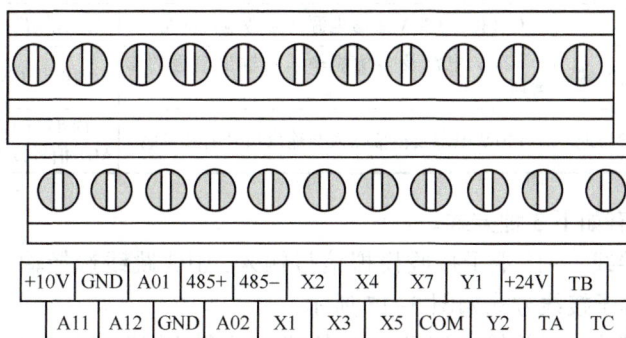

| +10V | GND | A01 | 485+ | 485- | X2 | X4 | X7 | Y1 | +24V | TB |
| A11 | A12 | GND | A02 | X1 | X3 | X5 | COM | Y2 | TA | TC |

图 5-14　RDI67 系列变频器控制电路端子（适用机型：0.75~7.5kW）

147

RDI67 系列变频器控制电路端子功能表见 5-6。

表 5-6　RDI67 系列变频器控制电路端子功能表

类别	端子标号	名　称	功能说明	规　格
模拟输入	AI1	模拟输入 1	AI2 接收电压、AI1 接收电压/电流量输入，AI1 电压、电流输入由跳线 JP3 选择，出厂默认为输入电压。（JP3 选择见图 5-15 模拟输入端子配线图，参考地：GND）	输入电压范围：0~10 V 输入电流范围：0~20 mA
	AI2	模拟输入 2		
模拟输出	AO1	模拟输出 1	提供模拟电压/电流量输出，可表示 14 种物理量，输出电压、电流由跳线 JP4 选择，出厂默认为输出电压，对应输出频率（转差补偿前）。JP4 选择见图 5-16 模拟输出端子配线图（参考地：GND）	输出电流范围：0~20 mA、4~20 mA、 输出电压范围：0~10 V、2~10 V
	AO2	模拟输出 2		
通信	485+	RS485 通信接口	485 差分信号正端	标准 RS-485 通信接口，与 GND 不隔离，需使用双绞线或屏蔽线
	485-		485 差分信号负端	
多功能输入端子	X1	多功能输入端子 1	可编程定义为多种功能的开关量输入端子，可达 50 种（公共端：COM）	光电耦合器隔离输入，最高输入频率：200 Hz 输入电压范围：20~30 V
	X2	多功能输入端子 2		
	X3	多功能输入端子 3		
	X4	多功能输入端子 4		
	X5	多功能输入端子 5		
	X6	多功能输入端子 6		
	X7	多功能输入端子 7	X7 除可作为普通多功能端子使用外，还可编程作为高速脉冲输入端口（公共端：COM）	光电耦合器隔离输入，最高输入频率：50 kHz。 输入电压范围：0~30 V
多功能输出端子	D0	开路集电极脉冲输出端子	可编程定义为多种功能的脉冲信号输出端子，可达 12 种（参考地：COM）	集电极开路输出，输出频率范围；F6.32~F6.35，最高频率为 50 kHz
	Y1	双向开路集电极输出 Y1	可编程定义为多种功能的开关量输出端子，可达 20 种（公共端：COM）	光电耦合器隔离的集电极开路输出，工作电压范围：12~30 V，最大输出电流：50 mA
	Y2	双向开路集电极输出 Y2		光电耦合器隔离的集电极开路，输出工作电压范围：12~30 V，最大输出电流：50 mA
继电器输出端子	TA	继电器输出	可编程定义为多种功能的继电器输出端子，可达 52 种	TA-TB：常闭；TA-TC：常开。触点容量：AC 250 V/2 A（COSΦ=1），AC 250 V/1 A（COSΦ=0.4），DC 30 V/1 A
	TB			
	TC			
电源	10 V	+10 V 电源	对外提供 +10 V 参考电源（参考地：GND）	最大输出电流为 20 mA
	24 V	+24 V 电源	对外提供 +24 V 参考电源（参考地：COM）	最大输出电流为 200 mA
	COM	+24 V 电源公共端	+24 V 电源及多功能输入与输出信号的参考地	内部与 GND 隔离
	GND	+10 V 电源参考地	+10 V 电源及模拟输入与输出信号的参考地	内部与 COM 隔离，+10 V、AI1、AI2、AO1 信号接参考地

控制电路端子配线有如下 3 种方式。

1）模拟输入端子接线。AI1 端子接收模拟信号输入，JP3 跳线选择输入电压（0~10 V）或输入电流（0~20 mA）。端子接线方式如图 5-15 所示。

2）模拟输出端子接线。模拟输出端子 AO1 外接表示多种物理量的模拟量，分别由跳线 JP4 选择输出电压 0~10 V、2~10 V 或输出电流 0~20 mA、4~20 mA。端子接线方式如图 5-16 所示。

3）多功能输入端子接线

本系列变频器多功能输入端子采用了光电耦合器隔离输入。24 V 是 X1～X7 的公共电源端子，其输出经光电耦合器隔离后上拉到 5 V，直接与 CPU 连接。当开关 S 闭合时输入有效。接线方式如图 5-17 所示。

4）多功能输出端子接线

① 多功能输出端子 Y1、Y2 可使用变频器内部的 24 V 电源，接线方式如图 5-18 所示。

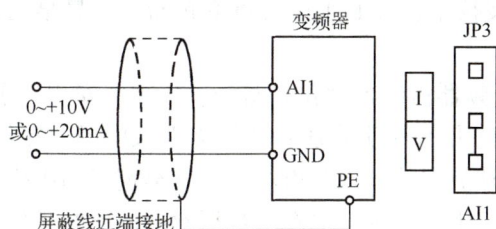

图 5-15 模拟输入端子接线　　　　图 5-16 模拟输出端子接线

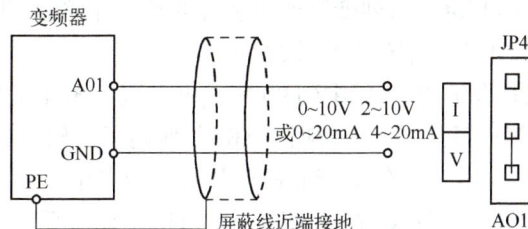

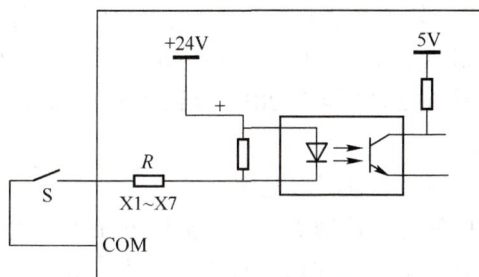

图 5-17 多功能输入端子接线　　　图 5-18 多功能输出端子接线

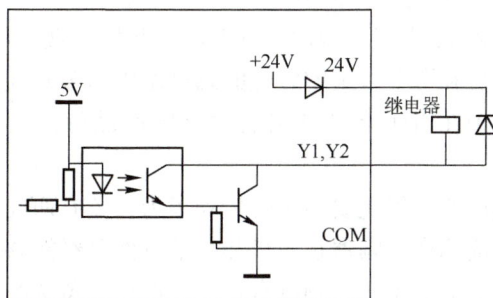

② 数字脉冲频率输出端子 D0 可使用变频器内部的 24 V 电源，接线方式如图 5-19 所示。

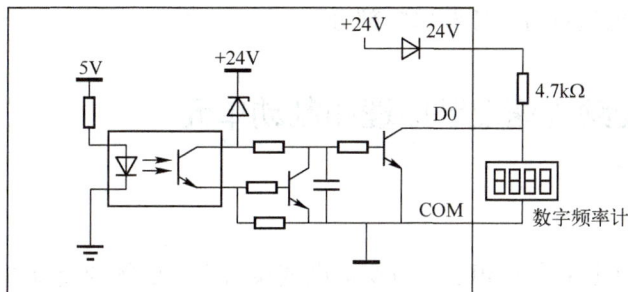

图 5-19 输出端子 D0 连接方式

5）继电器输出端子 TA、TB、TC 接线

如果驱动感性负载（例如电磁继电器、接触器），则应加装对浪涌电压起吸收作用的电路或元器件，如 RC 吸收电路、压敏电阻、续流二极管（用于直流电磁回路）等。吸收电路的元器件要就近安装在继电器或接触器的线圈两端。

其他内容请查看《RDI67 系列变频器（标准）使用说明书》。

2. 国产变频器的发展历程

在工控领域，变频器应用范围广泛。与欧洲工业国家相比，我国变频器行业起步较晚，直到 20 世纪 90 年代初，国内用户才开始从"听说"到尝试使用变频器。

20 世纪 80 年代至 90 年代期间，国内变频器市场有以下几个特点：

① 被国外品牌所垄断，日系品牌占主流，国产品牌少见。

② 还未细分为现在的低压变频器和中高压变频器。

③ 进口产品价格昂贵。

20 世纪 80 年代时，天津电气传动设计研究所和西安电力电子技术研究所研制出电压型与电流型变频器产品，但可靠性较差。这期间，院校也扮演了研发变频器的重要角色，典型院校为：清华大学、西安理工大学、上海交通大学，它们为国产变频器品牌的崛起输出了不少出色人才。在生产制造方面，当时国内几大电机厂也在相继引进国外技术，尤其是大连电机厂，于 1984 年引进日本东芝 VT130G1 系列变频调速装置的整条生产线和组装技术，开始生产交流变频器，是最早通过国家鉴定的变频器生产厂家之一。

20 世纪 80 年代中到 90 年代末，这十多年进口变频器占统治地位。富士、三菱、安川、东芝、松下等日系品牌，丹佛斯、ABB、西门子、伦茨、罗克韦尔等欧美系品牌相继进入中国，在纺织、供水、冶金、油气等行业推行其变频器产品。大批国外品牌的涌入及市场推广，奠定了国内变频器市场的应用基础。在此期间，国内相关研究所、院校、生产厂等，也在艰难探索中。此时正值技术落后、资金短缺、关键元器件受制约的年代，国产品牌发展困难重重，产品方面仍不尽如人意，在市场占有率上更无力与国外品牌抗争。

进入 21 世纪，国内变频器产业开始出现新的转机。外资品牌纷纷在中国投资建厂，而国产品牌的人员和资金以细胞裂变的态势派生出多家变频器制造企业，主要集中在广东、浙江等东南沿海地区。现在市面上可见到的主流国产品牌，几乎都是在 2000 年至 2010 年这十年间裂变派生出来的。

国产变频器主要始于普传和华为，还有西安春日、康沃、佳灵等品牌。

目前国产变频器在质量和技术方面已经能够和进口的变频器媲美了。在价格方面也是优惠于进口变频器的。国产变频器有台达、汇川、英威腾、蓝海华腾、安邦信、富凌、正弦、格立特、伟创等，很多厂家的变频器质量和性能都不错。

【任务实施】

设计与装调任务单见随附的"任务单"部分。

阅读资料 5.4　变频调速控制原理和制动单元

1. 变频调速控制

变频调速是将电网电压提供的恒压恒频交流电变换为变压变频的交流电，它是通过平滑改变异步电动机的供电频率 f 来调节异步电动机的同步转速 n_0，从而实现异步电动机的无级调速。这种调速方法由于调节同步转速 n_0，可以由高速到低速保持有限的转差率，效率高、调速范围大、精度高，是交流电动机的一种比较理想的调速方法。

由于电动机每极气隙主磁通受到电源频率的影响，所以实际调速控制方式中要保持定子电压与其频率之比为常数这一基本原则。

由于变频器调速技术日趋成熟，所以把实现交流电动机调速的装置做成产品，即交流变频调速器（VVVF），简称变频器，它是一种采用模块化结构，集数字技术、计算机技术和现代自动控制技术于一体的智能型交流电动机调速装置。变频器具有转矩大、精度高、噪声低、功能齐全、运行可靠、操作简单、维护方便、节约能源等特点，广泛应用于钢铁、石油、化工、机械、电子、纺织、印刷、食品、制药、橡胶、塑料等工业控制和家用电器等行业，实现自动控制和能源节约等。

按照变频器的用途，它分为通用变频器、高性能专用变频器、高频变频器、单相变频器和三相变频器等。"通用"包含两方面的含义：一是这种变频器可以驱动通用型交流电动机，而不一定要

150

使用专用变频电动机；二是通用变频器具有各种可供选择的功能，能适应许多不同性质的负载机械。而专用变频器则是专为某些有特殊要求的负载机械而设计制造的（如某些纺织专用变频器、电梯专用变频器等）。

（1）变频器的基本构成

变频器已经有几十年的发展历史，目前市场主流变频器基本结构如图 5-20 所示。

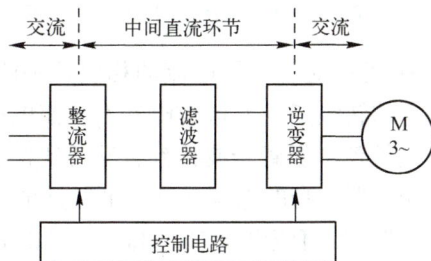

图 5-20 变频器的基本构成

（2）变频器内部电路的基本功能

变频器的种类很多，其结构也有些不同，但大多数变频器都有类似的硬件结构，它们的区别主要是控制电路、检测电路以及控制算法不同而已。

一般的三相整流器的整流电路由三相全波整流桥组成。它的主要作用是对工频的外部电源进行整流，并给逆变电路和控制电路提供所需要的直流电源。整流电路按其控制方式可以是直流电压源也可以是直流电流源。

中间直流环节的作用是对整流电路的输出进行滤波，以保证逆变电路和控制电路能够得到质量较高的直流电源。当整流电路是电压源时，中间直流电路的主要元器件是大容量的电解电容，而当整流电路是电流源时，滤波电路则主要由大容量电感组成。此外，由于电动机制动的需要，在中间直流电路中有时还包括制动电阻以及其他辅助电路。

逆变器的逆变电路是变频器最主要的部分之一。它的主要作用是在控制电路的控制下将滤波电路输出的直流电源转换为频率和电压都可调的交流电源。逆变电路的输出就是变频器的输出，它用来实现对异步电动机的调速控制。

变频器的控制电路包括主控制电路、信号检测电路、门极（基极）驱动电路、外部接口电路以及保护电路等几个部分，也是变频器的核心部分。控制电路的优劣决定了变频器性能的优劣。控制电路的主要作用是将检测电路得到的各种信号送到运算电路，使运算电路能够根据要求为变频器主电路提供必要的门极（基极）驱动信号，并对变频器以及异步电动机提供必要的保护。此外，控制电路还通过 A-D、D-A 等外部接口电路接收/发送多种形式的外部信号和给出系统内部工作状态，以便使变频器能够与外部设备配合进行各种高性能的控制。

2. 制动单元

不少的生产机械在运行过程中需要快速地减速或停车，而有些设备在生产中要求保持若干台设备前后一定的转速差或者拉伸率，这时就会产生发电制动的问题，使电动机运行在第二或第四象限。然而在实际应用中，由于大多数通用变频器都采用电压源的控制方式，其中间直流环节有大电容钳制着电压，使之不能迅速反向，另外交直回路又通常采用不可控整流桥，使电流不能反向，因此要实现回馈制动和四个象限运行就比较困难。

（1）变频器调速系统的两种运行状态

图 5-21 所示为变频器调速系统的两种运行状态，即电动和发电。在变频调速系统中，电机的降速和停机是通过逐渐减小频率来实现的，在频率减小的瞬间，电机的同步转速随之下降，而由于机械惯性的原因，电机的转子转速未变。

151

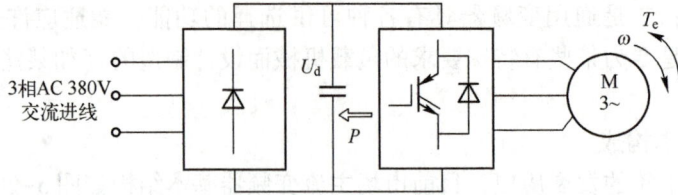

图 5-21　变频器调速系统的两种运行状态

当同步角速度 ω_1 小于转子角速度 ω 时，转子电流的相位几乎改变了 180°，电机从电动状态变为发电状态；与此同时，电机轴上的转矩变成了制动转矩 T_e，使电机的转速迅速下降，电机处于再生制动状态。电机再生的电能 P 经续流二极管全波整流后反馈到直流电路。由于直流电路的电能无法通过整流桥回馈到电网，仅靠变频器本身的电容吸收，虽然其他部分能消耗电能，但电容仍有短时间的电荷堆积，形成"泵升电压"，使直流电压 U_d 升高。过高的直流电压将使各部分元器件受到损害。

因此，对于电机处于发电制动状态时必须采取必需的措施处理这部分再生能量。处理再生能量的方法为能耗制动和回馈制动。

（2）能耗制动的工作方式

能耗制动是在变频器直流侧加上放电电阻单元组件，将再生电能消耗在功率电阻上来实现制动，如图 5-22 所示。这是一种处理再生能量的最直接的办法，它是将再生能量通过专门的能耗制动电路消耗在电阻上，转化为热能，因此又被称为"电阻制动"，它包括制动单元和制动电阻两部分。

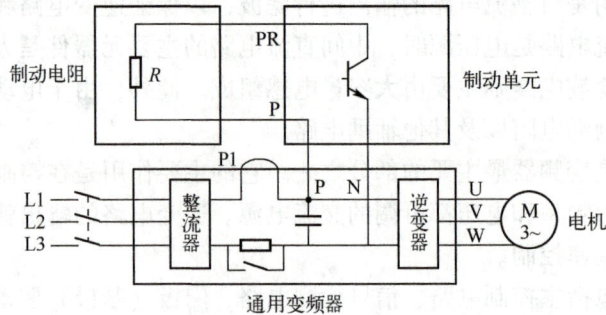

图 5-22　能耗制动中制动单元、制动电阻的连接方式

P1、P（+）—直流电抗器连接端、连接改善功率因数的直流电抗器

P（+）、N（−）—制动单元（BU）连接端，连接制动单元　PR（或 DB）—外部制动电阻器

PR、P、N—制动单元端子

1）制动单元。制动单元全称为"变频器专用型能耗制动单元"，或者是"变频器专用型能量回馈单元"，主要用于控制机械负载比较重、制动速度要求非常快的场合，将电机所产生的再生电能通过制动电阻消耗掉，或者是将再生电能反馈回电源，制动单元的外形如图 5-23 所示。

图 5-23　变频器专用型能量回馈单元

152

制动单元的功能是当直流回路的电压 U_d 超过规定的限值时（如 660 V 或 710 V），接通耗能电路，使直流回路通过制动电阻后以热能方式释放能量。制动单元可分内置式和外置式两种，前者是适用于小功率的通用变频器，后者则是适用于大功率变频器或是对制动有特殊要求的工况中。作为接通制动电阻的"开关"包括功率管、电压采样比较电路和驱动电路。

2）制动电阻。制动电阻是用于将电机的再生能量以热能方式消耗的载体，它包括电阻阻值和功率容量两个重要的参数。通常在工程上选用较多的是波纹电阻和铝合金电阻两种，前者采用表面立式波纹，有利于散热，降低寄生电感量，并选用高阻燃无机涂层，有效保护电阻丝不被老化，延长使用寿命；后者耐气候变化、耐振动性，优于传统瓷骨架电阻器，广泛应用于高要求、工控环境恶劣，紧密安装、附加散热器的场合。

3）制动过程。变频器带制动单元、电动机带制动电阻的电气电路如图 5-24 所示，变频器主电路由不可控整流、滤波电容、制动（泵升）电路、IGBT 管逆变器组成，如图 5-25 所示。

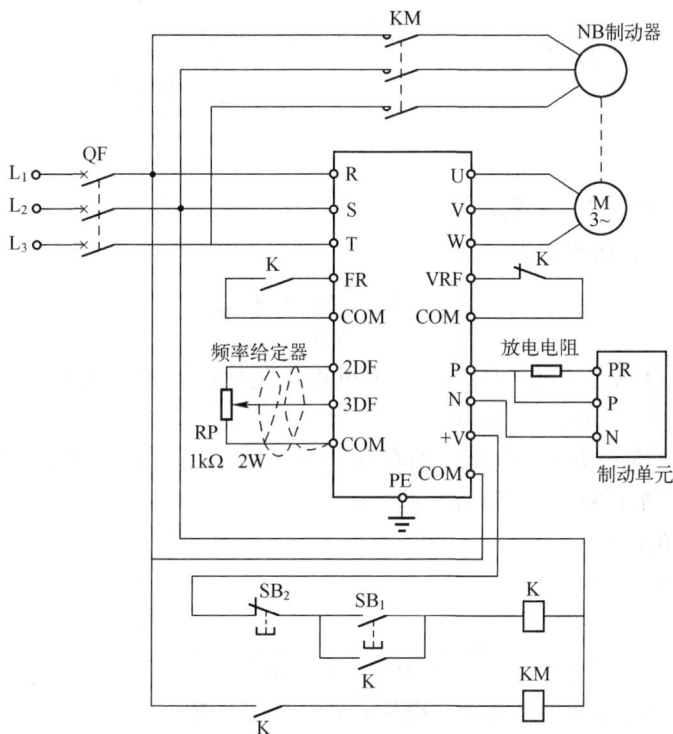

图 5-24　变频器带制动单元、电动机带制动电阻的电气电路

能耗制动的过程如下：

① 当电机在外力作用下减速、反转时（包括被拖动），电机即以发电状态运行，能量反馈回直流回路，使母线电压升高。

② 当直流电压到达制动单元开启的状态时，制动单元的功率管导通，电流流过制动电阻。

③ 制动电阻消耗电能转化为热能，电机的转速降低，母线电压也降低。

④ 母线电压降至制动单元要关断的值，制动单元的功率管截止，制动电阻无电流流过。

⑤ 采样母线电压值，制动单元重复 ON/OFF 过程，平衡母线电压，使系统正常运行。

4）安装要求。制动单元与变频器之间，制动单元与制动电阻之间的接线距离要尽可能短（线长在 2 m 以下），导线要足够粗。

制动单元在工作时，电阻将大量发热，因此要充分注意散热，并使用耐热导线，导线请勿触及电阻器。

制动电阻应使用绝缘挡片固定牢固，安装位置要确保良好散热，建议电阻器安装在电控柜顶部。

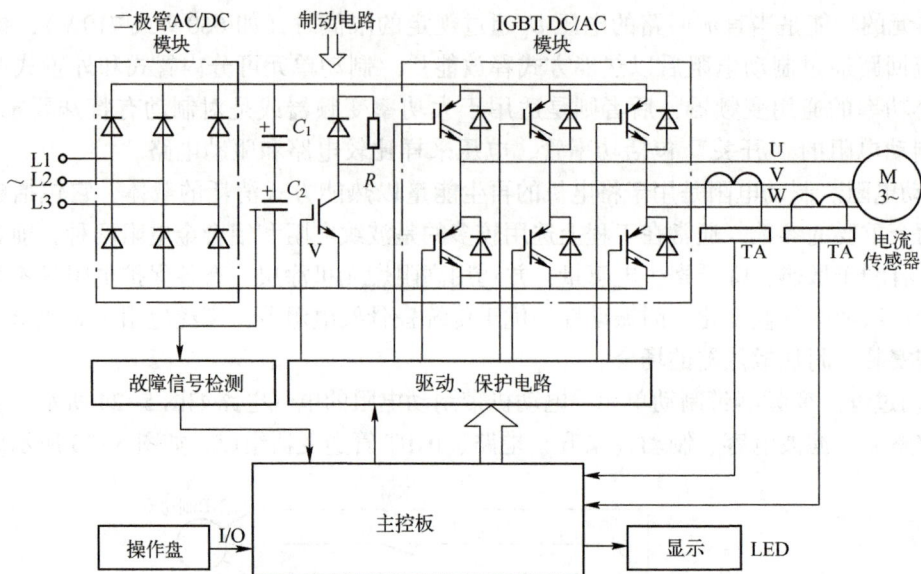

图 5-25　变频器主电路

5）制动单元与制动电阻的选配。

① 估算制动转矩。制动转矩为

$$T_e = \frac{(J-J_L)(n-n')}{375t} - T_L$$

式中，T_e 为制动转矩；J 为电机转动惯量；J_L 为电机负载侧折算到电机侧的转动惯量；n 为制动前转速；n' 为制动后转速；T_L 为负载阻转矩。

一般情况下，在电机制动时，电机内部存在一定的阻转矩，约为额定转矩的（18~22）%，如果计算结果小于此范围的话就不需要接制动装置。

② 计算制动电阻的阻值。

制动电阻的阻值为

$$R = \frac{U_{dd}^2}{0.1047 \times (T_L - 20\% T_N) n}$$

式中，R 为制动电阻；U_{dd} 为制动单元动作电压；T_N 为额定转矩。

在制动单元工作过程中，直流母线电压的升降取决于常数 RC，R 为制动电阻的阻值，C 为变频器内部电解电容的容量。制动单元动作电压值一般为 710 V。

③ 制动单元的选择。

在选择制动单元时，制动单元最大工作电流是选择的唯一依据，其计算公式为

$$I_b = \frac{U_d}{R}$$

式中，I_b 为制动单元电流瞬时值；U_d 为制动单元直流母线电压值。

④ 计算制动电阻的标称功率。

由于制动电阻为短时工作制，因此根据电阻的特性和技术指标，电阻的标称功率将小于通电时的消耗功率，其公式为

$$P = K P_{av} E_D$$

式中，P 为制动电阻标称功率（W）；K 为制动电阻降额系数；P_{av} 为制动期间平均消耗功率（W）；E_D 为制动电阻的使用率（%）。

6）制动特点。能耗制动（电阻制动）的优点是构造简单，缺点是运行效率降低，在频繁制动时将要消耗大量的能量使制动电阻的容量增大。

3. 2021 年变频器十大品牌

No.1，ABB，所属公司：ABB（中国）有限公司。集电动机、发电机、电力变流器、逆变器等产品的研发、制造、销售和工程服务等于一体，提供电气、机器人、自动化、运动控制产品及解决方案。

No.2，SIEMENS，所属公司：西门子（中国）有限公司。是专注于电气化、自动化和数字化领域的企业。

No.3，Yaskawa，所属公司：安川电机（中国）有限公司。专门从事变频器、伺服电机、控制器、机器人、各类系统工程设备、附件等机电一体化产品的研发、生产、销售及服务的大型跨国企业。

No.4，Mitsubishi，所属公司：三菱电机（中国）有限公司。为全球的电力设备、通信设备、工业自动化、电子元器件、家电等市场提供多样而优质的产品和服务。

No.5，DELTA，所属公司：中达电通股份有限公司。提供交换式电源供应器产品、大型视讯显示及工业自动化方案，也提供电源管理及散热解决方案。

No.6，Schneider，所属公司：施耐德电气（中国）有限公司。为能源及基础设施、工业、数据中心及网络、楼宇和住宅市场提供整体解决方案。

No.7，EMERSON，所属公司：艾默生电气（中国）投资有限公司。是专业的工程技术解决方案提供商，为过程管理、工业自动化、网络能源、环境优化技术及商住领域提供创新性的解决方案。

No.8，INOVANCE，所属公司：深圳市汇川技术股份有限公司。是光机电综合产品及解决方案供应商，专门从事工业自动化和新能源相关产品研发、生产和销售。

No.9，SAKO，所属公司：三科电器集团有限公司。是一家现代化的专业电源制造商，专业研发、制造、销售、服务各种稳压电源、变频器、UPS 电源、EPS 电源等系列产品。

No.10，INVT，所属公司：深圳市英威腾电气股份有限公司。是工业自动化和能源电力领域的产品与服务提供者，集研究/生产和销售于一体。

附 录

附录A 课程学习成果

1. 课程学习目标及电气自动化技术专业教学要求

（1）学习目标

1）素质目标。

① 培养品德高尚、遵守纪律、吃苦耐劳、团队合作的精神。

② 培养敬业、精益、专注、创新等工匠精神。

③ 培养遵守识别、检验、装配、布线、接线等规程态度严谨。

④ 遵守企业的"7S"质量管理要求。

⑤ 爱护工具、检测仪表，自觉做好维护和保养工作。

2）知识目标。

① 低压电器的结构、原理、种类、型号、符号、接线、规格和技术参数。

② 电气图的识读、绘制和设计。

③ 三相异步电动机典型控制电路的工作过程。

④ 安装和布线工艺要求。

⑤ 电气故障检修的一般步骤和方法。

3）技能/目标。

① 能正确使用装配工具和检测仪表。

② 能识别低压电器的型号、接线端子并熟悉技术参数。

③ 能检验电气元器件的好坏。

④ 能设计、识读、绘制、装配和调试电气控制电路。

⑤ 能检查、分析和排除电气控制电路的故障。

（2）电气自动化技术专业毕业要求。

该要求见表A-1。

表A-1 框架等级为6级的三年制高职专科毕业生要求

等　级	知　识	技　能	能　力
中国标准	具有事实性、技术性和理论性	认知技能、技术技能、沟通和表达技能	知识、技能应用的自主性、判断力和责任感
6级高职毕业生要求	具有在一个专业领域工作和学习所需的基础的技术性和理论性的知识	具有广泛认知、技术和表达技能，能选择和运用各种专业化方法、工具、材料和信息完成一系列的活动，能对可预测的、不可预测的及偶尔复杂问题提出解决方案	能在不断变化的环境中应用知识和技能，展示自主性、判断力和责任感

2. 课程及学习成果设计

"电气控制技术"课程学习成果设计见表 A-2。

A-2　学习成果设计

序　号	学 习 成 果
1	识别与检验常用低压电器
2	装配与调试三相异步电动机全压起动箱
3	装配与调试三相异步电动机可逆运转控制箱
4	装配与调试三相异步电动机减压起动箱
5	装配与调试三相异步电动机调速箱

3. 学习成果测评

具体见附录 B 内容。

附录 B　课程学习效果测评方法

过程性学习成果评价通过开放性考核频次、分组合作考核、及时有效的反馈等形式促进学生的学习投入程度，提升学科知识、人文素养、创新能力、国际视野及其他综合能力等学习效果。如表 B-1 所示，学习成果测评分为时段测评、创新测评两部分：时段测评分为过程测评、期末考核，过程测评分为过程记录、综合测评和团队考评；创新测评分为过程记录、工匠精神考核。通过过程性学习评价的方式，建立评价指标体系。

表 B-1　学习成果评价方式、学习投入程度及学习效果指标

	方　　式			评分	学习投入	学习效果
"电气控制技术"课程学习成果评价	时段测评（100%）	过程测评（60%）	过程记录	u_1	投入程度 学习过程 师生交互	学科知识 人文素养 创新能力 国际视野 综合能力
			综合测评和团队考评			
		期末考核（40%）		u_2		
	创新测评（单独加 10 分）		过程记录	u_3		
			工匠精神考核			
成绩 S						

U 由 u_1、u_2、u_3 组成，权重系数 V 中 v_1、v_2、v_3 分别为 0.6、0.4、0.1，则最终成绩 $S=U\cdot V=u_1v_1+u_2v_2+u_3v_3$，若超过 100 分，按 100 分计。

1. 过程测评

过程测评频次多，反馈快，用于评估学生课前、课堂学习的投入度及教师投入度。"电气控制技术"课程中包含 13 个任务案例，每个任务案例都有过程测评表，过程测评表设计了实施学习投入学生自评分 a_{11} 和实施效果教师评分 a_{12}，评价标准按照百分制计算，见表 B-2。过程测评成绩 $u_1=\left[\sum\limits_{i=1}^{13} a_{11i}\quad \sum\limits_{i=1}^{13} a_{12i}\right]\left[r_{11}\quad r_{12}\right]^{\mathrm{T}}$，其中 $R_1=\left[r_{11}\quad r_{12}\right]=\left[0.020\quad 0.057\right]$。

笔记

表 B-2　学生过程测评表

序　号	任务案例名称	学习投入	学习效果
1	任务 1.1　识别与检验螺旋式熔断器 任务 1.2　识别与检验按钮 任务 1.3　识别与检验交流接触器 任务 1.4　识别与检验低压断路器 任务 1.5　识别与检验热过载继电器	a_{111} a_{112} a_{113} a_{114} a_{115}	a_{121} a_{122} a_{123} a_{124} a_{125}
2	任务 2.1　装配与调试常用单速风机手动控制箱 任务 2.2　应用训练：制作与调试单台排水泵手动控制箱	a_{116} a_{117}	a_{126} a_{127}
3	任务 3.1　装配与调试可逆运转手动控制箱 任务 3.2　应用训练：制作与调试工作台自动往返控制箱	a_{118} a_{119}	a_{128} a_{129}
4	任务 4.1　装配与调试星-三角起动箱 任务 4.2　应用训练：制作与调试自耦减压起动箱	a_{1110} a_{1111}	a_{1210} a_{1211}
5	任务 5.1　装配与调试常用双速风机自动调速箱 任务 5.2　应用训练：制作与调试常用双速风机手动调速箱	a_{1112} a_{1113}	a_{1212} a_{1213}

2. 创新测评

创新训练以组为单位，每组 3 名组员合作完成。创新测评用于评估学生自主性创新学习投入程度及教师投入程度。"电气控制技术"课程共包含 4 个创新训练任务案例，每个任务案例都有过程测评表，过程测评表设计了学习投入学生自评分 a_{21} 和实施效果教师评分 a_{22}，评价标准按照百分制计分，见表 B-3。过程测评成绩 $u_2 = \left[\sum_{i=1}^{4} a_{21i} \quad \sum_{i=1}^{4} a_{22i} \right] \left[r_{21} \quad r_{22} \right]^T$，其中 $R_2 = \left[r_{21} \quad r_{22} \right] = \left[0.05 \quad 0.20 \right]$。过程记录的是小组成绩，所有组员是相同的；工匠精神考核成绩每名组员是不同的。

表 B-3　创新训练学生过程测评表

序　号	创新训练案例名称	学习投入	创新训练学习效果
1	任务 2.3　创新训练：设计与装调带式输送机控制箱	a_{211}	a_{221}
2	任务 3.3　创新训练：设计与装调加热炉自动上料控制箱	a_{212}	a_{222}
3	任务 4.3　创新训练：设计与装调数字式软起动/制动（一拖一）箱	a_{213}	a_{223}
4	任务 5.3　创新训练：设计与装调变频恒压供水控制箱	a_{214}	a_{224}

3. 期末考核（笔试）

期末考核（笔试）是传统的评价方式，适合在成批快速开展的评价中使用，在知识的学习上具有不可替代的测评作用。笔试采用百分制记分。

按照过程性学习评价方式建立的"电气控制技术"课程中采用了过程测评、期末考核、创新测评三种评价方式，全面评价了学生学习投入程度，促进学生获得更好的学习效果。

参 考 文 献

[1] 宫庆宝. 电气控制技术及其发展展望 [J]. 山东工业技术, 2016 (1): 174-175.
[2] 白玉岷, 等. 电气工作人员职业道德修养概论 [M]. 北京: 机械工业出版社, 2012.
[3] 李正风, 丛杭青, 王前, 等. 工程伦理 [M]. 北京: 清华大学出版社, 2016.
[4] 朱晓慧, 党金顺. 电气控制技术 [M]. 北京: 清华大学出版社, 2017.
[5] 姚锦卫, 李国瑞. 电气控制技术项目教程 [M]. 2 版. 北京: 机械工业出版社, 2015.
[6] 张运波, 郑文. 工厂电气控制技术 [M]. 4 版. 北京: 高等教育出版社, 2014.
[7] 周蕾. 电气控制系统安装与调试 [M]. 北京: 清华大学出版社, 2016.
[8] 张桂琴. 电气控制线路安装与检修 [M]. 北京: 清华大学出版社, 2017.
[9] 唐立伟, 朱光耀, 贺应和. 电机与电气控制项目化教程 [M]. 2 版. 南京: 南京大学出版社, 2017.
[10] 徐建俊, 居海清. 电机与电气控制项目教程 [M]. 2 版. 北京: 机械工业出版社, 2015.
[11] 牛云陞. 电气控制技术 [M]. 北京: 北京邮电大学出版社, 2013.
[12] 葛芸萍. 电机拖动与电气控制 [M]. 北京: 机械工业出版社, 2018.
[13] 张文红, 王锁庭. 工厂电气控制设备及技能训练 [M]. 北京: 机械工业出版社, 2018.
[14] 李瑞福. 工厂电气控制技术 [M]. 北京: 化学工业出版社, 2010.
[15] 陈红. 工厂电气控制技术 [M]. 北京: 机械工业出版社, 2016.
[16] 吕品. 电气控制技术 [M]. 北京: 电子工业出版社, 2017.
[17] 田淑珍. 工厂电气控制设备及技能训练 [M]. 3 版. 北京: 机械工业出版社, 2020.
[18] 王民权. 电机与电气控制: 微课版 [M]. 北京: 清华大学出版社, 2020.
[19] 李振安. 工厂电气控制技术 [M]. 重庆: 重庆大学出版社, 1995.
[20] 蒋祥龙, 李震球. 电气控制技术项目化教程 [M]. 北京: 机械工业出版社, 2019.
[21] 周开俊. 电气控制与 PLC 应用技术: 西门子 S7-200 [M]. 2 版. 北京: 电子工业出版社, 2016.
[22] 中国建筑标准设计研究院. 国家建筑标准设计图集. 常用风机控制电路图: 16D303-2 [s]. 北京: 中国计划出版社, 2016.
[23] 中国建筑标准设计研究院. 国家建筑标准设计图集. 常用水泵控制电路图: 16D303-3 [s]. 北京: 中国计划出版社, 2016.
[24] 陈刘, 金曦, 王海燕. 基于 SCL 的电气控制与 PLC 课程学生学习成果评估探索 [J]. 教育现代化, 2018 (16): 203-204.
[25] 卢玉梅, 王延华, 孙静怡. 从资格框架看我国 "学分银行" 制度中学习成果框架的建立 [J]. 中国远程教育, 2013 (11): 36-41.